"十四五"职业教育国家规划教材

江苏省"十四五"职业教育规划教材
高等职业院校信息技术基础系列教材

计算机应用情境教学

基础教程

（Windows 7+ Office 2016）

微课版

Computer Application
Basic Tutorial of Situational Teaching

王竝｜主编

陈园园 王瑾 杨小英｜副主编

人民邮电出版社

北京

图书在版编目（CIP）数据

计算机应用情境教学基础教程：Windows 7+Office 2016：微课版 / 王竝主编. -- 北京：人民邮电出版社，2021.8（2024.2重印）
高等职业院校信息技术基础系列教材
ISBN 978-7-115-56377-4

Ⅰ．①计… Ⅱ．①王… Ⅲ．①Windows操作系统－高等职业教育－教材②办公自动化－应用软件－高等职业教育－教材 Ⅳ．①TP316.7②TP317.1

中国版本图书馆CIP数据核字(2021)第066350号

内 容 提 要

本书以 Windows 7 操作系统下的 Microsoft Office 2016 为平台，采用情境式教学模式，以项目引领学习内容，强调理论与实践的紧密结合，突出对学生计算机基本技能、实际操作能力及职业能力的培养。全书将 5 个常见的工作情境串成 5 幕，分别介绍计算机基础知识、操作系统应用、Word 图文排版、Excel 数据管理和 PowerPoint 演示文稿制作等内容。

本书对操作性较强的章节添加了微课，以方便读者扫描二维码观看学习。

本书既可作为高等职业院校"计算机应用基础"课程的教材，也可以作为各类计算机应用基础课程的培训教材或计算机初学者的自学用书。

◆ 主　　编　王　竝
　　副 主 编　陈园园　王　瑾　杨小英
　　责任编辑　郭　雯
　　责任印制　王　郁　彭志环
◆ 人民邮电出版社出版发行　　北京市丰台区成寿寺路 11 号
　　邮编　100164　电子邮件　315@ptpress.com.cn
　　网址　https://www.ptpress.com.cn
　　三河市君旺印务有限公司印刷
◆ 开本：787×1092　1/16
　　印张：15.75　　　　　　　　2021 年 8 月第 1 版
　　字数：448 千字　　　　　　2024 年 2 月河北第 10 次印刷

定价：49.80 元

读者服务热线：(010)81055256　印装质量热线：(010)81055316
反盗版热线：(010)81055315
广告经营许可证：京东市监广登字 20170147 号

导　读

　　"嗨，大家好！我是小 C，很高兴认识大家，请各位跟随小 C 一起走进计算机的世界。"

　　我们的旅程即将开始，不管你以前对计算机了解到何种程度，都让我们重新开始，逐步认识和熟悉计算机，并熟练地使用它来完成我们要完成的工作。

　　开始之前，小 C 将学习旅程安排给大家介绍一下。

　　本书的整个情节是以小 C 在校学习、在外实习、参加工作的成长过程展开的。每项学习都有故事情节，并设计了四格漫画，是不是很有趣？本书安排了揭开面纱初识计算机、进入 Windows 的世界、文档处理之 Word 2016、数据管理之 Excel 2016 和演示文稿之 PowerPoint 2016 等学习内容，同时注重和新版《全国计算机等级考试一级 MS Office 考试大纲》相结合。希望读者能通过项目训练打好基础，熟练掌握办公软件的使用，提高办公技能。此外，本书提供了一些迁移训练，如第 3、4 幕中安排了"你会做了吗"环节，旨在帮助读者通过相关考试。

　　在第 1、2 幕的每一节（如 1.1 初识计算机的家庭成员）中，我们按如下思路安排学习内容。首先是"项目情境"（以文字和漫画的形式共同呈现），然后是"学习清单"（以关键词的形式罗列重点内容），接下来是"具体内容"（详细描述每节中的内容）。

　　此后，每一幕的每一节（如 3.1 编辑科技小论文）中，我们的学习内容安排是"项目情境"→"项目分析"→"技能目标"→"重点集锦"→"项目详解"（以完成项目为主线展开，穿插相关基础知识）→"提炼升华"（列出需要掌握的知识列表，对已有内容提供索引，对未涉及的内容进行补充）→"拓展练习"。每幕结束前，有"重点内容档案"帮助读者梳理所需掌握的内容。

　　本书在操作性较强的第 3、4、5 幕中添加了微课，方便读者通过扫描二维码的方式观看教学微视频。

　　另外，为了加强大家的动手能力，我们还配备了拓展实训手册，帮助学有余力的同学巩固提高。

　　本书中经常使用以下几个图标，下面就来介绍它们各自的用处吧！

　　　知识储备——完成某一项目的要求之前，所必须掌握的基本知识和操作方法。

　　　提示——提醒容易出错的地方，或提示完成操作的其他方法等。

　　　操作步骤——分步骤详细描述具体操作。

　　　知识扩展——补充项目中未涉及的知识要点。

　　本书由苏州工业职业技术学院的王竝担任主编，陈园园、王瑾、杨小英担任副主编。参与编写的还有蒋霞、李良、吴咏涛、吴阅帆和来自企业的张兵工程师等。在编写本书的过程中，我们也得到了胡慧、沈茜、顾丽萍等的帮助，在此表示感谢。同时，感谢郭敏、马小燕、刘向和杜玲玲等为本书提供的项目素材。欢迎大家对书中存在的不足提出宝贵意见，也希望大家能喜欢谭佳怀、沈迪修和田苗同学一起设计和绘制的小 C 形象。

　　"世上无难事，只怕有心人"，只要认真去做并坚持下来，小 C 相信，大家一定会圆满地完成学习任务！好了，现在出发吧！

小 C

2021 年 6 月

目 录 CONTENTS

PART 1

第 1 幕
揭开面纱初识计算机

1.1 初识计算机的家庭成员

 项目情境

小 C 踏入大学校门后，就积极参加了学院组织的各类活动。某日，他看到宣传海报中有一则关于计算机知识竞赛的通知，感到非常高兴，就急忙去报了名。离比赛的日子越来越近了，但小 C 胸有成竹，因为他已经做好了充足的准备，胜利在望。

下面一起来看看小 C 做了哪些准备吧。

 学习清单

埃尼阿克（ENIAC）、冯·诺依曼型计算机、CAD、CAM、CAT、CAI、AI、网络的定义、阿帕网（ARPANET）、ISO、OSI、网络的功能、Internet、IP、DNS、URL、HTTP、DS、IE 浏览器、电子邮件（E-mail）、Outlook Express、搜索引擎、下载工具。

 具体内容

1.1.1 计算机的发展史及分类

1. 计算机的发展史

在了解计算机的发展史之前，要先弄清楚什么是计算机。

（1）计算机的概念。

计算机是一种能按照预先存储的程序，自动、快速、高效地对各种信息进行存储和处理的现代化智能电子设备。

计算机是一种现代化的信息处理工具，它对信息进行处理并输出所需结果，其结果（输出）取决于所接收的信息（输入）以及相应的程序。计算机概念图解如图1-1所示。

知识扩展

计算机的英文单词为Computer，原是指从事数据计算的人，而这些人往往都需要借助某些机械式计算机或模拟计算机进行数据计算。即使在今天，还能在许多地方看到这些早期计算设备的祖先之一——算盘的身影。有一种看法认为算盘是最早的数字计算机，而珠算口诀则是最早的体系化算法。

（2）计算机的发展。

下面把时钟拨回到多年前，从计算机诞生的源头开始谈起，从一个历史旁观者的角度去观察计算机的发展历程。

① 第零代：机械式计算机（1642~1945年）。

a. 1642年诞生齿轮式加减法器。1642年，法国数学家帕斯卡（B. Pascal）采用与钟表类似的齿轮传动装置，研制出了世界上第一台十进制加减法器，如图1-2所示。这是人类历史上的第一台机械式计算机。此后，科学家们在这个领域里继续研究能够完成各种计算的机器，想方设法扩充和完善这些机械装置的功能。

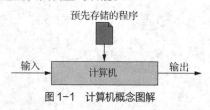

图1-1　计算机概念图解

图1-2　齿轮式加减法器

b. 1821年诞生差分机。1821年，英国数学家巴贝奇（C. Babbage）构想并设计了第一台完全可编程计算机——差分机，这是第一台可自动进行数学变换的机器。但由于技术条件、经费限制，以及巴贝奇无法忍耐对设计不停地修补，这台计算机最终没有问世。

c. 1884年诞生制表机。1884年，美国人口普查局的统计学家霍列瑞斯（H. Hollerith）受到提花织机的启发，想到用穿孔卡片来表示数据，制造出了制表机，如图1-3所示，并获得了专利。制表机的发明是机械式计算机向电气技术转化的一个里程碑，标志着计算机作为一个产业开始初具雏形。

20世纪初，电子技术飞速发展，其代表产物有真空二极管和真空晶体管，这些都促进了真正的电子计算机的产生。根据组成电子计算机基本逻辑组件的不同，可以把电子计算机的发展分为4个阶段，每一个阶段在技术上都是一次新的突破，在性能上都是一次质的飞跃。

图1-3　制表机

② 第一代：电子管计算机（1946年~20世纪50年代后期）。

知识扩展

图1-4中左侧所示为世界上第一只电子管，也就是人们常说的真空二极管。直到图1-4右侧所示的真空晶体管发明后，电子管才成为了实用的器件。后来，人们又发现，真空晶体管除了可以处于放大状态外，还可充当开关器件，其速度是继电器的成千上万倍。

图1-4　真空二极管和真空晶体管

于是，电子管很快受到计算机研制者的青睐，计算机的发展也由此跨进了电子的纪元。

第一代计算机采用电子真空管和继电器作为逻辑组件，构成处理器和存储器，并用绝缘导线将它们连接在一起。电子管计算机相比之前的机电式计算机，运算能力、运算速度和体积等都有了很大的进步。

🎓 知识扩展

计算机的鼻祖——电子数值积分计算器（Electronic Numerical Integrator And Computer，ENIAC，又称埃尼阿克），如图 1-5 所示。1946 年 2 月 5 日，出于美国对弹道研究的计算需要，世界上第一台电子计算机 ENIAC 问世。这个重达 30t，由 18800 个电子管组成的庞然大物就是所有现代计算机的鼻祖。

图 1-5　ENIAC

ENIAC 的诞生，宣告了人类从此进入电子计算机时代。从诞生那一天到现在的 70 多年里，伴随着电子器件的发展，计算机技术有了突飞猛进的进步，造就了如 IBM、SUN、Microsoft 等大型计算机软硬件公司，人类开始步入以电子科技为主导的新纪元。

③ 第二代：晶体管计算机（20 世纪 50 年代后期～20 世纪 60 年代中期）。

晶体管的发明标志着人类科技史进入了一个新的电子时代。第一只晶体管如图 1-6 所示。与电子管相比，晶体管具有体积小、重量轻、使用寿命长、发热少、功耗低、运行速度快等优点。晶体管的发明以及对其实用性的研究为半导体和微电子产业的发展指明了方向，同时为计算机的小型化和高速化奠定了基础。采用晶体管组件代替电子管成为第二代计算机的标志。

图 1-6　第一只晶体管

🎓 知识扩展

1955 年，贝尔实验室研制出世界上第一台全晶体管计算机（TRADIC），如图 1-7 所示，其装有 800 只晶体管，但功率仅为 100W，占地也只有 3 立方英尺（1 英尺=30.48cm）。

④ 第三代：中、小规模集成电路计算机（20 世纪 60 年代中期～20 世纪 70 年代初）。

1958 年，美国物理学家基尔比（J. Kilby）和诺伊斯（N. Noyce）同时发明了集成电路，第一个集成电路如图 1-8 所示。集成电路的问世催生了微电子产业，采用集成电路作为逻辑组件成为第三代计算机的重要特征，微处程控制开始普及。

第三代计算机的杰出代表有 IBM 公司的 IBM 360，如图 1-9 所示，以及 CRAY 公司的巨型计算机 CRAY-1，如图 1-10 所示。

图 1-7　TRADIC　　　图 1-8　第一个集成电路　　　图 1-9　IBM 360　　　图 1-10　CRAY-1

📖 **知识扩展**

1964 年，英特尔（Intel）创始人之一戈登·摩尔（G. Moore）以 3 页纸的短小篇幅发表了一个奇特的理论。摩尔预言：集成电路上能被集成的晶体管数目每 18～24 个月会翻一番，并在今后数十年内保持着这种势头。

摩尔的这个预言，通过集成电路芯片后来的发展曲线得以证实，并在较长时期内保持着有效性，被人们称为"摩尔定律"。

⑤ 第四代：大规模、超大规模集成电路计算机（20 世纪 70 年代初～现在）。

随着集成电路技术的迅速发展，采用大规模和超大规模集成电路及半导体存储器的第四代计算机开始进入社会的各个角落，计算机逐渐开始分化为通用大型机、巨型机、小型机和微型机。

1971 年，Intel 发布了世界上第一个商业微处理器 4004（其中，第一个 4 表示它可以一次处理 4 位数据，第二个 4 代表它是这类芯片的第 4 种型号），其外观如图 1-11 所示，它每秒可执行 60000 次运算。一个小于 1/4 平方英寸（1 英寸=2.54cm）的大规模集成电路可以含有超过 100 万个电路元器件，如图 1-12 所示。

图 1-11　Intel 4004 外观

图 1-12　大规模集成电路

⑥ 新一代计算机。

新一代计算机过去习惯上被称为第五代计算机，它是对第四代计算机以后各种未来型计算机的总称。它能够最大限度地模拟人类大脑的机制，具有人的智能，能够进行图像识别、研究学习和联想等。

随着计算机科学技术和相关学科的发展，在不远的未来，研制成功新一代计算机的目标一定会实现。

📖 **知识扩展**

近几年来，中国的芯片技术可谓发展迅速，在国家的支持下，有"中国芯"旗下一系列芯片的出现。中国芯，拆分来看，就是中国的芯片，有中国自主产权的芯片。进行代号为"中国芯"的生产行动，将芯片摆在自主创新的首位，研发具有中国特色的芯片，成为中国芯片行业的重中之重。芯片作为集成电路的载体，广泛应用在手机、航天乃至民众日常生活等各个领域，是一个国家工业水平的代表。图 1-13 所示为中国芯的示意图。

图 1-13　中国芯的示意图

 阶段总结

计算机发展过程中各阶段的特点如表 1-1 所示。

表 1-1　计算机发展过程中各阶段的特点

4 个阶段	逻辑组件	运行速度	特点
第一代： 1946 年～20 世纪 50 年代后期	电子管	每秒 5000 到 1 万次	体积大，耗电大，速度慢

4 个阶段	逻辑组件	运行速度	特点
第二代： 20 世纪 50 年代后期～ 20 世纪 60 年代中期	晶体管	每秒几万次到十几万次	体积、耗电减小，速度有所提高
第三代： 20 世纪 60 年代中期～ 20 世纪 70 年代初	中、小规模集成电路	每秒十几万次到几百万次	体积和功耗减小，运行速度有所提高
第四代： 20 世纪 70 年代初～现在	大规模、超大规模集成电路	每秒几千万次到百亿次	性能大幅度提高，价格大幅度下降，应用到社会的各个领域中

（3）计算机的发展趋势。

回顾计算机的发展历程，不难看出计算机的发展趋势。现代计算机的发展正朝着**巨型化**和**微型化**两个方向发展，计算机的传输和应用正朝着**网络化**和**智能化**两个方向发展。如今计算机越来越广泛地应用于人们的工作、学习、生活中，对社会有很多影响。计算机的发展趋势如图 1-14 所示。

① 巨型化：指具有运算速度高、存储容量大、功能更完善等特点的计算机系统。

② 微型化：指基于大规模和超大规模集成电路的飞速发展所形成的计算机系统。

③ 网络化：计算机技术的发展已经离不开网络技术的发展。

④ 智能化：要求计算机具有人的智能，能够进行图像识别、定理证明、研究学习等。

体积由大到小

速度由慢到快

图 1-14　计算机的发展趋势

2. 计算机的分类

计算机种类很多，可以从不同的角度对计算机进行分类。按照计算机的原理，可以分为数字式电子计算机、模拟式电子计算机和混合式电子计算机；按照计算机的用途，可以分为通用计算机和专用计算机；按照计算机的性能，可以分为巨型机、小巨型机、大型机、小型机、工作站和个人计算机六大类。

1.1.2　计算机的特点及应用领域

1. 计算机的主要特点

在人类发展过程中没有一种机器能像计算机一样具有如此强劲的渗透力，毫不夸张地说，人类现在已经离不开计算机。计算机之所以这么重要，与它的强大功能是分不开的，和以往的计算工具相比，它具有以下几个主要特点。

（1）运算速度快。

运算速度是计算机的一个重要性能指标，计算机的运算速度通常用每秒执行定点加法的次数或每秒执行指令的条数来衡量。

世界上第一台计算机的运算速度为每秒 5000 次，目前世界上最快的计算机每秒可运算 10 吉比特（行业内称为万兆）次，普通计算机每秒也可以处理上百万条指令。计算机运算速度快不仅极大地提高了工作效率，还可以使时限性强的复杂处理在限定的时间内完成。

（2）运算精度高。

计算机的运算精度随着数字运算设备技术的发展而提高，加上采用了二进制数字进行计算的先进算法，可以得到很高的运算精度。

在计算机诞生前的 1500 多年的时间中，即使人们不懈努力，也只能计算到小数点后 500 位，而使用计算机后，已可实现小数点后上亿位的精度。

（3）存储容量大，记忆能力强。

计算机的存储器类似于人类的大脑，可以记忆大量的数据和存储计算机程序，随时提供信息查询、处理等服务，这使计算机具有了"记忆"功能。目前计算机的存储容量越来越大，高达吉（千兆）数量级（10^9）的容量。计算机具有"记忆"功能，这是其与传统计算工具的显著区别。

（4）具有逻辑判断能力。

计算机不仅能进行算术运算，还能进行各种逻辑运算，具有逻辑判断能力，这是计算机的又一重要特点。布尔代数是建立计算机逻辑的基础，计算机的逻辑判断能力也是计算机智能化必备的基本条件，是计算机能实现信息处理自动化的重要因素。

冯·诺依曼型计算机的基本思想就是将程序预先存储在计算机中，在程序执行的过程中，计算机根据上一步的处理结果，能运用逻辑判断能力自动决定下一步该执行哪一条指令。计算机的计算能力、逻辑判断能力和记忆能力三者结合，使得计算机的能力远远超过了任何一种工具，成为人类脑力延伸的有力助手。

（5）自动化程度高。

只要预先把处理要求、处理步骤、处理对象等必备元素存储在计算机的系统内，计算机在启动工作后就可以在无人参与的条件下自动完成预定的全部处理任务，这是计算机区别于其他工具的本质特点。其中，向计算机提交的任务主要是通过程序、数据和控制信息的形式完成的。

计算机中可以存储大量的程序和数据，这是计算机工作的一个重要原则，是计算机能够自动处理程序和数据的基础。

（6）支持人机交互。

计算机具有多种输入和输出设备，配上适当的软件后，可支持用户进行人机交互。以广泛使用的鼠标为例，用户手握鼠标，只需轻轻地单击鼠标，计算机便可随之完成某种操作。

随着计算机多媒体技术的发展，人机交互设备的种类也越来越多，如手写板、扫描仪、触摸屏等。这些设备使计算机系统以更接近人类感知外部世界的方式输入和输出信息，使计算机更加人性化。

（7）通用性强。

计算机能够在各行各业得到广泛的应用，原因之一就是它具有很强的通用性。计算机采用了存储程序原理，其中的程序可以是各个领域的用户自己编写的应用程序，也可以是厂家提供的供多用户共享使用的程序。丰富的软件、多样的信息，使计算机具有相当好的通用性。

2. 计算机的应用领域

计算机的高速发展全面地促进了计算机的应用，在当今信息社会中，计算机的应用极其广泛，已经遍布社会和生活的各个领域。计算机的具体应用可以归纳为以下几个方面。

（1）科学计算。

科学计算又称为数值计算，是计算机最早的应用领域。和人工计算相比，计算机不仅速度更快，精度也更高。利用计算机的高速运算和大容量存储能力，可进行人工难以完成或根本无法完成的数值计算。

其中一个著名的例子就是圆周率（π）值的计算。美国一位数学家在 1873 年宣称，他花费了 15 年的时间把 π 的值计算到小数点后 707 位，111 年之后，日本有人宣称用计算机将 π 的值计算到小数点后 1000 万位，却只花费了 24 小时。

对要求限时完成的计算，使用计算机可以赢得宝贵时间。以天气预报为例，如图 1-15 所示，如果用人工进行计算，预报一天的天气情况就需要计算几个星期，这就失去了时效性。若改用高性能的计算机系统，取得 10 天的预报数据只需要计算几分钟，这就使中、长期天气预报成为可能。

科学计算是计算机成熟的应用领域，由大量经过"千锤百炼"的实用计算程序组成的软件包早已商品化，成为计算机应用软件的一部分。

（2）数据处理。

数据处理又称为信息处理，如图 1-16 所示，是目前计算机应用的主要领域。在信息社会中需要对大量的、以各种形式表示的信息资源进行处理，计算机因其具备的种种特点，成为人类处理信息的得力工具。

图 1-15　计算机的传统应用——天气预报

图 1-16　计算机的传统应用——数据处理

早在 20 世纪 50 年代，人们就开始把登记、统计账目等单调的事务工作交给计算机进行处理。20 世纪 60 年代初期，大银行、大企业和政府机关纷纷用计算机来处理账册、管理仓库或统计报表，从数据的收集、存储、整理到检索统计，计算机应用的范围日益扩大，数据处理很快就超过了科学计算，成为最广泛的计算机应用领域之一。

随着数据处理应用的扩大，在硬件上推动着大容量存储器和高速度、高质量输入/输出设备的发展，同时，也在软件上推动了数据库管理系统、表格处理软件、绘图软件以及用于分析和预测等应用的软件包的开发。

（3）自动控制。

自动控制也被称为过程控制或实时控制，是指用计算机作为控制部件对生产设备或整个生产过程进行控制。其工作过程为先用传感器在现场采集被控制对象的数据，求出它们与设定数据的偏差，再由计算机按控制模型进行计算，最后产生相应的控制信号，驱动伺服装置对受控对象进行控制或调整。

（4）计算机辅助功能。

计算机辅助功能是指能够全部或部分代替人类完成各项工作的计算机应用系统，目前主要包括计算机辅助设计（Computer Aided Design，CAD）、计算机辅助制造（Computer Aided Manufacturing，CAM）、计算机辅助测试（Computer Aided Test，CAT）和计算机辅助教学（Computer Aided Instruction，CAI）。

① 计算机辅助设计（Computer Aided Design，CAD）。CAD 可以帮助设计人员进行工程或产品的设计工作，能够提高工作的自动化程度，缩短设计周期，达到最佳的设计效果。目前，CAD 技术广泛应用于机械、电子、航空、船舶、汽车、纺织、服装、化工、建筑等行业，成为现代计算机应用中最活跃的领域之一。

② 计算机辅助制造（Computer Aided Manufacturing，CAM）。CAM 是用计算机来管理、计划和控制加工设备的操作。CAM 可以提高产品质量、缩短生产周期、提高生产效率、降低劳动强度、改善生产人员的工作条件。

计算机辅助设计和计算机辅助制造相结合产生了 CAD/CAM 一体化生产系统，再进一步发展，形成计算机集成制造系统（Computer Integrated Manufacturing System，CIMS），CIMS 是制造业的未来。

③ 计算机辅助测试（Computer Aided Test，CAT）。CAT 指利用计算机协助对学生的学习效果进行测试和学习能力进行估量，一般分为脱机测试和联机测试两种方法。

脱机测试是由计算机从预置的题目库中按教师规定的要求挑选出一组适当的题目，将其打印成试卷，学生测试后，答案纸卡可通过"光电阅读机"送入计算机，进行评卷和评分。标准答案在计算机中早已存储，以作为对照使用。联机测试是从计算机的题目库中逐个选出题目，通过显示器或输出打印机等交互手段向学生提问，学生将自己的回答通过键盘等输入设备输入计算机，由计算机批阅并评分。

④ 计算机辅助教学（Computer Aided Instruction，CAI）。CAI 指利用计算机来辅助教学工作。CAI 改变了传统的教学模式，它使用计算机作为教学工具，把教学内容编制成教学软件——课件。学生可根据自己的需要和爱好选择不同的内容，在计算机的帮助下进行学习，实现教学内容的多样化和形象化。

随着计算机网络技术的不断发展，特别是全球计算机网络——因特网（Internet）的实现，计算机远程教育已成为当今计算机应用技术发展的主要方向之一，它有助于构建个人的终生教育体系，是现代教育中的一种教学模式。

（5）人工智能。

人工智能（Artificial Intelligence，AI）指用计算机来模拟人的智慧，代替人的部分脑力劳动。人工智能既是计算机当前的重要应用领域，也是今后计算机发展的主要方向。20 多年来，围绕 AI 的应用主要表现在以下几个方面。

① 机器人。机器人诞生于美国，但发展最快的是日本。机器人可分为两类，一类为"工业机器人"，它由事先编制好的程序控制，只能完成规定的重复动作，通常用于车间的生产流水线；另一类为"智能机器人"，它具有一定的感知和识别能力，能回答一些简单的问题。

② 定理证明。借助计算机来证明数学猜想或定理，这是一项难度极大的人工智能应用领域，最著名的例子是四色猜想的证明。

🎓 知识扩展

四色猜想是图论中的一个世界级难题，它的内容是任意一张地图只需要用 4 种颜色来着色，就可以使地图上的相邻区域具有不同的颜色。换言之，用 4 种颜色就可以绘制任何地图。

这个猜想的证明过程不知难倒了多少数学家，虽然经过无数次的验证，但是一直无法在理论上给出证明。直到 1976 年，美国数学家哈根和阿贝尔用计算机进行了 100 亿次逻辑判断，成功地证明了四色猜想。

③ 专家系统。专家系统是一种能够模仿专家的知识、经验、思想，代替专家进行推理和判断，做出决策处理的人工智能软件。著名的"关幼波肝病诊疗程序"就是根据我国著名中医关幼波的经验研制成的一个医疗专家系统。

④ 模式识别。这是 AI 最早的应用领域之一，是通过抽取被识别对象的特征，与存放在计算机内的特征库进行比较和判别后得出结论的一种人工智能技术。公安机关的指纹分辨、手写汉字识别、语音识别等都是模式识别的应用实例。

（6）网络应用。

网络应用是计算机技术与通信技术结合的产物，计算机网络技术的发展将处在不同地域的计算机用通信线路连接起来，配以相应的软件，达到资源共享的目的。

网络应用是当今乃至未来计算机应用的主要方向。目前 Internet 的用户遍布全球，计算机网络作为信息社会的重要基础设施，已成为人们日常生活中不可或缺的一部分。

总之，现代生活中，在人们的身边，计算机无处不在，其应用已渗透到社会的各个领域中，改变了人们传统的工作、生活方式，可以预见的是，它对人类的影响会越来越大。

1.1.3 计算机网络概述

1. 计算机网络的发展

计算机网络是计算机技术和通信技术相结合的产物，计算机网络技术得到了飞速的发展和广泛的应用。

（1）计算机网络的定义。

计算机网络就是将分布在不同地点的多台独立计算机系统通过通信线路和通信设备连接起来，由网络操作系统和协议软件进行管理，以实现数据通信与资源共享为目的的系统。简单来说，网络就是通过电缆、电话线或无线通信连接起来的计算机集合。

实现计算机网络的连接有以下 4 个要素：独立功能的计算机；通信线路和通信设备；网络软件支持；实现数据通信与资源共享。

（2）网络的发展过程。

计算机网络的发展过程是计算机与通信（Computer and Communication，C&C）的结合过程，其发展经历了一个从简单到复杂，又到简单（指入网容易、使用简单、网络应用大众化）的过程，共经历了 4 个阶段。

① 面向终端的计算机网络（20 世纪 50 年代～20 世纪 60 年代）。将地理位置分散的多个终端通信线路连接到一台中心计算机上，用户可以在自己办公室内的终端输入程序，通过通信线路传送到中心计算机上，分时访问和使用资源进行信息处理，处理结果再通过通信线路传回到用户终端进行显示或打印。这种以单个计算机为中心的联机系统被称为面向终端的远程联机系统，这是计算机网络发展的第一阶段，被称为第一代计算机网络，如图 1-17 所示。

随着远程终端的增多，主机负荷加重，一台主机既要承担通信工作，又要承担数据处理任务。另外，通信线路的利用率较低，尤其在远距离时，每个分散的终端都要单独占用一条通信线路，使用费用较高。为了克服以上缺点，便发展出了前端处理机和终端控制器（集中器）。

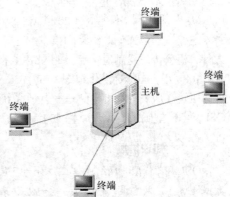

图 1-17 面向终端的计算机网络

在主机前增加一台功能简单的计算机，专门用于处理终端的通信信息和控制通信线路，并对用户的作业进行预处理，这台计算机称为"通信控制处理机"（Communication Control Processor，CCP），也称前端处理机。在终端设备较集中的地方设置一台集中器（Concentrator），终端通过低速线路先连接到集中器上，再用高速线路将集中器连接到主机上。

第一代计算机网络的典型应用有美国飞机售票系统 SABRE-1。

20 世纪 60 年代初，美国建成了全国性航空飞机订票系统，用一台中央计算机连接了 2000 多个遍布全国各地的终端，用户可通过终端进行订票。这个应用系统的建立构成了计算机网络的雏形。

② 共享资源的计算机网络（20 世纪 60 年代~20 世纪 70 年代）。随着计算机技术和通信技术的发展，将分布在不同地点的计算机通过通信线路连接起来，使联网用户可以通过计算机使用本地计算机的软件、硬件与数据资源，也可以使用网络中其他计算机的软件、硬件与数据资源，即每台计算机都具有自主处理的能力，这样就形成了以共享资源为目的的第二代计算机网络，如图 1-18 所示。

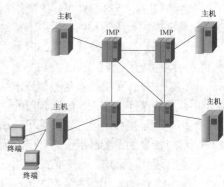

图 1-18　共享资源的计算机网络

> **提示**：主机和主机之间不是直接用线路相连的，而是通过接口报文处理机（Interface Message Processor，IMP）转接后连接的。IMP 和它们之间连接的通信线路一起负责主机间的通信任务，构成了通信子网。通信子网连接的主机负责运行程序，提供资源共享，组成了资源子网。

第二代计算机网络的典型代表是阿帕网（ARPANET，ARPA 网）。ARPA 网的建成标志着现代计算机网络的诞生。ARPA 网的试验成功使计算机网络的概念发生了根本性的变化，很多有关计算机网络的基本概念都与对 ARPA 网的研究成果有关，如分组交换、网络协议、资源共享等。

📖 知识扩展

1969 年 12 月，由美国出资兴建的计算机网络 ARPA 网诞生。1969 年 ARPA 网只有 4 个节点，1973 年发展到 40 个节点，1983 年已经达到 100 多个节点。

ARPA 网通过有线、无线与卫星通信线路，覆盖了从美国到欧洲的广阔地域，ARPA 网是计算机网络技术发展的重要里程碑。

③ 计算机网络标准化（20 世纪 70 年代~20 世纪 80 年代）。20 世纪 70 年代以后，局域网得到了迅速发展，人们对组网的技术、方法和理论的研究日趋成熟，为了促进网络产品的开发，各大计算机公司纷纷制定了自己的网络技术标准，最终促成了国际标准的制定。

1984 年，国际标准化组织（International Standards Organization，ISO）正式颁布了一个使各种计算机互连成网的标准框架——开放系统互连（Open System Interconnection，OSI）参考模型。OSI 参考模型确保了各厂家生产的计算机和网络产品之间的互连，推动了网络技术的应用和发展。

📖 知识扩展

OSI 参考模型将网络通信工作分为 7 层模型，由低到高依次为物理层、数据链路层、网络层、传输层、会话层、表示层和应用层，如图 1-19 所示。

OSI 参考模型的每一层都具有不同的作用。物理层、数据链路层、网络层属于 OSI 参考模型的低三层，负责创建网络通信连接的链路；传输层、会话层、表示层和应用层是 OSI 参考模型的高四层，负责端到端的数据通信。每层完成一定的功能，每层都直接为其上层提供服务，且所有层都互相支持。网络通信则可以自上而下（在发送端）或者自下而上（在接收端）双向进行。

7	应用层
6	表示层
5	会话层
4	传输层
3	网络层
2	数据链路层
1	物理层

图 1-19　OSI 参考模型

OSI 参考模型用途相当广泛，如交换机、集线器、路由器等很多网络设备的设计都是参照 OSI 参考模型设计的。

④ 网络互连阶段（20 世纪 90 年代以后）。20 世纪 90 年代，各种网络进行互连，形成了更大规

模的互联网。计算机网络发展成了全球性的网络——Internet，网络技术和网络应用得到了迅速发展。

Internet 最初起源于 ARPA 网，由 ARPA 网研究而产生的一项非常重要的成果就是传输控制协议/网际协议（Transmission Control Protocol/Internet Protocol，TCP/IP），这使得连接到网上的所有计算机能够相互交流信息。

计算机网络目前已成为当今世界上最热门的学科之一，其未来的发展方向正朝着高速网络、多媒体网络、开放性和高效安全的网络管理以及智能化网络的方向发展。

2. 计算机网络的功能

不同的计算机网络是为人们不同的目的和需求设计并组建的，它们所提供的服务和功能也有所不同。计算机网络提供的功能如下。

（1）资源共享。

用户之间可以共享计算机网络范围内的系统硬件、软件、数据、信息等资源。随着计算机网络覆盖区域的扩大，信息交流已越来越不受地理位置、时间的限制，大大提高了资源的利用率和信息的处理能力。

（2）数据通信。

网络终端与计算机、计算机与计算机之间能够进行通信，以交换各种数据和信息，从而方便地进行信息收集、处理、交换。银行财政系统、金融系统、电子购物系统、远程教育系统、线上会议系统、网络打印机系统等都具有数据通信的功能，如图 1-20 所示。

图 1-20 资源共享与数据通信

（3）分布式数据处理。

将一个大型复杂的计算问题分配给网络中的多台计算机分工协作完成，特别是对当前局域网更有意义，利用网络技术可将多台计算机连接成高性能的分布式计算机系统，使它们具有解决复杂问题的能力。

（4）提高系统的可靠性和可用性。

计算机网络可调度另一台计算机来接替完成出现故障的计算机的计算任务，借助冗余和备份的手段提高系统可靠性。

3. 计算机网络的分类

计算机网络可按不同的分类标准进行划分。

（1）按网络的覆盖范围划分。

根据计算机网络所覆盖的地理范围，计算机网络通常可以分为局域网（Local Area Network，LAN）、城域网（Metropolitan Area Network，MAN）和广域网（Wide Area Network，WAN），这种分法也是目前较为普遍的一种分类方法。

① 局域网（Local Area Network，LAN）。LAN 一般在几百米到十千米的范围之内，如一座办公大楼内、大学校园内、几座大楼之间等，局域网简单、灵活、组建方便，如图 1-21 所示。

② 城域网（Metropolitan Area Network，MAN）。MAN 可以从几十千米到上百千米，通常可以覆盖一个城市或地区，如城市银行的通存通兑网。

③ 广域网（Wide Area Network，WAN）。WAN 是网络系统中最大型的网络，它是跨地域性的网络系统，大多数的 WAN 是通过各种网络互连而形成的，Internet 就是最典型的广域网。WAN 的连接距离可以是几百千米到几千千米或更多，如图 1-22 所示。

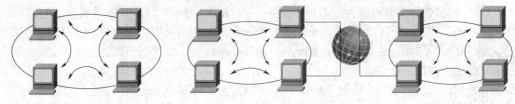

图 1-21　局域网　　　　　　　　　　　　图 1-22　广域网

（2）按数据传输方式划分。

根据数据传输方式的不同，计算机网络可以分为"广播网络（Broadcasting Network）"和"点对点网络（Point to Point Network）"两大类。

① 广播网络。广播网络中的计算机或设备使用一种共享的通信介质进行数据传播，该网络中的所有节点都能收到该网络中其他任意节点发出的数据信息。局域网大多数是广播网络。

② 点对点网络。点对点网络中的计算机或设备以点对点的方式进行数据传输，任意两个节点间都可能有多条单独的链路。这种传播方式常应用于广域网中。

（3）按拓扑结构划分。

网络拓扑结构是指网络中的计算机、通信线路和其他设备之间的连接方式，即网络的物理架设方式。计算机网络中常见的拓扑结构有总线型结构、星形结构、环形结构、树形结构和网状结构等。除此之外，还有包含了两种以上基本拓扑结构的混合结构。

① 总线型结构。总线型结构的网络使用一根中心传输线作为主干网线，即总线（Bus），所有个人计算机（Personal Computer，PC）和其他共享设备都连接在这条总线上。其中一个节点发送信息后，该信息会通过总线传送到每一个节点上，这种方式属于广播方式的通信，如图 1-23 所示。

总线型结构的优点：布局简单且便于安装，价格相对较低，该网络中的计算机可以轻易地增加或减少而不影响整个网络的运行，适用于小型、临时的网络。

总线型结构的缺点：网络稳定性差，如果连接的电缆发生断裂，则整个网络将陷于瘫痪，不适用于大规模的网络。

② 环形结构。环形结构是将各台联网的 PC 用通信线路连接成一个闭合的环。在环形结构中，每台 PC 都要与另外两台相连，信号可以一圈一圈按照环形传播，如图 1-24 所示。

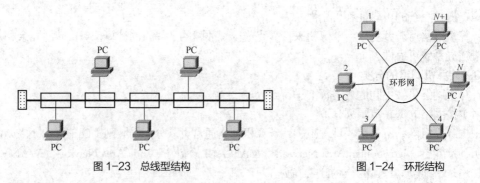

图 1-23　总线型结构　　　　　　　　　　图 1-24　环形结构

环形结构的优点：信息在网络中沿固定的方向流动，两个节点间只有唯一的通路，因此，这种结构的可靠性高，实时性强，安装简便，有利于进行故障排除。

环形结构的缺点：网络的吞吐能力差，仅适用于数据信息量小和节点少的情况。此外，因为整个网络构成闭合环，所以不方便进行网络扩张。

③ 星形结构。星形结构的每个节点都由一条点到点的链路与中心节点相连。信息的传输是通过中心节点的存储转发技术实现的，并且只能通过中心节点与其他站点通信，如图 1-25 所示。

星形结构的优点：系统稳定性好，故障率低，当增加新的工作站时成本低，一个工作站出现

计算机应用情境教学基础教程（Windows 7+Office 2016）（微课版）

故障不会影响其他工作站的正常工作。

星形结构的缺点：与总线型和环形结构相比，星形结构的电缆消耗量较大，且只有一个中心节点（集线器（Hub）或交换机（Switch）），所以中心节点负担较重，必须具有较高的可靠性。

④ 树形结构。树形结构从总线型结构演变而来，形状像一棵倒置的树，如图1-26所示。树根接收各站点发送的数据，并广播到整个网络中。

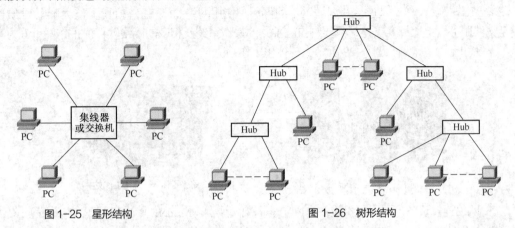

图1-25 星形结构   图1-26 树形结构

树形结构的优点：易于扩展，这种结构可以延伸出很多分支和子分支，且新节点和新分支都能很容易地加入到网络中。此外，如果某一分支的节点或线路发生故障，则可以很容易地将故障分支与整个网络隔离开。

树形结构的缺点：各个节点对根的依赖性较大，如果根发生故障，则整个网络不能正常工作。树形结构对根的可靠性需求类似于星形结构。

⑤ 网状结构。网状结构中任意一个节点至少和其他两个节点相连，它是一种不规则的网络结构，如图1-27所示。

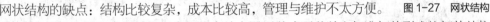

网状结构的优点：单个节点及链路的故障不会影响整个网络系统，可靠性最高，主要用于大型的广域网。

网状结构的缺点：结构比较复杂，成本比较高，管理与维护不太方便。

图1-27 网状结构

⑥ 混合结构。混合结构泛指一个网络中结合了两种或两种以上标准拓扑形式的拓扑结构。混合结构比较灵活，适用于现实中的多种环境，广域网中通常采用混合结构。

（4）按使用网络的对象划分。

按照使用网络的对象，网络可分为专用网和公用网。专用网一般由某个单位或部门组建，属于单位或部门内部所有，如银行系统的网络。而公用网由相关的电信部门组建，网络内的传输和交换设备可提供给任何部门和单位使用，如Internet。

4. 计算机网络的组成

对于计算机网络的组成，一般有两种分法：一种是按照计算机技术的标准，将计算机网络分为硬件和软件两部分；另一种是按照网络中各部分的功能，将网络分为通信子网和资源子网两部分。

按照计算机技术的标准进行划分时，计算机网络系统和计算机系统一样，也是由硬件和软件两大部分组成的。

（1）网络硬件。

网络硬件是计算机网络系统的物质基础。要构建一个计算机网络系统，首先要将计算机及其附属的硬件设备与网络中的其他计算机系统连接起来。不同的计算机网络系统在硬件方面是有差别的。

网络硬件包括计算机终端设备、通信介质和网络互连设备等。随着计算机技术和网络技术的发展，网络硬件日趋多样化，功能更加强大、更加复杂。

① 服务器。作为硬件时，服务器通常是指那些具有较高计算能力，能够提供给多个用户使用的计算机。服务器分为文件服务器、通信服务器、打印服务器和数据库服务器等，如图 1-28 所示。

② 工作站。工作站是连接在局域网中的供用户使用网络的微机。它通过网卡和传输介质连接至文件服务器上。每个工作站都要有自己独立的操作系统及相应的网络软件。工作站可分为有盘工作站和无盘工作站。图 1-29 所示为一体化工作站。

图 1-28　服务器

图 1-29　一体化工作站

③ 网络连接设备。网络连接设备有网卡、调制解调器（Modem）、中继器（Repeater）、集线器、网桥（Bridge）、交换机、路由器（Router）、网关（Gateway）、防火墙（Firewall）等。

- 网卡也称网络适配器，是局域网中最基本的部件之一，它是连接计算机与网络的硬件设备。无论使用什么样的传输介质，都必须借助网卡才能实现数据的通信。
- 调制解调器（俗称"猫"），如图 1-30 所示，它是一种计算机硬件，它能把计算机的数字信号翻译成可沿普通电话线传送的脉冲信号，这一过程被称为**调制**。而这些脉冲信号又可被线路另一端的另一个调制解调器接收，并译成计算机可识别的数字信息，这一过程被称为**解调**。这两个过程完成了两台计算机间的通信。
- 中继器，如图 1-31 所示，它是连接网络线路的一种装置，常用于两个网络节点之间物理信号的双向转发工作。中继器是一个用来扩展局域网的硬件设备，它把两段局域网连接起来，并把一段局域网中的电信号增强后传输到另一段上，起到信号再生放大、延长网络距离的作用。

图 1-30　调制解调器

图 1-31　中继器

- 集线器，如图 1-32 所示，它是中继器的一种形式，能够提供多端口服务，也称为多口中继器，它对 LAN 交换机技术的发展产生直接的影响。
- 网桥，如图 1-33 所示，又称桥接器，工作在数据链路层，将两个 LAN 连接起来，并根据物理地址转发帧。网桥通常用于连接数量不多的、同一类型的网段。

图 1-32　集线器

图 1-33　网桥

- 交换机，如图 1-34 所示，它是集线器的升级换代产品。交换机的功能是按照通信两端传输信息的需要，用人工或设备自动完成的方法把要传输的信息送到符合要求的路由上。简单来说，交换机就是一种在通信系统中完成信息交换功能的设备。

■ 路由器，如图1-35所示，它的功能是在两个局域网之间接收并转发数据帧，转发帧时需要改变帧中的地址。路由器比网桥更复杂，也具有更大的灵活性，它的连接对象可以是局域网或广域网。

■ 网关，如图1-36所示，它又被称为网间连接器或协议转换器。换言之，就是一个网络连接到另一个网络的"关口"。按照不同的分类标准，网关可以分成多种。其中，TCP/IP中的网关是最常用的。

图1-34 交换机

图1-35 路由器

图1-36 网关

■ 防火墙是一种访问控制技术，可以阻止保密信息从受保护的网络中被非法转出。换言之，防火墙是一道门槛，控制进出双方的通信。防火墙由软件和硬件两部分组成。防火墙技术是近些年发展起来的一种保护计算机网络安全的技术性措施。图1-37所示为硬件防火墙。

图1-37 硬件防火墙

④ 传输介质。传输介质是通信网络中发送方和接收方之间的物理通路。常用的传输介质有双绞线、同轴电缆、光缆和无线传输介质。

双绞线如图1-38所示，它是现在最普通的传输介质之一，由两根以螺旋状扭合在一起的绝缘铜导线组成。两根线扭合在一起，目的在于减少相互间的电磁干扰。双绞线分为两大类：屏蔽双绞线（Shielded Twisted Pair，STP）和无屏蔽双绞线（Unshielded Twisted Pair，UTP）。

同轴电缆如图1-39所示，它分为基带同轴电缆和宽带同轴电缆。基带同轴电缆的阻抗为50Ω（指沿电缆导体各点的电压和电流之比），通常用于数字信号的传输，有粗缆和细缆之分；宽带同轴电缆的阻抗为75Ω，用于宽带模拟信号的传输。

通信领域的重大进展是光缆的广泛应用，如图1-40所示。光缆的主要介质是光纤，光纤是软而细的、利用内部全反射原理传导光束的传输介质，有单模和多模之分。

图1-38 双绞线

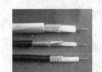

图1-39 同轴电缆

图1-40 光缆

与同轴电缆相比，光纤可提供极宽的频带，且功率损耗小，传输距离长（2km以上），传输效率高（可达数千Mbit/s），抗干扰性强（不会受到电子监听），是构建安全性网络的理想选择。

无线传输因不需要架设或铺埋线缆而得到了广泛应用。无线传输介质主要有微波、红外线和激光。

微波通信主要使用的频率为2～40GHz，通信容量较大。

（2）网络软件。

网络软件是实现网络功能不可缺少的基础工具。网络软件通常包括网络操作系统和网络协议等。

① 网络操作系统（Web-based Operating System，WebOS）。网络操作系统的作用是实现网络

中各计算机之间的通信，对网络用户进行必要的管理，提供数据存储和访问的安全性，提供对其他资源的共享和访问，以及其他的网络服务。

目前，UNIX、Linux、Netware、Windows NT/Server 2010/Server 2016 等网络操作系统都被广泛应用于各类网络环境中，并各自占有一定的市场份额。

② 网络协议。在计算机网络中，两台相互通信的计算机处在不同的地理位置，其上的两个进程相互通信时，需要通过交换信息来协调它们的动作以达到同步，而信息的交换必须按照预先共同约定好的过程进行。网络协议就是为在计算机网络中进行数据交换而建立的规则、标准或约定的集合。

网络协议至少包括 3 个要素：语法、语义和时序。

- 语法：用来定义数据及控制信息的格式，编码及信号电平等。
- 语义：用来说明通信双方的通信方法和协调与差错处理的控制信息。
- 时序：详细说明事件的先后顺序，指定速度匹配和排序等。

局域网中常用的 3 种网络协议：TCP/IP、NetBEUI 和 IPX/SPX。

- TCP/IP 是这 3 种协议中最重要的一种，作为互联网的基础协议，没有它就不可能联网，任何和互联网有关的操作都离不开 TCP/IP。
- NetBEUI 即 NetBIOS Enhanced User Interface，或 NetBIOS 增强用户接口。它是 NetBIOS 协议的增强版本，曾被许多操作系统采用，如 Windows for Workgroup、Windows 9x 系列、Windows NT 等。
- IPX/SPX 协议本来就是 Novell 开发的专用于 Netware 网络中的协议，但现在它的应用也非常普遍，大部分可以联机的游戏都支持 IPX/SPX 协议。

 阶段总结

网络硬件是计算机网络系统的物质基础，对网络的运行性能起着决定性的作用。网络软件是支持网络运行、提高效率和开发网络资源的工具，是实现网络功能不可缺少的软件环境。计算机网络系统的组成如图 1-41 所示。

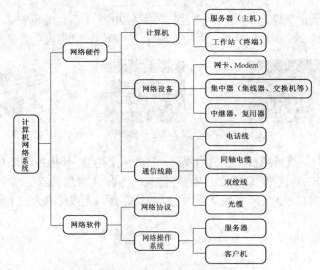

图 1-41　计算机网络系统的组成

按照网络中各部分的功能，计算机网络可分为通信子网和资源子网两部分。

通信子网主要负责整个网络的数据传输、加工、转换等通信处理工作，它主要包括通信线路

（传输介质）、网络连接设备、网络通信协议、通信控制软件等。

资源子网负责整个网络面向应用的数据处理工作，向用户提供数据处理能力、数据存储能力、数据管理能力、数据输入和输出能力以及其他的数据资源。它主要是由各计算机系统、终端控制器和终端设备、软件和可供共享的数据库组成的。

将计算机网络分为通信子网和资源子网简化了网络的设计，如图1-42所示。

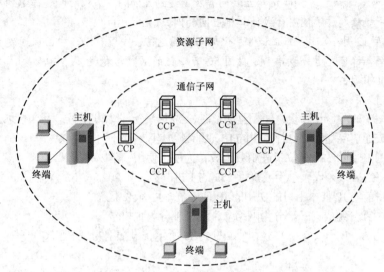

图1-42　通信子网与资源子网构成计算机网络

1.1.4　Internet 基础

1. Internet 的起源和发展

Internet 起源于 20 世纪 60 年代后期，是在美国较早的 ARPA 网的基础上经过不断发展变化而形成的。20 世纪 80 年代初，美国开始在 ARPA 网上全面推广 TCP/IP，1990 年，ARPA 网的实验任务完成，在互联网发展历史上起着重要作用的 ARPA 网宣布关闭。

此后，其他发达国家相继建立了本国的 TCP/IP 网络，并连接到美国的 Internet。于是，一个覆盖全球的国际互联网迅速形成。

随着商业网络和大量商业公司进入 Internet，网络商业应用得到了高速的发展，同时 Internet 开始为用户提供更多的服务，使 Internet 迅速在全球普及和发展起来。

如今，互联网已经渗透到人类社会生活的方方面面，很大程度上改变了人们的生活和工作方式。可以说，互联网是自印刷术以来人类通信方面最大的变革。

📖 知识扩展
中国互联网发展大事记

（1）1987 年，北京大学的钱天白教授向德国发出第一封电子邮件，当时中国还未加入互联网。

（2）1991 年 10 月，在中美高能物理年会上，美方发言人怀特·托基（W. Torquay）提出让中国加入互联网络的合作计划。

（3）1994 年 3 月，中国加入互联网，并在同年 5 月完成全部的中国联网工作。

（4）1995 年 5 月，张树新创立了第一家互联网服务供应商——瀛海威，中国的普通百姓开始进入互联网。

（5）2000 年 4～7 月，中国三大门户网站——搜狐、新浪、网易成功在美国纳斯达克挂牌上市。

（6）2012 年，政务微博发展迅速。2012 年 10 月底，新浪微博认证的政务微博数量达到 60064 个，较 2011 年同期增长 231%，同年 11 月 11 日，腾讯微博认证的政务微博达到 70084 个。

（7）根据腾讯发布的数据，截至 2012 年 12 月，微信注册用户达 2.7 亿。微信自 2011 年 1 月 21 日推出后，用户数量一直保持快速增长。

（8）中国互联网络信息中心第 31 次《中国互联网络发展状况统计报告》显示，截至 2012 年 12 月底，中国网民规模达到 5.64 亿，互联网普及率达到 42.1%，手机网民规模达到 4.2 亿，使用手机上网的网民规模超过了使用台式计算机上网的网民。

（9）2018 年 12 月 10 日，工业和信息化部向中国电信、中国移动、中国联通发放了 5G 系统中低频段试验频率许可，进一步推动了我国 5G 产业链的成熟与发展。

2. IP 地址和域名

（1）IP 地址。

连接在网络中的两台计算机之间相互通信时，必须给每台计算机分配一个 IP 地址作为网络标识。为了不造成通信混乱，每台计算机的 IP 地址必须是唯一的，不能重复。

目前使用的 IP 地址由 32 位二进制数组成，为便于使用，常以×××.×××.×××.××× 的形式表现，每组××× 代表小于或等于 255 的十进制数，如 202.96.155.9。在 Internet 中，IP 地址是唯一的。目前的 IP 技术下可能使用的 IP 地址最多可有 42 亿个。

IP 地址由两部分组成：一部分为网络号，另一部分为主机号。

IP 地址分为 A、B、C、D、E 5 类，如图 1-43 所示，最常用的是 B 和 C 两类。

图 1-43　5 类 IP 地址

📖 **知识扩展**

目前使用的互联网为第一代互联网，采用的是 IPv4 技术。下一代互联网需要使用 IPv6 技术，其地址空间将由 32 位扩展到 128 位，几乎可以给世界上每一样可能的东西分配一个 IP 地址，真正让数字化生活变为现实。

（2）域名。

域名和 IP 地址一样，都是用来表示一个单位、机构或个人在网络中的一个确定的名称或位置而使用的。不同的是，它与 IP 地址相比更有亲和力，容易被人们记住且乐于使用。

互联网中域名的一般格式为主机名.[二级域名.]一级域名（也称顶级域名），如域名 www.cctv.com（中国中央电视台的网站），其中，www.cctv 为主机名（www 表示提供超文本信息的服务器，cctv 表示中国中央电视台），com 为顶级域名（表示商业机构）。

提示： 主机名和顶级域名之间可以根据实际情况进行默认设置或扩充。

顶级域名有国家、地区代码和组织、机构代码两种表示方法。常见的代码及对应含义如表1-2所示。

表1-2　常见的代码及对应含义

国家、地区代码	含义	组织、机构代码	含义
.au	澳大利亚	.com	商业机构（任何人都可以注册）
.ca	加拿大	.edu	教育机构
.cn	中国	.gov	政府部门
.ru	俄罗斯	.int	国际组织
.fr	法国	.mil	美国军事部门
.it	意大利	.net	网络组织（现在任何人都可以注册）
.jp	日本	.org	非营利组织（任何人都可以注册）
.uk	英国	.info	网络信息服务组织
.sg	新加坡	.pro	用于会计、律师和医生

（3）DNS。

域名比 IP 地址更直观，更方便人们的使用，但却不能被计算机直接读取和识别，必须将域名翻译成 IP 地址，计算机才能访问互联网。域名系统（Domain Name System，DNS）就是为解决这一问题而诞生的，它是互联网的一项核心服务，将域名和 IP 地址相互映射为一个分布式数据库，能使人们更方便地访问互联网，而不用记住只能够被机器直接读取的 IP 地址。

3. URL 地址和 HTTP

（1）URL。

统一资源定位器（Uniform Resource Locator，URL）用来指示某一信息资源所在的位置及存取的方法，它从左到右分别由以下部分组成。

① 服务类型：服务器提供的服务类型，如 "http://" 表示万维网（World Wide Web，WWW）服务器，"ftp://" 表示 FTP 服务器。

② 服务器地址：要访问的网页所在的服务器域名。

③ 端口：对某些资源的访问来说，需给出相应的服务器提供的端口号。

④ 路径：服务器上某资源的位置（其格式与文件路径中的格式一样，通常由目录/子目录/文件名组成）。与端口一样，路径并非一直需要。

URL 的一般格式为服务类型://服务器地址（或 IP 地址）[端口][路径]。例如，http://www.cctv.com 就是一个典型的 URL 地址。

 提示： WWW 上的服务器都是区分大小写字母的，输入 URL 时需注意字母的大小写。

（2）HTTP。

当人们想浏览一个网站的时候，只要在浏览器的地址栏中输入该网站的地址即可，如www.cctv.com，但是在浏览器的地址栏中出现的却是 http://www.cctv.com，为什么会多出一个"http://"呢？

Internet 的基本协议是 TCP/IP，然而，在 TCP/IP 模型中，其最上层的是应用层，它包含所有高层的协议。高层协议有文件传输协议 FTP、电子邮件传输协议 SMTP、域名系统、网络新闻传输协议 NNTP 和 HTTP 等。

超文本传输协议（Hypertext Transfer Protocol，HTTP）是用于从 WWW 服务器传输超文本到本地浏览器的传输协议。它可以使浏览器更加高效，使网络传输减少，它不仅能保证计算机正确快速地传输超文本文档，还能决定传输文档中的哪部分内容首先显示（如文本先于图形）等。这就是为什么在浏览器中看到的网页地址都是以 http://开头的。

4．Internet 接入

互联网接入技术的发展非常迅速，中国信息通信研究院发布的《中国宽带发展白皮书》显示，目前中国固定宽带用户为 3.78 亿，其中的光纤宽带用户达到了 3.28 亿，占比 86.8%。中国的光纤用户远远超过韩国、日本、瑞典等国家。据国际调研机构 Ookla 通过 Speedtest 网速测试的数据统计报告显示，我国固定宽带的下载速度为 77.6Mbit/s(9.7MB/s)，在全球范围排名第 19 位。下面具体介绍如何在 Windows 7 操作系统下设置宽带连接。

 **操作步骤**

【**步骤 1**】 单击"开始"按钮，打开"控制面板"窗口，选择"网络和 Internet"选项，选择"网络和共享中心"选项，打开"网络和共享中心"窗口，如图 1-44 所示。

图 1-44 "网络和共享中心"窗口

【**步骤 2**】 在"更改网络设置"选项组中选择"设置新的连接或网络"选项，弹出图 1-45 所示的"设置连接或网络"对话框，选择"连接到 Internet"选项，单击"下一步"按钮。

【**步骤 3**】 弹出"连接到 Internet"对话框，如图 1-46 所示，选择"宽带（PPPoE）"选项。

图 1-45 "设置连接或网络"对话框

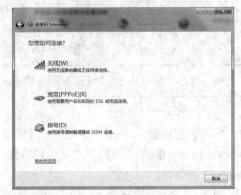

图 1-46 "连接到 Internet"对话框

【**步骤 4**】 单击"下一步"按钮，输入互联网服务提供商（Internet Service Provider，ISP）提供的信息（用户名和密码），如图 1-47 所示。

在"连接名称"中输入名称，这里的名称只是一个连接的名称，可以任意输入，如"ADSL"，单击"连接"按钮。成功连接后，即可使用浏览器上网。

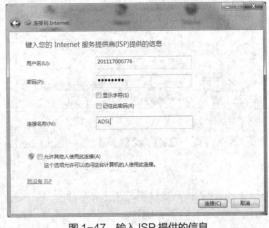

图 1-47　输入 ISP 提供的信息

1.1.5　计算机网络应用

1. 信息浏览与获取

信息浏览通常是指 WWW 服务，它是 Internet 信息服务的核心，也是目前 Internet 中使用最广泛的信息服务之一。WWW 是一种基于超文本文件的交互式多媒体信息检索工具。使用 WWW，只需使用浏览器即可在 Internet 中浏览世界各地的计算机上的信息资源。

常用浏览器有 （IE 浏览器）、 （火狐浏览器）等。下面就以 IE 浏览器为例，介绍如何使用浏览器来进行信息的浏览和获取。

操作步骤

【步骤 1】　单击"开始"按钮，选择"所有程序"→"Internet Explorer"选项，打开 IE 浏览器。

【步骤 2】　如果要访问的网站是新浪网，则在 IE 浏览器的地址栏中输入相应的网址 www.sina.com.cn，并按<Enter>键，即可对该网站进行浏览，如图 1-48 所示。

【步骤 3】　浏览区中显示的是超文本网页，当鼠标指针移动到有超链接的位置时，鼠标的指针会变为"♨"状态，单击即可实现页面之间的跳转。例如，单击"教育"超链接，就可以使浏览器自动跳转到相应页面，如图 1-49 所示。

地址栏

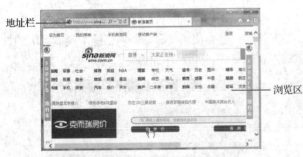

浏览区

图 1-48　使用 IE 浏览器访问新浪网

图 1-49　页面之间的跳转

【步骤 4】　如果要返回上一个页面，则可以通过单击工具栏中的"（后退）"按钮来实现。

【步骤 5】　如果要查看更长时间范围内的已访问网站，则可以单击工具栏中的"☆（查看）"按钮，选择"历史记录"选项卡，如图 1-50 所示。

【步骤 6】　使用收藏夹，可以将经常访问的 Web 站点放在便于访问的位置。这样，不必输入网址即可到达该站点。打开要访问的页面，单击工具栏中的"☆（查看）"按钮，单击"添加到收藏夹"按钮，弹出"添加收藏"对话框，如图 1-51 所示，单击"添加"按钮。如下次需要进入该网站，只需选择"收藏夹"选项卡，选择要打开的网站即可。

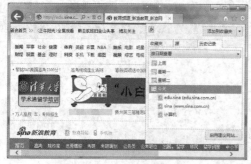

图1-50 "历史记录"选项卡

图1-51 "添加收藏"对话框

【步骤7】 如果要将当前的网页保存下来，则可以在浏览器的工具栏中单击"💿（工具）"按钮，在其下拉列表中选择"文件"→"另存为…"选项，弹出"保存网页"对话框。在对话框的"保存类型"下拉列表中选择网页保存的格式，如保存为"网页，全部（*.htm;*.html）"，系统就会自动将这个网页的所有内容下载并存储到本地硬盘中，并将该网页中所带的图片和其他格式的文件存储到一个与文件名同名的文件夹中。

🎓 知识扩展

如果只希望将浏览网页的文本保存起来，则可以利用剪贴板来实现。选中网页的全部或部分内容后单击鼠标右键，在弹出的快捷菜单中选择"复制"选项，将所选内容放在 Windows 剪贴板中，通过"粘贴"选项将其复制到 Windows 的其他应用程序中即可。

【步骤8】 如果只想保存网页中的图片，则可直接在该图片上单击鼠标右键，在弹出的快捷菜单中选择"图片另存为…"选项，在弹出的"保存图片"对话框中填好各项内容后，单击"保存"按钮就可以保存图片至本地硬盘中。

【步骤9】 在某些网页中还提供直接下载文件的超链接。在页面中单击要下载文件的超链接，弹出"文件下载"对话框，如图 1-52 所示。单击"保存"按钮，就可以选择文件下载完成后的保存路径并保存文件。

【步骤10】 如果要将网页内容打印下来，则可以在浏览器的工具栏中单击"💿（工具）"按钮，在其下拉列表中选择"打印"→"打印…"选项，在弹出的"打印"对话框中设置所需的打印选项，单击"打印"按钮，即可完成对页面内容的打印，如图 1-53 所示。

图1-52 "文件下载"对话框

图1-53 "打印"对话框

2. 电子邮件

电子邮件（Electronic mail，E-mail）是互联网中使用非常广泛的一种服务，是一种使用电子手段提供信息交换的通信方式，通过连接全世界的 Internet 实现各类信号的传送、接收、存储等处理，将电子邮件送到世界的各个角落。E-mail 不只局限于信件的传递，还可用来传递文件、声音、图形和图像等不同类型的信息。

E-mail 像普通的邮件一样，也需要寄送地址，它与普通邮件的区别在于它是电子地址。所有在 Internet 中有信箱的用户都至少有自己的一个电子邮箱地址，这些电子邮箱的地址都是唯一的。电子邮件服务器会根据这些地址将每封电子邮件传送到每个用户的信箱中。Internet 中的电子邮件的邮箱地址格式为用户账号@主机地址，如 jsjyyjc@126.com。

电子邮箱地址格式中的 "@" 符号表示 "at"，用户账号需向 ISP 申请，主机地址为提供电子邮件服务的服务器名。例如，某用户在 ISP 上申请了一个电子邮件账号 jsjyyjc，若该账号是建立在电子邮件服务器 qq.com 上的，则电子邮件地址为 jsjyyjc@qq.com。

> **提示：** 填写电子邮箱地址时，不要输入任何空格，不要随便使用大写字符，不要漏掉分隔主机地址各部分的圆点符号。

（1）Web 方式使用 E-mail。

在 Internet 中，除了可以使用从 ISP 申请的电子邮箱外，还可以申请免费的电子邮箱。一般的免费电子邮箱要到所在站点登记注册后才可使用，例如，在 163 网站申请免费的电子邮箱时，可在 163 网站的首页中单击 "注册" 按钮，如图 1-54 所示，在 "注册" 页面（见图 1-55）的用户名文本框中填入用户名，再根据提示填写相关的个人资料，注册成功后便拥有了 "用户名@163.com" 的电子邮箱地址。

图 1-54　163 网站的首页

图 1-55　"注册" 页面

登录注册过的电子邮箱，根据页面提供的使用说明，即可收发电子邮件。

（2）客户端工具软件使用 E-mail。

收发电子邮件时，既可以使用服务器端的在线方式，也可以使用客户端工具软件。常用的客户端工具软件有 Eudora、Netscape Mail 和 Outlook 等。Outlook 是微软自带的一款电子邮件客户端工具软件，下面介绍如何利用 Outlook 2016 实现电子邮件功能。

操作步骤

【步骤 1】　单击 "开始" 按钮，选择 "Outlook 2016" 选项，打开 Outlook 2016，如图 1-56 所示。

【步骤 2】　首次使用 Outlook 2016 前必须先设置收发邮件的服务器和电子邮件账号，在 "账户信息" 界面中单击 "添加账户"

图 1-56　Outlook 2016

按钮，在弹出的"添加账户"对话框中选中"电子邮件账户"单选按钮，如图 1-57 所示，单击"下一步"按钮。

【步骤3】 设置电子邮件账户信息，输入"您的姓名""电子邮件地址""密码"等信息，单击"下一步"按钮，如图 1-58 所示。

图 1-57 "添加账户"对话框   图 1-58 设置电子邮件账户信息

【步骤4】 配置成功后即可使用 Outlook 2016 管理邮件。

【步骤5】 接收和阅读邮件。电子邮件可以在任何时候发给收件人，即使对方的计算机是关闭的，电子邮件也不会丢失，它会自动保存在 ISP 提供的服务器中，只要对方开机后进行接收，便会收到电子邮件。在 Outlook 2016 中单击"发送/接收"选项卡中的"发送/接收所有文件夹"按钮，便可查看新接收的电子邮件，新接收的电子邮件存放在"收件箱"中，同时会显示新邮件数量。

【步骤6】 发送邮件。单击"开始"选项卡中的"新建电子邮件"按钮，在"邮件"界面中输入收件人的电子邮件地址、主题、邮件内容，已经填写好的邮件如图 1-59 所示。若要将此电子邮件发送给多人，则可在"抄送"栏中输入多个抄送者的电子邮件地址，多个电子邮件地址之间用逗号或分号隔开。单击最左边的"发送"按钮即可完成发送过程。

图 1-59 已经填写好的邮件

🎓 **知识扩展**

如果要发送文件，则可在 Outlook 2016 中单击工具栏中的"📎（附加文件）"按钮，在弹出的"插入文件"对话框中选择要发送的文件。

如果要发送多个文件，则需要将多个文件压缩过后再通过单击"📎（附加文件）"按钮进行发送。常用的压缩软件工具有 WinZip、WinRAR。

下面以 WinRAR 为例，简单讲述压缩与解压缩的步骤。

压缩的步骤：选择要压缩的文件（文件夹）并单击鼠标右键，在弹出的快捷菜单中选择"添加到文件名.rar"选项即可完成压缩。

解压缩的步骤：选择已压缩的文件并单击鼠标右键，在弹出的快捷菜单中选择"解压到当前文件夹"选项，单击"确定"按钮即可完成解压缩（如需设置解压路径，则可选择"解压文件…"选项进行具体路径的设置）。

3. 信息搜索

互联网是一个信息的海洋，各网页之间相互连接，错综复杂，需要一些方法来帮助人们找到所需要的信息，所以掌握网上信息搜索技术非常必要。这些技术可以帮助人们从复杂的资源库中迅速找到所需的网站和信息，从而大大地提高上网效率，节约时间。

有一种称为搜索引擎（Search Engine）的搜索工具，它是某些站点提供的用于在网络中查询信息的程序。搜索引擎为用户查找信息提供了极大的方便，用户只需输入几个关键词，需要的资料就会从世界的各个角落汇集到屏幕上。

下面以百度搜索引擎为例，介绍搜索引擎的使用方法。

 **操作步骤**

【**步骤 1**】 在 IE 浏览器的地址栏中输入网址"www.baidu.com"，按<Enter>键进入百度搜索引擎首页，如图 1-60 所示。

图 1-60　百度搜索引擎首页

【**步骤 2**】 在"搜索"框中输入要查找内容的关键词，例如，输入"计算机的发展史"，单击"百度一下"按钮后可得到一个搜索结果列表，该列表中包含许多与"计算机的发展史"有关的 Web 站点，单击感兴趣的站点，进入该页面，可进一步了解与"计算机的发展史"有关的信息。

4．下载工具软件的使用

下载就是通过网络进行传输文件并保存到本地计算机上的一种网络活动。随着网络技术的迅速发展，下载已经成为网络生活的一个重要的组成部分。提供下载功能的软件也越来越丰富，常用下载工具软件的特点如表 1-3 所示。

表 1-3　常用下载工具软件的特点

常用下载工具软件	特点
⬇（快车 FlashGet）	具备多线程下载和管理的软件
⬅（迅雷）	新型的基于 P2SP 技术的下载软件
➤（影音传送带）	免费且功能强大的下载工具，支持网络影音下载

下面就以"迅雷"下载软件为例，介绍如何下载文件。

 **操作步骤**

【**步骤 1**】 打开网页上的下载页面，在下载超链接上单击鼠标右键，在弹出的快捷菜单中选择"使用迅雷下载"选项。

【**步骤 2**】 弹出图 1-61 所示的"建立新的下载任务"对话框。

【**步骤 3**】 单击"浏览"按钮，选择文件存储的路径，如果不对其进行设置则文件将会被下载到默认路径中。选择好文件存储路径后，单击"立即下载"按钮即可进行下载。

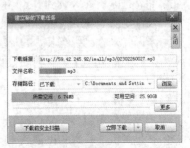

图 1-61　"建立新的下载任务"对话框

1.2 "庖丁解牛"之新篇——解剖计算机

 项目情境

小 C 有一个学财会的高中同学小 D，小 D 最近想自己动手做（Do It Yourself，DIY）一台适合自己的计算机，于是向小 C 求助，小 C 表示很乐意帮忙。为了帮同学组装一台满意的计算机，小 C 还真下了不少功夫，仔细学习了装机必备的所有知识。

下面就跟着小 C 一起来学习吧！

 学习清单

计算机硬件、主板、CPU、内存条、ROM、RAM、Cache、显卡、声卡、网卡、硬盘、光盘、移动硬盘、U 盘、输入设备、输出设备、系统软件、应用软件、工作原理。

 具体内容

计算机系统是由硬件与软件两大部分组成的，有了这两大部分，计算机才能正常地开机并运行。硬件是计算机系统工作的物理实体，而软件则控制硬件的运行。

1.2.1 计算机解剖图——硬件

计算机硬件（computer hardware）指构成计算机系统的物理元器件、部件、设备以及它们的工程实现（包括设计、制造和检测等技术）。也就是说，凡是看得到、摸得着的计算机设备，都是硬件部分。例如，计算机主机（中央处理器、内存、网卡、声卡等）及接口设备（键盘、鼠标、显示器、打印机等），它们是计算机硬件系统的主要组件。

硬件是计算机的"躯体"，是计算机的物理体现，其发展对计算机的更新换代产生了巨大影响。下面先来看已经组装好的计算机，如图 1-62 所示。

为了更深入地了解计算机硬件，下面充当一下"庖丁"来"解牛"，一起分析计算机的硬件组成吧。

1. 主板

主板又称主机板（Mainboard）、系统板（Systemboard）和母板（Motherboard），它安装在机箱内，是微机最基本的也是最重要的部件之一。主板一般为矩形电路板，上面安装了组成计算机的主要电路系统，一般有 BIOS 芯片、I/O 控制芯片、键盘和面板控制开关接口、指示灯插接件、扩充插槽、主板及插卡的直流电源供电接插件等组件。

图 1-62 已经组装好的计算机

简单来说，主板就是一个承载 CPU、显卡、内存、硬盘等全部物理设备的平台，负责数据的传输、电源的供应等。主板在计算机中的位置如图 1-63 所示。

图 1-63 主板在计算机中的位置

🎓 **知识扩展**

机箱作为计算机配件中的一部分，它的主要作用是放置和固定各种计算机的物理配件，起到了承托和保护的作用，此外，计算机机箱具有屏蔽电磁辐射的重要作用。由于机箱不像中央处理器、显卡、主板等配件那样能迅速提高整机性能，所以在 DIY 中一般不被列为重点考虑对象。但是机箱也并不是毫无作用的，一些用户买了非知名品牌机箱后，会出现因为主板和机箱形成回路，导致短路，使系统变得不稳定的情况。

主板详解图如图 1-64 所示。

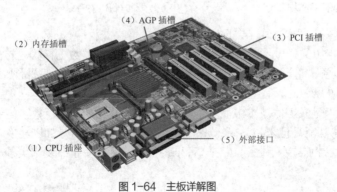

图 1-64 主板详解图

2. 主板上所承载的对象

（1）CPU 插座——CPU。

中央处理器（Central Processing Unit，CPU）主要由控制器和运算器组成。它虽然只有火柴盒大小、几十张纸那么厚，但却是一台计算机的运算核心和控制核心，可以说是计算机的"心脏"。CPU 被集成在一片超大规模的集成电路芯片上，插在主板的 CPU 插槽中。CPU 的正面和 CPU 的反面分别如图 1-65 和图 1-66 所示。

图1-65　CPU的正面

图1-66　CPU的反面

CPU包括运算逻辑部件、寄存器部件和控制部件。

① 运算逻辑部件可以执行定点或浮点的算术运算操作、移位操作以及逻辑操作，也可执行地址的运算和转换。

② 寄存器部件包括通用寄存器、专用寄存器和控制寄存器。

③ 控制部件主要负责对指令进行译码，发出每条指令所要执行的各个操作的控制信号。

由于集成化程度和制造工艺的不断提高，越来越多的功能被集成到CPU中，使CPU管脚数量不断增加，因此CPU插座的尺寸也越来越大。

🎓 **知识扩展**

双核CPU：在CPU内部封装两个处理器内核，如图1-67所示。双核和多核CPU是今后CPU的发展方向。

（2）内存插槽——内存条。

内存条位于主板上，是连接CPU和其他设备的通道，起到缓冲和数据交换的作用，是计算机工作的基础。在现代计算机的主板上设有若干个内存插槽，只要插入相应的内存条即可方便地构成所需容量的内存储器，如图1-68所示。

图1-67　双核CPU

图1-68　内存条

（3）PCI插槽——显卡、声卡、网卡。

① 显卡。显卡（又称显示适配器）主要用于主机与显示器数据格式的转换，是体现计算机显示效果的必备设备，它不仅把显示器与主机连接起来，还起到了处理图形数据、加速图形显示等作用，如图1-69所示。

② 声卡。声卡是多媒体技术中最基本的组成部件，是实现声波/数字信号相互转换的一种硬件。声卡的基本功能是把来自话筒、磁带和光盘的原始声音信号加以转换，输出到耳机、扬声器、扩音机和录音机等声响设备，或通过音乐设备数字接口使乐器发出美妙的声音，如图1-70所示。

图1-69　显卡

图1-70　声卡

③ 网卡。网卡又称网络适配器（Network Interface Adapter，NIA），用于实现联网计算机和网络电缆之间的物理连接，为计算机之间相互通信提供了一条物理通道，并通过这条通道进行高速数据传输，如图 1-71 所示。

图 1-71　网卡

（4）AGP 插槽——显卡。

加速图形接口（Accelerated Graphics Port，AGP）是在 PCI 总线基础上发展起来的，主要针对图形显示方面进行优化、专门用于图形显示卡。

（5）外部接口——USB 接口、音频接口、网线接口。

① USB 接口，用来连接 U 盘、鼠标、键盘等设备。

② 音频接口，用来连接音箱、麦克风等输入/输出设备接口。

③ 网线接口，用来接入网线使计算机上网。

3. 存储器

（1）内存储器。

计算机的内存储器从使用功能上分为随机存储器（Random Access Memory，RAM，又称读写存储器）、只读存储器（Read Only Memory，ROM）和高速缓冲存储器（Cache，又称缓存）3 种。

① RAM。RAM 是计算机工作的存储区，一切要执行的程序和数据都要先装入该存储器。RAM 有以下特点：可以读出，也可以写入，读出时并不损坏原来存储的内容，只有写入时才会修改原来所存储的内容；断电后，存储内容立即消失，即具有易失性。

💡 **提示：** 通常所说的 2GB 内存就是指 RAM，RAM 是计算机处理数据的临时存储区，要想使数据长期保存起来，必须将数据保存在外存储器中。

---

② ROM。ROM 的特点是只能读出原有的内容，不能由用户再写入新的内容。ROM 中的数据是由设计者和制造商事先编制好，并固化在其中的一些程序，使用者不能随意更改。它一般用来存放专用且固定的程序和数据，不会因断电而丢失。

ROM 中的程序主要用于检查计算机系统的配置情况，并提供最基本的输入/输出控制程序，如存储 BIOS 参数的 CMOS 芯片。

③ Cache。缓存是位于 CPU 与 RAM 间的一种容量较小但速度很快的存储器，它主要用于解决 CPU 运算速度与内存读写速度不匹配的矛盾。在 CPU 中加入缓存是一种高效的解决方案，这样整个内存储器（缓存+内存）就变成了既有缓存的高速度，又有内存的大容量的存储器了。其作用示意图如图 1-72 所示。

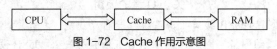

图 1-72　Cache 作用示意图

🎓 **知识扩展**

计算机内、外存储器的容量是用字节（B）来表示和计算的，除 B 外，还常用 KB、MB、GB 作为存储容量的单位，其换算关系如下。

B（字节）	1B=1 个英文字符，1 个中文字占 2 字节。
KB（千字节）	1KB=1024B，约是半页至一页的文字容量。
MB（兆字节）	1MB=1024KB=1048576B，约是一本 600 页的书的文字容量。
GB（吉字节）	1GB=1024MB=1073741824B，约 1000 本书的容量。
TB（太字节）	1TB=1024GB，目前个人的微型机存储容量也能达到这个级别。

此外，存储容量的最小单位为位（bit），1B=8bit。

（2）外存储器。

外存储器属于计算机外部设备的范畴，它们的共同特点是容量大，速度慢，具有永久性存储的功能。常用的外存储器有硬盘、光盘、可移动存储器等。

① 硬盘。硬盘属于计算机硬件中的存储设备，是由若干片硬盘片组成的盘片组，一般被固定在机箱内，如图 1-73 所示。硬盘是计算机主要的存储媒介，由一个或者多个铝制或玻璃制的盘片组成，这些盘片外覆盖有铁磁性材料。硬盘的特点是存储容量大，工作速度快。绝大多数硬盘是固定硬盘，被永久性地密封固定在硬盘驱动器中。

 知识扩展

硬盘的保养与维护

硬盘虽然被密闭在主机箱内，但是使用计算机不当时也可能使硬盘受到严重的损坏，尤其是当计算机存取硬盘时，千万不能移动计算机或将计算机电源关掉，这样磁道十分容易受损。

② 光盘。光盘是一种利用激光将信息写入或读出的高密度存储媒体，如图 1-74 所示。能独立地在光盘上进行信息读、写的装置，被称为光盘存储器或光盘驱动器。光盘的特点是存储密度高，容量大，成本低廉，便于携带，保存时间长。衡量光盘驱动器传输数据速率的指标为倍速，1倍速率=150KB/s。

常见光盘的类型：只读型光盘 CD-ROM、一次性可写入光盘 CD-R（需要光盘刻录机完成数据的写入）和可重复刻录的光盘 CD-RW。

③ 可移动存储器。目前，比较常见的可移动存储器有 U 盘和移动硬盘两种。

U 盘采用的存储介质为闪存芯片（Flash Memory），将驱动器及存储介质合二为一。U 盘在使用时不需要额外的驱动器，只需接至计算机的 USB 接口即可独立地存储、读写数据，它可擦写的次数在 100 万次以上。U 盘体积很小，重量极轻，特别适合随身携带，如图 1-75 所示。

图 1-73　硬盘

图 1-74　光盘

图 1-75　U 盘

 知识扩展

关于 U 盘的使用

将 U 盘直接插在机箱的 USB 接口上，系统便会自动识别。打开"此电脑"文件夹，会看到一个名为"可移动磁盘"的图标，同时在屏幕的右下角会有一个"USB 设备"的小图标。

接下来，可以像平时操作文件一样，在 U 盘上保存、删除文件。注意，U 盘使用完毕，关闭一切窗口后，在拔下 U 盘前，要选择右下角的 USB 设备图标并单击鼠标右键，在弹出的快捷菜单中选择"安全删除硬件"选项，最后单击"停止"按钮，当右下角出现"你现在可以安全地移除驱动器了"提示信息后，才能将 U 盘从机箱上拔下。

虽然 U 盘具有性能高、体积小等优点，但面对需要较大数据量存储的情况时需要使用移动硬盘，如图 1-76 所示。

移动硬盘由计算机硬盘改装而成，采用 USB 接口，可移动硬盘的使用方法与 U 盘类似。

图 1-76　移动硬盘

阶段总结

存储器容量与访问速度的比较如图 1-77 所示。

4. **输入设备**

输入设备是将系统文件、用户程序、文档和运行程序所需的数据等信息输入计算机内存储设备中以备使用的设备。常用的输入设备有键盘（Keyboard）、鼠标（Mouse）、操纵杆、扫描仪（Scanner）等。

（1）键盘。

键盘是计算机中最常用也是最主要的输入设备之一。通过键盘，可以将英文字母、数字、标点符号等信息输入计算机，从而向计算机发出命令、输入数据等，如图 1-78 所示。

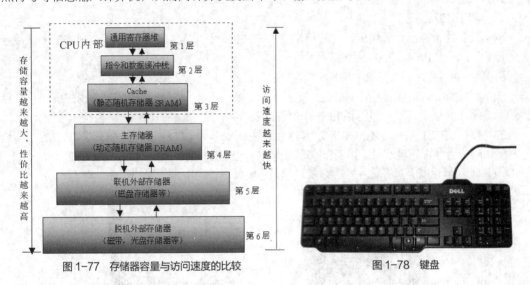

图 1-77　存储器容量与访问速度的比较　　　　图 1-78　键盘

键盘由一组按阵列方式装配在一起的按键开关组成，每按下一个键就相当于接通了相应的开关电路，以便将刻键的代码通过接口电路送入计算机。

随着键盘的发展，市面上出现了很多符合人体工程学的键盘。此外，USB 接口的键盘、无线键盘、多媒体键盘也极大地满足了人们多方面的需要。

（2）鼠标、操纵杆。

① 鼠标。鼠标是用于图形界面操作系统和应用系统的快速输入设备，其主要功能是通过移动显示器上的光标并选择选项或单击按钮向主机发出各种操作命令，但鼠标不能输入字符和数据，如图 1-79 所示。

鼠标的类型、型号有很多，根据结构可分为机电式鼠标和光电式鼠标两类；根据按钮的数目不同可分为两键鼠标、三键鼠标和多键鼠标（目前普遍使用的是滚轮式鼠标，在原有鼠标的两个按键中加了一个滚轮以方便浏览网页）；根据接口可以分为 COM 接口鼠标、PS/2 接口鼠标和 USB 接口鼠标 3 类；根据连接方式可以分为有线鼠标和无线鼠标两类。

② 操纵杆。操纵杆将纯粹的物理动作（手部的运动）完完全全地转换成数学形式（0 和 1 所组成的计算机语言），优秀的操纵杆可以完美地实现这种转换。当用户真正投入到游戏中时，会觉得自己完全置身于虚拟世界，如图 1-80 所示。

（3）扫描仪。

扫描仪是一种高精度光电一体化的高科技产品，它是将各种形式的图像信息输入计算机的重要工具，是继键盘和鼠标之后的第三代计算机输入设备，是一种功能极强的输入设备，如图 1-81 所示。

图 1-79 鼠标

图 1-80 操纵杆

图 1-81 扫描仪

人们通常将扫描仪用于计算机图像信息的输入，而图像这种信息形式是一种信息量巨大的形式。从图片、照片、胶片到各类图纸图形以及文稿都可以用扫描仪输入计算机进而实现对这些图像形式信息的处理、管理、使用、存储和输出等。

5. 输出设备

输出设备用于输出计算机处理过的结果、用户文档、程序及数据等信息。常用的输出设备有显示器、打印机（Printer）、绘图仪等。

（1）显示器。

显示器是计算机的主要输出设备之一，用来将系统信息、计算机处理结果、用户程序及文档等信息显示在屏幕上，是人机对话的一个重要工具。

显示器按结构分为两大类：CRT 显示器（见图 1-82）和 LCD（见图 1-83）。CRT 显示器是一种使用阴极射线管的显示器，其工作原理基本上和电视机相同，只是数据接收和控制方式不同。LCD 又称液晶显示器，具有体积小、重量轻、只需要低压直流电源便可使用等特点。

图 1-82 CRT 显示器

图 1-83 LCD

衡量显示器好坏的主要指标有显示器的屏幕大小、显示的分辨率等。屏幕越大，显示的信息就越多；显示的分辨率越高，显示的图像就越清晰。

提示：显示器与主机相连时必须配置适当的显示适配器，即显卡。显卡在 1.2.1 节的计算机解剖图中已有详细介绍。

（2）打印机。

打印机也是计算机系统中的标准输出设备之一，与显示器最大的区别是打印机将信息输出在纸上而非显示屏上。它是仅次于显示器的输出设备，用户经常需要用打印机将在计算机中创建的文稿、数据信息打印出来，如图 1-84 所示。

衡量打印机好坏的指标有 3 项：打印分辨率、打印速度和噪声。

图 1-84 打印机

提示：将打印机与计算机连接后，必须在计算机中安装相应的打印机驱动程序才可以使用打印机。

   阶段总结

从外观上看，计算机硬件系统可以分为主机和外部设备（简称外设）两大部分；从功能结构上看，一个完整的硬件系统必须包括运算器、控制器、存储器、输入设备和输出设备 5 个核心功能部件，每个功能部件各尽其职、协调工作。

计算机硬件系统的结构如图 1-85 所示。

1.2.2 计算机的灵魂——软件

一个完整的计算机系统是硬件和软件的有机结合，如果将硬件比作计算机系统的躯体，那么软件就是计算机系统的灵魂。

1. 软件的概念

计算机软件（Computer Software，简称软件）是指计算机系统中的程序及其文档。软件是用户与硬件之间的接口工具，用户主要通过软件与计算机进行交流。

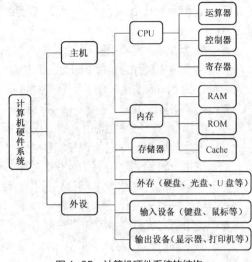

图 1-85　计算机硬件系统的结构

程序是计算机需要遵照执行的一系列指令，文档是为了便于用户了解程序所需的阐明性资料，程序必须装入机器内部才能工作，文档则不一定装入机器。

2. 硬件与软件的关系

硬件和软件是在一个完整的计算机系统中互相依存的两大部分，它们的关系主要体现在以下几个方面。

（1）硬件和软件互相依存。

硬件是软件工作的物质基础，同时，软件的正常工作是硬件发挥作用的唯一途径。计算机系统必须要配备完善的软件系统才能正常工作，并充分发挥其硬件的各种功能。

（2）硬件和软件无严格界线。

随着计算机技术的发展，在许多情况下，计算机的某些功能既可以由硬件实现，也可以由软件来实现。因此，硬件和软件在一定意义上没有绝对严格的界线。

（3）硬件和软件协同发展。

计算机软件随硬件技术的迅速发展而发展，同时，软件的不断发展与完善又促进了硬件的进一步的发展。

3. 软件的分类

软件的内容丰富、种类繁多，通常可以根据软件的用途将其分为系统软件和应用软件两类，这些软件都是用程序设计语言编写的程序。系统软件是软件系统的核心，应用软件的应用是以系统软件为基础进行的。

（1）系统软件。

系统软件是指控制计算机的运行，管理计算机的各种资源，为计算机的使用提供支持和帮助的软件，分为操作系统（Operating System，OS）、程序设计语言、语言处理程序、数据库管理系统等，其中操作系统是最基本的系统软件。

① OS。OS 是管理计算机硬件与软件资源的程序，同时是计算机系统的内核与基石。它的职责包括对硬件的直接监管、对各种计算资源（如内存、处理器时间等）的管理以及提供诸如作业管理之类的面向应用程序的服务等。

操作系统是对计算机硬件的第一级扩充，是对硬件的接口、对其他软件的接口、对用户的接口以及对网络的接口。

目前常用的操作系统有 Windows 和 Linux 等。

② 程序设计语言。程序设计语言是用户用来编写程序的语言，它是人与计算机之间交换信

息的工具，程序设计语言是软件系统的重要组成部分。一般可分为机器语言、汇编语言和高级语言 3 类。

- 机器语言。机器语言是一种用二进制代码"0"和"1"两种形式表示的，能被计算机直接识别和执行的语言。因此，机器语言的执行速度较快，但它的二进制代码会随 CPU 型号的不同而变化，且不便于人们的记忆、阅读和书写，所以通常不用机器语言编写程序。
- 汇编语言。汇编语言是一种使用助记符表示的面向机器的程序设计语言。每条汇编语言的指令对应一条机器语言的代码，不同型号的计算机系统一般有不同的汇编语言。

  因为计算机硬件只能识别机器指令，用助记符表示的汇编指令是不能执行的，所以要想执行汇编语言编写的程序，必须先用一个程序将汇编语言翻译成机器语言程序。用于翻译的程序称为汇编程序，用汇编语言编写的程序称为汇编语言源程序，翻译后得到的机器语言程序称为目标程序。
- 高级语言。机器语言和汇编语言都是面向机器的语言，一般称为低级语言。它们对机器的依赖性大，程序的通用性差，要求程序员必须了解计算机硬件的细节，因此它们只适合计算机专业人员。

  为了解决上述问题，满足广大非专业人员的编程需求，高级语言应运而生。高级语言是一种比较接近自然语言（英语）和数学表达式的计算机程序设计语言，它与计算机硬件无关，易于人们接受和掌握。常用的高级语言有 C、Java、Python 等。其中，Java 是目前使用最为广泛的网络编程语言之一，它具有简单、面向对象、稳定、与平台无关、多线程、动态等特点。

  但是，任何用高级语言编写的程序都要翻译成机器语言程序后才能被计算机执行，与低级语言相比，用高级语言编写的程序的执行时间和效率要差一些。

③ 语言处理程序。因为计算机只认识机器语言，所以使用其他语言编写的程序都必须先经过语言处理（也称翻译）程序的翻译，才能使计算机接受并执行。不同的语言有不同的翻译程序。

- 汇编语言的翻译。用汇编语言编写的程序称为汇编语言源程序。必须用汇编程序将汇编语言源程序翻译成机器能够执行的目标程序，这个翻译过程叫作汇编。源程序的汇编运行过程如图 1-86 所示。

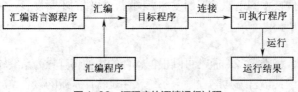

图 1-86　源程序的汇编运行过程

- 高级语言的翻译。用高级语言编写的程序称为高级语言源程序，高级语言源程序也必须翻译成机器语言目标程序后才能被计算机识别并执行。高级语言翻译执行方式有编译方式和解释方式两种。

  编译方式是先用相应语言的编译程序将源程序翻译成目标程序，再用连接程序将目标程序与函数库相连，最终成为可执行程序在计算机上运行。其编译运行过程如图 1-87 所示。

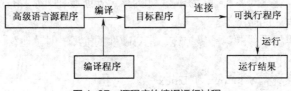

图 1-87　源程序的编译运行过程

解释方式是通过相应的解释程序将源程序逐句翻译成机器指令，并且是每翻译一句就执行一句。解释程序不产生目标程序，如果执行过程中不出现错误，则会一直进行直到完成，否则，将在错误处停止执行。其解释执行过程如图 1-88 所示。

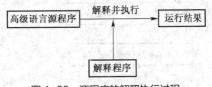

图 1-88　源程序的解释执行过程

提示：对于同一个程序，如果是用解释方式执行的，那么它的运行速度通常比编译方式执行的运行速度慢一些。因此，目前大部分高级语言采用了编译方式。

④ 数据库管理系统。数据处理是计算机应用的重要方面之一，为了有效地利用、保存和管理大量数据，人们于 20 世纪 60 年代末开发出了数据库系统（Database System，DBS）。

一个完整的数据库系统是由数据库（Database，DB）、数据库管理系统（Database Management System，DBMS）和用户应用程序 3 个部分组成的。其中，数据库管理系统按照其管理数据库的组织方式分为三大类：关系型数据库、网络型数据库和层次型数据库。

数据库系统有大小之分，大型数据库系统有 SQL Server、Oracle 和 DB2 等，中小型数据库系统有 Access 和 MySQL。

（2）应用软件。

计算机之所以能迅速普及，除了其硬件性能不断提高、价格不断降低之外，大量实用应用软件的出现满足了各类用户的需求也是重要原因之一。

除了系统软件以外的所有软件都称为应用软件，是由计算机生产厂家或软件公司为支持某一应用领域、解决某个实际问题而专门研制的应用程序，例如，Microsoft Office 组件、计算机辅助设计软件、图形处理软件、解压缩软件、反病毒软件等。

用户可以通过这些应用程序完成自己的目标。例如，利用 Microsoft Office 组件创建文档，利用反病毒软件清理计算机病毒，利用解压缩软件解压缩文件，利用 Outlook 收发电子邮件，利用图形处理软件绘制图形等。

常见的应用软件如下。

- 文字处理软件：Microsoft Office、WPS 等。
- 辅助设计软件：AutoCAD、Photoshop 等。
- 媒体播放软件：暴风影音、Windows Media Player 等。
- 图形图像软件：CorelDRAW、Painter、3ds Max、Maya 等。
- 网络聊天软件：QQ、微信等。
- 音乐播放软件：酷我音乐、酷狗音乐等。
- 下载管理软件：迅雷、网际快车、超级旋风等。
- 杀毒软件：腾讯电脑管家、360 安全卫士等。

 阶段总结

计算机软件系统的组成如图 1-89 所示，计算机系统结构的关系如图 1-90 所示。

计算机系统包含硬件系统和软件系统，硬件系统是计算机的基础，软件系统是计算机的上层建筑。一个完整的计算机系统必须包含硬件系统和软件系统，只有硬件系统没有软件系统的计算机称为裸机。

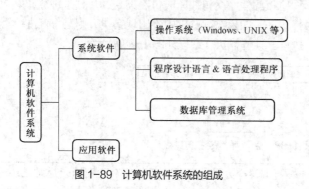

图 1-89　计算机软件系统的组成

图 1-90　计算机系统结构的关系

1.2.3　计算机系统的主要技术指标

对计算机进行系统配置时，首先要了解计算机系统的主要技术指标。衡量计算机性能的指标主要有以下几个。

① 字长：CPU 能够直接处理的二进制数据位数，它直接关系到计算机的计算精度、功能和速度。字长越长，处理能力就越强，精度就越高，速度也就越快。

② 运算速度：计算机每秒所能执行的指令条数，一般以每秒百万条指令（Million Instructions Per Second，MIPS）为单位。

③ 主频：计算机的时钟频率，单位用兆赫兹（MHz）或吉赫兹（GHz）表示。

④ 内存容量：内存储器中能够存储信息的总字节数，一般以 MB 或 GB 为单位。

⑤ 外设配置：计算机的输入/输出设备。

⑥ 软件配置：包括操作系统、计算机语言、数据库语言、数据库管理系统、网络通信软件、汉字支持软件及其他各种应用软件。

1.2.4　计算机的基本工作原理

计算机之所以能高速、自动地进行各种操作，一个重要的原因就是采用了冯·诺依曼提出的存储程序和过程控制的思想。虽然计算机的制造技术从计算机出现到现在已经发生了翻天覆地的变化，但迄今为止所有进入市场的电子计算机都是按冯·诺依曼提出的结构体系和工作原理设计制造的，所以，现代计算机又称为"冯·诺依曼型计算机"。

1. 结构体系

计算机由 5 个基本部分组成：运算器、控制器、存储器、输入设备和输出设备。存储器能存储数据和指令；控制器能自动执行指令；运算器可以进行加、减、乘、除等基本运算；用户可以通过输入/输出设备与主机进行通信。

2. 工作原理

存储程序是指必须事先把计算机的执行步骤（程序）及运行中所需的数据，通过输入设备输入并存储在计算机的存储器中。过程控制是指计算机运行时能自动地逐一取出程序中的第一条指令，加以分析并执行规定的操作。

根据存储程序和过程控制的设计思想，在计算机运行的过程中，实际上有两种信息在流动。一种是数据流，其中包括原始数据和指令，它们在程序运行前就已经预先送至主存中，且都是以二进制形式编码的。在运行程序时，数据被送往运算器参与运算，指令被送往控制器。另一种是控制信号，它是由控制器根据指令的内容发出的信号，指挥计算机各部件执行指令规定的各种操作或运算，并对执行流程进行控制。计算机各部分的工作过程如图 1-91 所示。

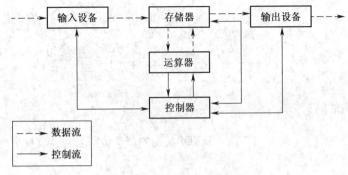

图 1-91　计算机各部分的工作过程

　　计算机的基本工作原理可以简单概括为输入、处理、输出和存储 4 个步骤。用户可以利用输入设备（键盘或鼠标等）将数据或指令"输入"到计算机中，再由 CPU 发出命令进行数据的"处理"工作，最后，计算机会把处理的结果"输出"至屏幕、音箱或打印机等输出设备。同时，由 CPU 处理的结果也可送到存储设备中进行"存储"，以便日后再次使用它们。这 4 个步骤组成一个循环过程，但输入、处理、输出和存储并不一定按照上述的顺序操作。在程序的指挥下，计算机会根据需要而决定采取哪一个步骤。

 阶段总结

（1）计算机完成的任务是由事先编写的程序执行并完成的。

（2）计算机的程序被事先输入到存储器中，程序运算的结果也被存放在存储器中。

（3）计算机能自动地、连续地执行程序。

（4）程序运行所需要的信息和结果可以通过输入/输出设备完成。

（5）计算机内部采用二进制来表示指令和数据。

（6）计算机由运算器、控制器、存储器、输入设备、输出设备组成。

1.3　维护健康，防治病毒

 项目情境

　　小 D 面对刚刚配置好的计算机兴奋不已，每天都花很长时间从网站上下载各式各样好玩的程序。好景不长，不到一周时间，计算机就罢工了，小 D 又得找小 C 帮忙了。小 C 通过看书，在网上看求助帖，终于帮小 D 修好了计算机。小 C 语重心长地对小 D 说："一定要注意防范计算机病毒，网络安全很重要！"，并列了一份学习清单让小 D 好好研究。

 学习清单

网络安全，个人网络信息安全策略，计算机病毒的概念、特点、分类及防治，"欢乐时光"，《计算机软件著作权登记办法》。

 具体内容

1.3.1　计算机网络安全

1. 网络安全

当用户的利益在网络中遭到侵犯时，网络安全问题就变成了无论如何强调都不为过时的大问题。

在网络应用日益广泛和频繁的今天，了解网络在安全方面的脆弱性，掌握抵御网络入侵的基本知识，已经具有非常重要的现实意义。

网络安全问题主要有以下几个方面。

（1）网络运行系统安全，包括系统处理安全和传输系统安全。系统处理安全指避免因系统崩溃或损坏对系统存储、处理和传输的信息造成的破坏和损失。传输系统安全指避免因电磁泄漏而产生信息泄露所造成的损失和危害。

（2）网络系统信息安全，包括身份验证、用户存取权限控制、数据访问权限和方式控制、计算机病毒防治和数据加密等。

（3）网络信息传播安全，指网络中信息传播后的安全，包括信息过滤、防止大量自由传输的信息失控、非法窃听等。

（4）网络信息内容安全，保证信息的保密性、真实性和完整性，本质上是保护用户的利益和隐私。

任何网络信息安全系统必须可以实质性地解决以上 4 个方面的技术实现问题，其安全解决方案才是可行的。

2. 网络安全实用技术

网络信息安全系统的解决方案必须要综合考虑网络安全、数据安全、数据传输安全、安全服务和安全目标等问题，包括政策上的措施、物理上的措施和逻辑上的措施。常用的网络安全技术有以下几种。

（1）网络隔离技术。

网络隔离（Network Isolation）主要是指把两个或两个以上可路由的网络（如 TCP/IP）通过不可路由的协议（如 IPX/SPX 和 NetBEUI 等）进行数据交换而达到隔离的目的。因为其原理主要是采用了不同的协议，所以这种方法通常也称为协议隔离（Protocol Isolation）。

（2）防火墙技术。

防火墙就是在可信网络（用户的内部网）和非可信网络（Internet 和外部网）之间建立和实施特定的访问控制策略的系统。

防火墙可以由一个硬件和一个软件组成，也可以由一组硬件和一组软件组成。防火墙是阻止网络"黑客"攻击的一种有效手段。

（3）身份验证技术。

网络系统的安全性依赖于终端对用户身份的正确识别与检验，以防止终端用户的欺诈行为。身份验证一般包括两个方面：一方面是识别；另一方面是验证。识别是指系统中的每个合法用户都被系统识别的能力；验证是指系统对访问者的身份进行验证，以防假冒。

（4）数据加密技术。

采用数据加密技术，对通信数据进行加密，在网络安全中，包括节点加密、链路加密和端对端加密。

（5）数字签名技术。

如要求系统在通信双方发生伪造、冒充、否认和篡改等情况时仍能保证安全性，则在计算机信息系统中就需要采用一种电子形式的签名——数字签名。

数字签名有两种方法，分别为利用传统密码签名和利用公开密钥签名。

3．个人网络信息安全策略

只要采取下列安全措施就能解决一些个人网络信息安全的问题。

（1）个人信息定期备份，避免损失有用信息。

（2）谨防病毒攻击，不要轻易下载来路不明的软件；安装的杀毒软件要定期进行升级。

（3）上网过程中发现任何异常情况，应立即断开网络，并对系统进行杀毒处理。

（4）借助防火墙功能，在专业技术人员或厂家的帮助下安装并设置合适参数，以达到网络安全的目的。

（5）关闭"共享"功能。

（6）及时安装程序补丁，使系统在防范恶意攻击方面的功能保持完善。

1.3.2　计算机病毒及其防治

几乎所有上网用户都感受过网上冲浪的喜悦，也经受过病毒袭击的烦恼。辛苦完成的电子稿件顷刻之间全没有了；刚才还好端端的机器突然就不能正常运行了；程序正运行在关键时刻，系统莫名其妙地重新启动了……这些意想不到的情况很可能就是计算机病毒惹的祸。

1．计算机病毒的概念

计算机病毒是人为编制的一种计算机程序，能够在计算机系统中生存并通过自我复制进行传播，在一定条件下激活发作，从而给计算机系统造成一定的破坏。

📖 知识扩展

《中华人民共和国计算机信息系统安全保护条例》中明确将计算机病毒定义为"编制或者在计算机程序中插入的破坏计算机功能、数据，影响计算机使用并且能够自我复制的一组计算机指令、程序代码"。

2．计算机病毒的特点

计算机病毒的特点有很多，可以归纳为以下几点。

（1）潜伏性。

计算机病毒具有依附于其他媒体寄生的能力，依靠其寄生能力，计算机病毒传染给合法程序和系统后，不会立即发作，而是悄悄地隐藏起来，在用户不知不觉的情况下进行传播。病毒的潜伏性越好，它在系统中存活的时间就越长，传染的范围也就越广，危害性也就越大。

（2）隐藏性。

隐藏性是计算机病毒的本能特性，为了避免被察觉，计算机病毒编制者总是想方设法地使用各种隐藏技术。计算机病毒通常依附于其他可执行的程序或隐藏在磁盘中比较隐蔽的地方，因此，用户很难发现它们，而发现它们的时候往往正是计算机病毒发作的时候。

（3）传染性。

传染性是计算机病毒的重要特征之一，计算机病毒为了继续生存，唯一的方法就是要不断地、传递性地感染其他文件。计算机病毒传播的速度极快，范围很广，一旦入侵计算机系统即可通过自我复制的方式迅速传播。

（4）可激发性。

当计算机病毒的触发机制或条件满足时，就会以各种方式对计算机系统发起攻击。计算机病毒的触发机制和条件有很多种，如指定的日期或时间、文件类型、指定文件名或病毒内置的计数器达到一定次数等，例如，CIH 病毒 V1.2 发作的日期就是每年的 4 月 26 日。

（5）破坏性。

无论何种计算机病毒程序，一旦侵入计算机系统就会对其操作系统的运行造成不同程度的影响。而其破坏程度的大小主要取决于病毒编制者的目的，常见的目的有删除文件、破坏数据、格式化磁盘和破坏主板等。

（6）攻击的主动性。

计算机病毒对系统的攻击是主动的，是不以人的意志为转移的。换句话说，计算机系统无论采取多么严密的保护措施都不可能彻底地排除计算机病毒对其系统的攻击，保护措施只是一种预防的手段而已。

（7）计算机病毒的不可预见性。

从计算机病毒的检测来看，它还有不可预见性，计算机病毒对反计算机病毒软件永远都是超前的。

3. 计算机病毒的分类

计算机病毒可以分为不同的种类。

（1）根据计算机病毒产生的后果划分。

① 良性病毒：仅减少计算机磁盘的可用空间，但不影响计算机系统的使用，入侵的目的不是破坏计算机系统，只是发出某种声音或提示。

② 恶性病毒：对计算机造成干扰，但不会造成数据丢失和硬件损坏，只对软件系统造成干扰，窃取或修改系统信息。

③ 极恶性病毒：造成计算机系统崩溃或数据丢失，感染后的计算机系统彻底崩溃，根本无法正常启动，硬盘数据被损坏。

④ 灾难性病毒：感染后的计算机系统很难恢复，数据完全丢失，计算机病毒会破坏磁盘的引导扇区，修改文件分配表和硬盘分区表，造成计算机系统无法启动。

（2）根据计算机病毒入侵计算机系统的途径划分。

① 源码型病毒：主要入侵高级语言的源程序，计算机病毒在源程序编译之前插入病毒代码，最后随源程序一起被编译成可执行文件。

② 入侵型病毒：主要利用自身的病毒代码取代某个被入侵程序的整个或部分模块，攻击特定的程序，这类病毒针对性强，但是不易被发现，清除起来比较困难。

③ 操作型病毒：主要用自身程序覆盖或修改计算机系统中的某些文件来达到调用或替代计算机操作系统中的部分功能，从而直接感染系统，造成较大危害，此类计算机病毒多为文件型病毒。

（3）根据计算机病毒的传染方式划分。

① 引导型病毒：该计算机病毒通过攻击计算机磁盘的引导扇区，从而达到控制整个计算机系统的目的，如大麻病毒。

② 文件型病毒：该计算机病毒一般会感染扩展名为.exe 或.com 等的执行文件，如 CIH 病毒。

③ 网络型病毒：该计算机病毒感染的对象不再局限于单一的模式和可执行文件，而是更加综合、更隐蔽，如 Worm.Blaster 病毒。

④ 混合型病毒：该计算机病毒同时具备了引导型病毒和文件型病毒的一些特点。

（4）根据病毒激活的时间划分。

根据病毒激活的时间，可分为定时的计算机病毒和随机的计算机病毒。

 知识扩展

常见的计算机病毒

① 欢乐时光。"欢乐时光"是一个 VB 源程序病毒，专门感染扩展名为.htm、.html、.vbs、.asp和.htt 的文件。它作为电子邮件的附件，利用 Outlook Express 软件的缺陷把自己传播出去，可以在用户没有打开任何附件时就运行自己。此外，它会利用 Outlook Express 的信纸功能，使自己复制在信纸的 HTML 模板上，以便传播。只要用户在 Outlook Express 上预览了隐藏有病毒的 HTML文件，甚至都不用打开文件，"欢乐时光"就能感染用户的计算机。

② 冲击波。"冲击波"是一种利用 Windows 操作系统的 RPC 漏洞进行传播、随机发作、破坏力强的蠕虫病毒。它不需要通过电子邮件（或附件）来传播，这使其更隐蔽，更不易被察觉。它使用 IP 扫描技术来查找网络中操作系统为 Windows 2000/XP/2003 的计算机，一旦找到有漏洞的计算机，就会利用 DCOM（分布式对象模型，一种协议，能够使软件组件通过网络直接进行通信）RPC 缓冲区的漏洞植入计算机病毒以控制和攻击该计算机系统。

③ 熊猫烧香。"熊猫烧香"其实是蠕虫病毒的一种变种，而且是经过多次变种而来的。由于感染该计算机病毒的计算机的可执行文件会出现"熊猫烧香"的图案，所以被称为"熊猫烧香"病毒。用户计算机在感染病毒后可能会出现蓝屏、频繁重启以及系统硬盘中数据文件被破坏等现象。同时，该计算机病毒的某些变种可以通过局域网进行传播，进而感染局域网中的所有计算机系统，最终导致企业局域网瘫痪，无法正常使用。它能感染系统中扩展名为.exe、.com、.pif、.src、.html、.asp 等的文件，它还能中止大量的反计算机病毒软件的进程并删除扩展名为.gho 的文件（该文件是系统备份工具 GHOST 的备份文件），使用户的系统备份文件丢失。在感染该病毒的用户计算机系统中，所有扩展名为.exe 的可执行文件全部被改成熊猫举着三炷香的模样。

④ 勒索病毒。"勒索病毒"，是一种新型计算机病毒，主要以邮件、程序木马、网页挂马的形式进行传播。该计算机病毒性质恶劣、危害极大，一旦感染将给用户带来无法估量的损失。这种计算机病毒利用各种加密算法对文件进行加密，被感染者一般无法解密，必须拿到解密的私钥才有可能破解。据"火绒威胁情报系统"监测和评估，从 2018 年年初到 9 月中旬，勒索病毒总计对超过 200 万台的计算机发起过攻击，攻击次数高达 1700 万余次，且整体呈上升趋势。

4. 防治计算机病毒

由于计算机病毒的隐蔽性和主动攻击性，在目前的情况下，要杜绝计算机病毒的传染，特别是对网络系统和开放式系统而言，几乎是不可能的。因此，要采用"预防为主，防治结合"的防治策略，尽量降低病毒感染、传播的概率。

（1）计算机病毒的预防。

使用技术手段预防计算机病毒主要包括以下措施。

① 安装、设置防火墙，对内部网络实行安全保护。

② 安装实时监测的清除计算机病毒的软件，定期更新软件版本。

③ 不要随意下载来路不明的可执行文件（*.exe 等）或 E-mail 附件中的可执行文件。

④ 使用聊天软件时，不要轻易打开陌生人发送的页面超链接，以防受到网页陷阱的攻击。

⑤ 不使用盗版软件和来历不明的磁盘。

⑥ 经常对系统和重要的数据进行备份。

⑦ 保存一份硬盘的主引导记录文档。

（2）计算机病毒的清除。

在检测出计算机系统感染了计算机病毒或确定了计算机病毒种类后，就要设法消除该病毒。消除计算机病毒可采用自动消除计算机病毒方法。

自动消除计算机病毒方法是使用杀毒软件来清除计算机病毒。杀毒软件操作简单，用户只需按照菜单提示和联机帮助去操作即可。

目前，常用的杀毒软件有瑞星、金山、卡巴斯基、诺顿等。

1.3.3　计算机信息系统安全法规

Internet 把全世界连接成了一个"地球村"，互联网中的网民是地球村的村民，他们共同拥有这个数字空间。为维护每个网民的合法权益，必须有网络公共行为规范来约束每个人的行为。

1. 行为守则

（1）不发送垃圾邮件。

（2）不在网上进行人身攻击。

（3）不能未经许可就进入非开放的信息服务器。

（4）不可以企图侵入他人的计算机系统。

（5）不应将私人信件用 E-mail 发送给所有人。

（6）不在网上任意修改不属于自己的信息。

（7）不在网上结识身份不详的朋友。

2. 计算机软件的法律保护

（1）计算机软件受著作权保护。

计算机软件作为作品形式之一，受国家颁布的软件著作权法规的保护。软件具有开发工作量大、开发投资高、复制容易、复制费用极低的特点，为了保护软件开发者的合理权益，鼓励软件的开发与流通，广泛持久地推动计算机的应用发展，对软件实施法律保护是有必要的，从而禁止未经软件著作权人的许可而擅自复制、销售其软件的行为出现。许多国家都制定了保护计算机软件著作权的法规。

（2）软件著作人享有的权利。

① 发表权，决定软件是否公之于众的权力。

② 署名权，表明开发者身份，在软件上署名的权力。

③ 修改权，对软件进行增补、删减，或者改变指令、语句顺序的权力。

④ 复制权，将软件制作一份或者多份的权力。

⑤ 发行权，以出售或赠予的方式向公众提供软件的原件或者复制件的权力。

⑥ 出租权，有偿许可他人临时使用软件的权力。

⑦ 信息网络转播权，以有线或者无线的方式向公众提供软件，使公众可以在其个人选定的时间或地点获得软件的权力。

⑧ 翻译权，将原软件从一种自然语言文字转换成另一种自然语言文字的权力。

（3）相关法律法规。

①《中华人民共和国计算机信息系统安全保护条例》。

②《计算机软件著作权登记办法》。

③《计算机软件保护条例》。

④《中华人民共和国保守国家秘密法》。

⑤《计算机信息系统国际联网保密管理规定》。

⑥《网络信息内容生态治理规定》。

1.4 计算机的语言

项目情境

小 C 所在的系部组织了各种各样的培训班，作为计算机爱好者的小 C，希望好好学学编程语言方面的相关内容，可他一看培训班名称，什么 C、Java、Python，这些名字可把小 C 搞糊涂了，不知道该学哪一门语言。这些语言到底是什么呢？

学习清单

机器语言、汇编语言、高级语言、数制、基数、位权、数值、二进制（B）、八进制（O 或 Q）、十六进制（H）、ASCII、国标码、机外码、机内码、字形码。

具体内容

1.4.1　计算机语言发展史

和人类语言发展史一样，计算机语言也经历了一个不断演化的过程，从最开始的机器语言到汇编语言到结构化的高级语言，再到支持面向对象技术的面向对象语言。

1. 机器语言

20 世纪 40 年代，计算机刚刚问世的时候，程序员必须使用打孔卡编程，但这项工作过于复杂，很少有人能掌握。加上当时的计算机十分昂贵，使用面并不广。

随着计算机价格的大幅度下跌，为了让更多人控制计算机，科学家发明了机器语言，即用 0 和 1 组成的一组代码符号替代手工拨动开关控制计算机。

2. 汇编语言

由于机器语言枯燥且难以理解，人们便用英文字母代替特定的 0、1 代码，这就形成了汇编语言。相比于机器语言，人们更容易学习汇编代码。

汇编语言的实质和机器语言是相同的，都是直接对硬件进行操作，只不过汇编语言的指令采用了英文缩写的标识符，更容易识别和记忆。汇编语言能完成的操作不是一般高级语言能实现的，而且源程序经汇编生成的可执行文件不仅体积小，执行速度还很快。

3. 高级语言

虽然汇编语言有其他语言无法比拟的优点，但它的逻辑不符合用户的思维习惯。为了让编程更容易，人们发明了高级语言，用英语单词和符合人们思维习惯的逻辑进行编程。

高级语言相对汇编语言而言，并不是特指某一种具体的语言，而是包括了很多编程语言，如常用的 C++、Java、Python 等，这些语言的语法、命令格式都各不相同。

高级语言所编制的程序不能被计算机直接识别，必须经过转换才能执行，按转换方式可将它们分为两类：解释型和编译型。

随着计算机程序的复杂度越来越高，新的集成、可视的开发环境越来越流行，它们减少了用户付出的时间、精力和金钱，只要轻敲几个键，一整段代码就可以使用了。

4. 计算机语言的发展趋势

面向对象程序设计以及数据抽象在现代程序设计思想中占有很重要的地位，未来计算机语言的发展将不再是一种单纯的语言标准，而是完全面向对象，变得更易表达现实世界，更易于编写。

计算机语言的未来将是用户只需要告诉程序需要干什么，程序就能自动生成算法，自动进行处理，这就是非过程化的程序语言。

🎓 知识扩展

计算机语言之父——克里斯汀·尼盖德（K. Nygaard）于 1926 年在挪威奥斯陆出生，1956 年毕业于奥斯陆大学并取得数学硕士学位，并致力于计算机计算与编程的研究。他因发明了 Simula 编程语言，为 MS－DOS 和 Internet 打下了基础而享誉国际。

1961～1967 年，克里斯汀·尼盖德在挪威计算机中心工作，期间他参与开发了面向对象的编程语言。因为他的出色表现，其和同事奥尔·达尔（O. Dahl）获得了 2001 年的图灵奖和其他多个奖项。克里斯汀·尼盖德因其卓越的贡献而被誉为"计算机语言之父"，他对计算机语言发展趋势的掌握和认识，以及投身于计算机语言事业发展的精神都将激励人们向着计算机语言无比灿烂的明天前进。

 阶段总结

计算机语言不断发展的动力就是不断把机器能够理解的语言最大限度地提升到能模仿人类思考问题的形式。计算机语言的发展就是从最开始的机器语言到汇编语言，再到高级语言，如图 1-92 所示。

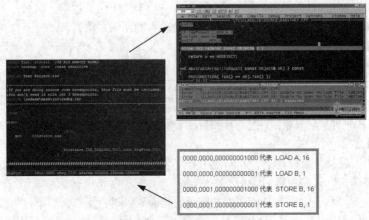

图 1-92　计算机语言发展示意图

1.4.2 计算机中数据的表示

1. 数制的基本概念

按进位的原则进行计数称为进位计数制，简称"数制"，其特点有两个。

（1）逢 N 进 1。

N 是指数制中所需要的数字字符的总个数，称为基数。例如，人们日常生活中常用 0、1、2、3、4、5、6、7、8、9 这 10 个不同的符号来表示十进制数值，即数字字符的总个数有 10 个，基数为 10，逢十进一。二进制数是由 0、1 两个数字符号组成的，基数为 2，逢二进一。

（2）采用位权表示法。

处在不同位置上的数字代表的值不同，一个数字在某个固定位置上代表的值是确定的，这个固定位置上的值称为位权，简称权。

位权与基数的关系：各进制中位权的值是基数的若干次幂，任何一种数制表示的数都可以写成按位权展开的多项式之和。

例如，人们习惯使用的十进制数是由 0、1、2、3、4、5、6、7、8、9 这 10 个不同的数字符号组成的，基数为 10。当每一个数字处于十进制数中不同的位置时，它所代表的实际数值是不一样的，这就是经常所说的个位、十位、百位、千位等的意思。

【例 1.1】 2009.7 可表示成

$$2 \times 1000 + 0 \times 100 + 0 \times 10 + 9 \times 1 + 7 \times 0.1$$
$$= 2 \times 10^3 + 0 \times 10^2 + 0 \times 10^1 + 9 \times 10^0 + 7 \times 10^{-1}$$

提示：位权的值是基数的若干次幂，其排列方式是以小数点为界，整数自右向左为 0 次幂、1 次幂、2 次幂，小数自左向右为 -1 次幂、-2 次幂、-3 次幂的，以此类推。

2. 计算机中采用的数制

所有信息在计算机中都是使用二进制的形式来表示的，这是由计算机使用的逻辑器件决定的。这种逻辑器件是具有两种状态的电路（触发器），其好处是运算简单，实现方便，成本低。二进制数只有 0 和 1 两个基本数字，很容易在电路中利用器件的电平高低来表示。

计算机采用二进制数进行运算，可通过进制的转换将二进制数转换成人们熟悉的十进制数，在常用的转换中，为了方便人们计算，还会用到八进制和十六进制的计数方法。

一般人们用"（ ）下标"的形式来表示不同进制的数。例如，十进制用"（ ）$_{10}$"表示，二进制用"（ ）$_2$"表示。同时，可以使用在数字的后面以特定的字母表示该数的进制的方式，不同的字母代表不同的进制，具体如下。

B——二进制　　　　D——十进制（D 可省略）　　O 或 Q——八进制　　　　H——十六进制

（1）十进制数。

日常生活中人们普遍采用十进制数，十进制数的特点如下。

① 有 10 个数码：0、1、2、3、4、5、6、7、8、9。

② 以 10 为基数的计数体制，"逢十进一、借一当十"，利用 0 到 9 这 10 个数字来表示数据。例如，$(169.6)_{10} = 1 \times 10^2 + 6 \times 10^1 + 9 \times 10^0 + 6 \times 10^{-1}$。

（2）二进制数。

计算机内部采用二进制数进行运算、存储和控制，二进制数的特点如下。

① 只有两个不同的数字符号，即 0 和 1。

② 以 2 为基数的计数体制，"逢二进一、借一当二"，只利用 0 和 1 这两个数字来表示数据。例如，$(1010.1)_2 = 1 \times 2^3 + 0 \times 2^2 + 1 \times 2^1 + 0 \times 2^0 + 1 \times 2^{-1}$。

（3）八进制数。

八进制数的特点如下。

① 有 8 个数码：0、1、2、3、4、5、6、7。

② 以 8 为基数的计数体制，"逢八进一、借一当八"，只利用 0 到 7 这 8 个数字来表示数据。

例如，$(133.3)_8 = 1 \times 8^2 + 3 \times 8^1 + 3 \times 8^0 + 3 \times 8^{-1}$。

（4）十六进制数。

十六进制数的特点如下。

① 有 16 个数码：0、1、2、3、4、5、6、7、8、9、A、B、C、D、E、F。

② 以 16 为基数的计数体制，"逢十六进一、借一当十六"，除利用 0 到 9 这 10 个数字之外，还要用 A、B、C、D、E、F 代表 10、11、12、13、14、15。

例如，$(2A3.F)_{16} = 2 \times 16^2 + 10 \times 16^1 + 3 \times 16^0 + 15 \times 16^{-1}$。

计算机若采用二进制数，则在书写时位数较长，容易出错，所以计算机常用八进制数、十六进制数来书写。表 1-4 所示为常用整数各数制间的对应关系。

表 1-4　常用整数各数制间的对应关系

十进制	二进制	八进制	十六进制	十进制	二进制	八进制	十六进制
0	0000	0	0	8	1000	10	8
1	0001	1	1	9	1001	11	9
2	0010	2	2	10	1010	12	A
3	0011	3	3	11	1011	13	B
4	0100	4	4	12	1100	14	C
5	0101	5	5	13	1101	15	D
6	0110	6	6	14	1110	16	E
7	0111	7	7	15	1111	17	F

3. 常用进制数之间的转换

（1）十进制数转换成二进制数。

将十进制整数转换成二进制整数时，只要将它一次一次地除以 2，得到的余数由下而上排列好就是二进制表示的数。

【例 1.2】　将十进制整数 $(109)_{10}$ 转换成二进制整数的方法如下。

余数由下而上排列得到 1101101，所以 $(109)_{10} = (1101101)_2$。

如转换的十进制数有小数部分，则将十进制的小数部分乘以基数并取整数，直到小数部分的值为 0 或者满足精度要求为止，将每次取得的整数由上而下排列好就是二进制数的小数部分。

【例 1.3】　将十进制数 $(109.6875)_{10}$ 转换成二进制数。

先对整数部分进行转换，整数部分 $(109)_{10}$ 转换成二进制数的方法与例 1.2 一样，得到 $(1101101)_2$。

再对小数部分进行转换，小数部分 $(0.6875)_{10}$ 转换成二进制数的方法如下。

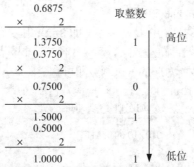

	0.6875		取整数
×	2		
	1.3750	1	高位
	0.3750		
×	2		
	0.7500	0	
×	2		
	1.5000	1	
	0.5000		
×	2		
	1.0000	1	低位

每次取得的整数由上而下排列得到 1011，于是，$(0.6875)_{10} = (0.1011)_2$。

整数、小数两部分分别转换后，将得到的两部分合并即得到 $(109.6875)_{10} = (1101101.1011)_2$。

 练习

将十进制数转换成二进制数：$(15)_{10} = (\quad)_2$；$(13.3)_{10} = (\quad)_2$。

（2）二进制数转换成十进制数。

将一个二进制整数转换成十进制整数时，只要将它的最后一位乘以 2^0，倒数第二位乘以 2^1，以此类推，并将各项相加，得到的数就是由二进制数转换成的十进制数。如果有小数部分，则小数点后的第一位乘以 2^{-1}，第二位乘以 2^{-2}，以此类推，再将各项相加即可。

【例 1.4】 将二进制数 $(1101)_2$ 转换成十进制数的方法如下。

$(1101)_2$

$= 1 \times 2^3 + 1 \times 2^2 + 0 \times 2^1 + 1 \times 2^0$

$= 8 + 4 + 0 + 1$

$= 13$

【例 1.5】 将二进制数 $(1101.1)_2$ 转换成十进制数的方法如下。

$(1101.1)_2$

$= 1 \times 2^3 + 1 \times 2^2 + 0 \times 2^1 + 1 \times 2^0 + 1 \times 2^{-1}$

$= 8 + 4 + 0 + 1 + 0.5$

$= 13.5$

 练习

将二进制数转换成十进制数：$(11010)_2 = (\quad)_{10}$；$(10101.11)_2 = (\quad)_{10}$。

（3）八进制数/十六进制数与十进制数之间的转换。

八进制数/十六进制数与十进制数之间的转换方法与二进制数类似，唯一不同的是除数或乘数要换成相应的基数：8 或 16。

此外，十六进制数与十进制数之间转换时，要注意 A、B、C、D、E、F 使用 10、11、12、13、14、15 进行计算，反之，得到 10、11、12、13、14、15 数码时，也要用 A、B、C、D、E、F 表示。

下面以一个具体的例子进行详细说明。

【例 1.6】 将十六进制数 $(AE.9)_{16}$ 转换成十进制数的方法如下。

$(AE.9)_{16}$

$= A \times 16^1 + E \times 16^0 + 9 \times 16^{-1}$

$= 10 \times 16^1 + 14 \times 16^0 + 9 \times 16^{-1}$

$= 160 + 14 + 0.5625$

$= 174.5625$

（4）二进制数与八进制数之间的转换。

由于二进制数和八进制数之间存在特殊关系，即 $8=2^3$，因此转换比较容易。二进制数转换成八进制数时，从小数点位置开始，向左或向右，每 3 位二进制数划分为一组（不足 3 位时用 0 补足），然后写出每一组二进制数所对应的八进制数即可。

【例 1.7】 将二进制数（10110001.111）$_2$转换成八进制数。

向左划分   向右划分

010 110 001 . 111

2   6   1   7

二进制数（10110001.111）$_2$转换为八进制数，得到（261.7）$_8$。

反之，将八进制数（237.4）$_8$的每位分别用 3 位二进制数表示，即可完成八进制数对二进制数的转换。

【例 1.8】 将八进制数（237.4）$_8$转换成二进制数。

2   3   7 . 4

010 011 111 . 100

八进制数（237.4）$_8$的每位转换为二进制数，得到（10011111.1）$_2$。

 提示： 二进制数转换成八进制数时，不足 3 位用 0 补足时要注意补 0 的位置，对于整数部分，当最左边的一组不足 3 位时，补 0 是在最高位补充的；对于小数部分，当最右边的一组不足 3 位时，补 0 是在最低位补充的。反过来，八进制数转换成二进制数时，整数部分的最高位或小数部分的最低位有 0 时可以省略不写。

（5）二进制数与十六进制数之间的转换。

二进制数转换成十六进制数时，只要将二进制数从小数点位置开始，向左或向右每 4 位（$2^4=16$）划分为一组（不足四位时可补 0），并写出每一组二进制数所对应的十六进制数即可。

【例 1.9】 将二进制数（11011100110.1101）$_2$转换成十六进制数。

0110 1110 0110 . 1101

6   E   6   D

二进制数（11011100110.1101）$_2$转换成十六进制数是（6E6.D）$_{16}$。反之，将十六进制数的每位分别用 4 位二进制数表示，即可完成十六进制数和二进制数的转换。

（6）八进制数与十六进制数之间的转换。

这两者转换时，可把二进制数（或十进制数）作为媒介，先把待转换的数转换成二进制（或十进制）数，再将二进制（或十进制）数转换成要求转换的数制形式。

阶段总结

数制之间的相互转换，可以归纳为两大类：非十进制（二进制、八进制、十六进制）与十进制之间的相互转换；非十进制之间的相互转换。具体转换方法如图 1-93 所示。

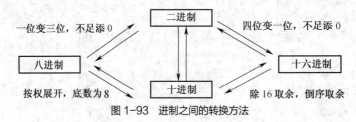

图 1-93 进制之间的转换方法

1.4.3　字符与汉字编码

1. 字符编码

计算机不能直接存储英文字母或其他字符，要将一字符存放到计算机中，就必须用二进制代码存储，即需要将字符和二进制内码对应起来，这种对应关系就是字符编码（Encoding）。因为这些字符编码涉及全世界范围内的有关信息之间的表示、交换、存储的基本问题，所以必须有一个标准。

目前，计算机中使用得最广泛的字符编码是由美国国家标准学会（American National Standards Institute，ANSI）制定的美国信息交换标准码（American Standard Code for Information Interchange，ASCII），它已被国际标准化组织（International Standards Organization，ISO）定为国际标准，有7位码和8位码两种形式。

7位 ASCII 一共可以表示 128 字符，具体包括 10 个阿拉伯数字 0～9、52 个大小写英文字母、32 个标点符号和运算符以及 34 个控制符。其中，0～9 的 ASCII 为 48～57，A～Z 的 ASCII 为 65～90，a～z 的 ASCII 为 97～122。

在计算机的存储单元中，一个 ASCII 占一字节（8 个二进制位），其最高位（b_7）用作奇偶校验位，如图 1-94 所示。所谓奇偶校验，指在代码传送过程中用来检验是否出现错误的一种方法，一般分为奇校验和偶校验两种。

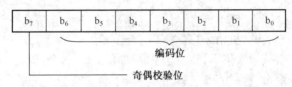

图 1-94　ASCII 编码位

ASCII 的字符编码表一共有 2^4=16 行，2^3=8 列。其低 4 位编码 $b_3b_2b_1b_0$ 用作行编码，而高 3 位 $b_6b_5b_4$ 用作列编码，如表 1-5 所示。

表 1-5　ASCII 的字符编码表

$b_3b_2b_1b_0$ ＼ $b_6b_5b_4$	000	001	010	011	100	101	110	111
0000	NUL	DLE	SP	0	@	P	`	p
0001	SOH	DC1	!	1	A	Q	a	q
0010	STX	DC2	"	2	B	R	b	r
0011	ETX	DC3	#	3	C	S	c	s
0100	EOT	DC4	$	4	D	T	d	t
0101	ENQ	NAK	%	5	E	U	e	u
0110	ACK	SYN	&	6	F	V	f	v
0111	BEL	ETB	'	7	G	W	g	w
1000	BS	CAN	(	8	H	X	h	x
1001	HT	EM	)	9	I	Y	i	y
1010	LF	SUB	*	:	J	Z	j	z
1011	VT	ESC	+	;	K	[	k	{
1100	FF	FS	,	<	L	\	l	|
1101	CR	GS	−	=	M	]	m	}
1110	SO	RS	.	>	N	^	n	~
1111	SI	US	/	?	O	_	o	DEL

2. 汉字编码

汉字编码是指将汉字转换成二进制代码的过程。根据应用目的的不同，汉字编码分为国标码（交换码）、机外码（输入码）、机内码和字形码。

（1）国标码。

1980 年颁布的国家标准 GB 2312—80，即《信息交换用汉字编码字符集 基本集》，简称国标码，是汉字信息交换的标准编码。国标码中共收录一、二级汉字和图形符号 7445 个。一级常用汉字按汉语拼音规律排列，二级次常用汉字按偏旁部首规律排列。国标码中的每字符用两字节表示，第一字节为"区"，第二字节为"位"，共可以表示的字符（汉字）有 94×94＝8836 个。为表示更多的汉字以及少数民族的文字，国家标准于 2000 年进行了扩充，共收录了 27000 多个汉字字符，采用单、双、四字节混合编码表示。

（2）机外码。

机外码指汉字通过键盘输入的汉字信息编码，即人们常说的汉字输入法。常用的输入法有五笔输入法、全拼输入法、双拼输入法、智能 ABC 输入法、紫光拼音输入法、微软拼音输入法、区位码和自然码等。

 提示： 区位码与国标码完全对应，没有重码，其他输入法都有重码，通过数字选择。
当汉字的区位号都为十六进制数时，汉字的国标码=汉字的区位码+2020H。

（3）机内码。

计算机内部用于存储、处理汉字用的编码，会通过汉字操作系统转换为机内码。每个汉字的机内码用两字节表示，为了与 ASCII 有所区别，汉字的机内码采用了变形国标码，即将两字节的最高位由"0"改为"1"，其余 7 位不变，该方式可表示 16000 多个汉字。尽管每个汉字的输入法不同，但其机内码是一致的。

 提示： 汉字的机内码=汉字的国标码+8080H。

（4）字形码。

汉字经过字形编码才能够正确显示，一般采用点阵形式（又称字模码），每一个点用"1"或"0"表示，"1"表示有，"0"表示无。一个汉字可以由 16×16、24×24、32×32、128×128 等点阵表示。点阵越大，汉字显示越清楚。

字形码所占内存比其机内码大得多，如 16×16 点阵的汉字需要占用 16×16/8=32 字节内存，如图 1-95 所示。

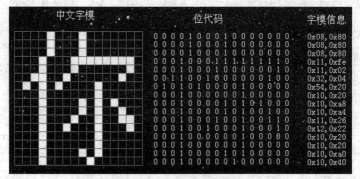

图 1-95 点阵形式

计算机在汉字处理的整个过程中都离不开汉字编码，输入汉字可以通过输入汉字的机外码（即各种输入法）来实现。存储汉字则是将各种汉字的机外码统一转换成汉字的机内码进行存储，以便于计算机内部对汉字进行处理。输出汉字则是利用汉字库将汉字的机内码转换成对应的字形码，再输出至输出设备中。

机外码、机内码与字形码三者之间的关系如图 1-96 所示。

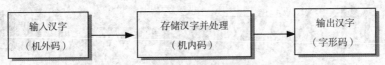

图 1-96　机外码、机内码与字形码三者之间的关系

 重点内容档案

（1）计算机的概念、类型及其应用领域；计算机系统的配置及主要技术指标。

计算机的概念、类型：见 "1.1.1 计算机的发展史及分类"。

计算机的应用领域：见 "1.1.2 计算机的特点及应用领域"。

计算机系统的配置：见 "1.2 '庖丁解牛' 之新篇——解剖计算机"。

计算机系统的主要技术指标：见 "1.2.3 计算机系统的主要技术指标"。

（2）数制的概念，二进制数、十进制数之间的转换。

数制的概念：见 "1.4.2 计算机中数据的表示"。

二进制数、十进制数之间的转换：见 "1.4.2 计算机中数据的表示"。

（3）计算机的数据与编码；数据的存储单位；字符与 ASCII，汉字及其编码。

计算机的数据与编码：见 "1.4.2 计算机中数据的表示"。

数据的存储单位：见 "1.2.1 计算机解剖图——硬件"。

字符与 ASCII，汉字及其编码：见 "1.4.3 字符与汉字编码"。

（4）计算机硬件系统的组成和功能以及常用的输入、输出设备的功能和使用方法。

计算机硬件系统的组成和功能：见 "1.2.1 计算机解剖图——硬件"。

常用的输入、输出设备的功能和使用方法：见 "1.2.1 计算机解剖图——硬件"。

（5）计算机软件系统的组成和功能，程序设计语言（机器语言、汇编语言、高级语言）的概念。

计算机软件系统的组成和功能：见 "1.2.2 计算机的灵魂——软件"。

程序设计语言的概念：见 "1.4.1 计算机语言发展史"。

（6）计算机的安全操作、病毒及其防治。

计算机的安全操作：见 "1.3.1 计算机网络安全" 和 "1.3.3 计算机信息系统安全法规"。

计算机病毒及其防治：见 "1.3.2 计算机病毒及其防治"。

（7）计算机网络的概念和分类。

计算机网络的概念和分类：见 "1.1.3 计算机网络概述"。

（8）计算机通信的简单概念：Modem、网卡等。

计算机通信的简单概念：见 "1.1.3 计算机网络概述"。

（9）计算机局域网与广域网的特点。

计算机局域网与广域网的特点：见 "1.1.3 计算机网络概述"。

（10）因特网的概念及其简单应用，如电子邮件的收发、浏览器 IE 的使用。

因特网的概念及其简单应用：见 "1.1.4 Internet 基础" 和 "1.1.5 计算机网络应用"。

第 2 幕
进入 Windows 的世界

2.1 新手上路——Windows 7

 项目情境

为了丰富寒假生活，学校组织同学们参加社区服务，分配给小 C 的任务是为社区中的老年居民进行计算机入门培训。面对爷爷奶奶辈的学生，小 C 要讲些什么内容，做些什么准备呢？

 学习清单

桌面、鼠标操作、窗口、菜单、对话框、计算机重启、英文打字。

 具体内容

2.1.1 初识 Windows 7

1. 操作系统的概念

操作系统是现代计算机必须配备的系统软件，是计算机正常运行的指挥中心，是人与计算机之间通信的桥梁。它能有效管理计算机系统内的所有软、硬件资源，能合理组织整个计算机的工作流程，为用户提供高效、方便、灵活的使用环境。操作系统中的重要概念有进程、线程、内核态和用户态。

（1）进程。

进程是一个程序与其数据一起在计算机内执行时所发生的活动，一个程序被加载到内存中，系统就创建了一个进程。在 Windows、UNIX、Linux 等操作系统中，用户可以看到当前正在执行的进程。

（2）线程。

线程是进程中某个单一顺序的控制流，一个线程可以创建和撤销另一个线程，同一个进程中的多个线程之间可以并发执行。

（3）内核态和用户态。

计算机的特权态即内核态，它拥有计算机中所有的软硬件资源；普通态即用户态，它访问资源的数量和权限均受到限制。一般能够在用户态中运行的程序会使其在用户态中执行。

2. 操作系统的功能

操作系统的主要功能是管理，即管理计算机的所有资源（软件和硬件）。一般操作系统具有处理器管理、存储管理、文件管理、设备管理和作业管理方面的功能，是计算机与用户之间的桥梁，使用户能方便地操作计算机。

（1）处理器管理。

如何管理 CPU，如何调度和分配 CPU，这就是处理器管理要解决的问题。管理、调度和分配 CPU 的目的是提高 CPU 的使用效率，使 CPU 更有效地执行程序。

（2）存储管理。

存储管理主要包括内存空间的分配、保护和扩充。

（3）文件管理。

在计算机的外存储器中存储着大量的文件，其中包括程序和数据。如何组织和管理好这些文件，并方便用户的使用，这就是操作系统中文件管理的功能。文件的共享和保护也是文件管理所要处理的问题，尤其是在多用户系统中，硬盘中存储着大量的文件，哪些文件可以为用户共享，哪些文件只能为部分用户使用，都需要系统管理员利用操作系统提供的文件管理功能为文件设定不同的访问权限。

（4）设备管理。

设备管理的任务是根据预定的分配策略，将设备接口及外设分配给请求输入/输出的程序，并启动设备完成输入/输出操作。为了尽可能地使设备和主机并行工作，设备管理采用了通道和缓冲技术。

（5）作业管理。

每个用户请求计算机系统完成的一个独立的操作称为作业。作业管理包括作业的输入和输出、作业的调度和控制，这些都是根据用户的需求来控制作业运行。

3. 操作系统的分类

操作系统的种类繁多，按照操作系统的使用环境、功能及作业处理方式的不同，可以分为单用户操作系统、批处理操作系统、分时操作系统、实时操作系统和网络操作系统。

（1）单用户操作系统。

单用户操作系统是指计算机系统一次只能运行一个用户程序。这类系统的最大缺点是计算机系统的资源不能被充分利用，如 DOS 和 Windows 操作系统。

（2）批处理操作系统。

批处理操作系统运行于大中型计算机上，可以支持多个程序或多个作业同时存在并执行，它也被称为多任务操作系统，如 IBM 的 DOS/VES 操作系统。

（3）分时操作系统。

分时操作系统具有如下特征：在一台计算机周围连接上若干台近程或远程终端，每个用户都在各自的终端上以交互的方式控制作业运行，分时操作系统的用户之间可以通过信息管理的功能彼此交流数据和共享文件，在各自的终端上协同完成任务。

（4）实时操作系统。

在某些领域中，要求计算机对数据能进行迅速反馈和处理，以达到控制的目的，这种有时间要求的快速处理过程称为实时处理过程，因此产生的操作系统称为实时操作系统。

（5）网络操作系统。

网络操作系统是向网络计算机提供网络通信和网络资源共享功能的操作系统，它是负责管理整个网络资源和网络用户软件的集合。由于网络操作系统是运行在服务器之中的，所以有时也称为服务器操作系统。

目前，常用的微机操作系统有 DOS 操作系统、Windows 操作系统和 OS/2 操作系统等。Windows 操作系统是在微机上流行的操作系统之一，它采用图形用户界面，提供了多种窗口，其中，常用的是资源管理器窗口和对话框。利用鼠标和键盘通过窗口可以完成对文件、文件夹、磁盘的操作以及对系统的设置。Windows 7 操作系统（以下简称 Windows 7）的启动画面如图 2-1 所示。

正在启动Windows

4. Windows 7 操作系统

Windows 7 是微软公司推出的操作系统平台，它于 2009 年 10 月正式发布并投入市场。Windows 7 继承了 Windows XP 的实用性与 Windows Vista 的华丽性，同时进行了一次大的升华。从基于 DOS 的 Windows 1 到基于 NT 的 Windows 7，以及后来的 Windows 10，Windows 已经经历了 16 个版本，具体如表 2-1 所示。

图2-1　Windows 7 操作系统的启动画面

表 2-1　Windows 的版本

基于 DOS 的 Windows 版本	核心版本号
Windows 1	1.0
Windows 2	2.0
Windows 3	3.0
Windows 95	4.0
Windows 98	4.0.1998
Windows 98 SE	4.0.2222
Windows ME	4.90.3000
基于 NT 的 Windows 版本	核心版本号
Windows NT 3.5	3.5
Windows NT 3.51	3.51
Windows NT 4	4.0
Windows 2000	5.0
Windows XP	5.1
Windows Vista	6.0
Windows 7	6.1
Windows 8	6.2
Windows 10	10.0

Windows 7 主要围绕用户个性化、娱乐视听、易用性以及笔记本电脑的特有设计等几方面进行了改进，并新增了很多特色功能。其中最具特色的是"跳转列表"、Windows Live Essentials、轻松实现无线联网、轻松创建家庭网络以及 Windows 触控技术等。

（1）"跳转列表"。

"跳转列表"可以帮助用户快速访问常用的文档、图片、歌曲和网站。在"开始"菜单和任务栏中用户都能找到"跳转列表"。用户在"跳转列表"中看到的内容取决于程序本身，例如，Word 程序的"跳转列表"显示的是用户最近打开的 Word 文件。

（2）Windows Live Essentials。

Windows Live Essentials 是微软公司提供的一种服务，Windows 7 用户可以免费下载服务中的 7 个功能强大的程序，包括 Messenger、照片库、Mail、Writer、Movie Maker、家庭安全以及工具栏。Windows Live Essentials 可通过 Windows Live 网站获得。

（3）轻松实现无线联网。

通过 Windows 7 操作系统，用户可以轻松地使用便携式计算机查看并连接网络。Windows 7 精彩的无线连接给用户带来了更加自由自在的网络体验。

（4）轻松创建家庭网络。

Windows 7 操作系统中加入了一项名为家庭组（Home Group）的家庭网络辅助功能，通过这项功能，用户可以轻松地在家庭计算机之间共享文档、音乐、照片及其他资源，也可以对打印机进行更加方便的共享。

（5）Windows 触控技术。

触控功能在 Windows 操作系统中应用了多年，但功能相对有限，Windows 7 全面支持多点触控技术。如今，用户可以丢掉鼠标，将 Windows 7 与触摸屏电脑配套使用。用户只需使用手指即可浏览在线报纸、翻阅相册以及拖曳文件和文件夹等。Windows 触控功能仅适用于家庭高级版、专业版和旗舰版的 Windows 7 操作系统。通过多点触控功能将使用户的日常工作更加容易，使用户享受到更多的操作乐趣。

2.1.2　Windows 7 的使用

1. Windows 7 的启动和退出

Windows 7 的启动和退出操作比较简单，但是对操作系统来说却是非常重要的。

（1）启动 Windows 7。

对于安装了 Windows 7 的计算机，只要按下电源开关，经过一段时间的启动过程，系统就会进入用户登录界面。对于没有设置登录密码的用户，只需要单击相应的用户图标，即可顺利登录；对于设置了登录密码的用户，单击相应的用户图标时，会弹出密码框，输入正确密码后按<Enter>键确认，方可进行登录。

登录后，将进入 Windows 桌面。

（2）退出 Windows 7。

如果用户需要退出 Windows 7，则可执行以下步骤。

① 关闭所有正在运行的应用程序。

② 单击"开始"按钮，选择"开始"→"关机"选项。如果有文件尚未保存，则系统会提示用户保存文件后再进行关机操作。

③ 如果用户在使用计算机的过程中出现"死机""蓝屏""花屏"等情况，则需要按下主机电源开关不放，直至计算机关闭主机。

（3）切换用户。

Windows 7 支持多用户管理，如果要从当前用户切换到另一个用户，则可以单击"开始"按钮，在"关机"按钮的关闭选项列表中选择"切换用户"选项，选择其他用户即可。

> 提示：在关闭选项列表中还有"睡眠"选项，能够以最小的能耗保证计算机处于锁定
> 状态，但系统中的应用会一直保持为运行状态，当计算机被唤醒后，可以立即恢复到
> 用户离开时的状态。

2. Windows 7 桌面布局

启动 Windows 7 后，其屏幕显示如图 2-2 所示。Windows 7 的屏幕被形象地称为桌面，因为它像办公桌的桌面一样，启动一个应用程序就像从抽屉中把文件夹取出来放在桌面上一样。

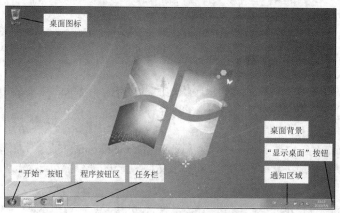

图 2-2　Windows 7 的屏幕显示

初次启动 Windows 7 时，桌面的左上角只有一个"回收站"图标，根据用户的使用习惯和需要，可以将一些常用的图标放在桌面上，以便快速启动相应的程序或打开常用的文件。

（1）桌面背景。

桌面背景是指 Windows 7 桌面的背景图案，又称为桌布或墙纸，用户可以根据自己的喜好更改桌面的背景图案。

（2）桌面图标。

桌面图标是由一个形象的小图标和说明文字组成的，图标是它的标识，文字则是它的名称或功能。在 Windows 7 中，各种程序、文件、文件夹以及应用程序的快捷方式等都用图标表示，双击这些图标就可以快速地打开文件、文件夹或者应用程序。

（3）任务栏。

任务栏是桌面最下方的水平长条，它主要由"开始"按钮、程序按钮区、通知区域和"显示桌面"按钮 4 部分组成。

① "开始"按钮。

单击任务栏最左侧的"开始"按钮可以弹出"开始"菜单，它是 Windows 7 中最常用的组件之一，由"固定程序"列表、"常用程序"列表、"所有程序"菜单、"启动"菜单、"搜索"框和"关机"按钮区组成，如图 2-3 所示。"开始"菜单中几乎包含了计算机中所有的应用程序，是启动应用程序的快捷通道。

② 程序按钮区。

程序按钮区主要放置的是已打开窗口的最小化图标按钮，单击这些图标按钮就可以在不同窗口间进行切换。用户还可以根据需要，通过按住鼠标左键并拖曳鼠标重新排列任务栏中的图标按钮。

③ 通知区域。

通知区域位于任务栏的右侧，除了系统时钟、音量、网络和操作中心等一组系统图标按钮之外，还包括一些正在运行的程序图标按钮。

图 2-3　"开始"菜单

④ "显示桌面"按钮。

"显示桌面"按钮位于任务栏的最右侧，作用是可以快速显示桌面。单击该按钮可以将所有打开的窗口最小化到程序按钮区中。如果希望恢复打开的窗口，则只需再次单击"显示桌面"按钮即可。

3. 鼠标操作

鼠标是计算机的输入设备之一，它的左键、右键及移动都可以配合起来使用，完成一些特定的操作，基本的鼠标操作方式有以下几种，如图 2-4 所示。

图 2-4　基本的鼠标操作方式

（1）移动：不按键移动鼠标。

作用：指向将要操作的对象。

（2）单击：按一下左键。

作用：选定对象或进行操作确认。

（3）双击：快速连续地按左键两下。

作用：启动程序或打开窗口。

（4）拖放：按住左键不放的同时移动鼠标。

作用：移动对象的位置。

（5）单击鼠标右键：按一下右键。

作用：弹出对象的快捷菜单。

4. 窗口操作

当用户启动应用程序或打开文档时，屏幕上出现的工作区即为窗口，每个应用程序都有一个窗口，每个窗口都有很多相同的元素，但并不一定完全相同。下面以"库"窗口为例介绍窗口的组成，如图 2-5 所示。

（1）菜单栏。

菜单栏默认状态下是隐藏的，用户可以通过选择"组织"→"布局"→"菜单栏"选项将其显示出来，如图 2-6 所示。菜单栏由多个菜单组成，每个菜单又由多个进项组成。选择某个菜单便会弹出相应的选项，从中选择相应的选项即可完成所需的操作。大多数应用程序的菜单包含"文件""编辑"及"帮助"等选项。

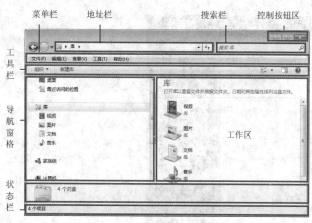

图2-5 "库"窗口

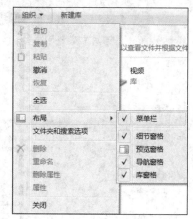

图2-6 显示菜单栏

（2）地址栏。

显示文件和文件夹所在的路径，通过它还可以访问 Internet 中的资源。

（3）搜索栏。

将要查找的目标名称输入到"搜索"文本框中，按<Enter>键或者单击"搜索"按钮即可进行查找。

（4）控制按钮区。

控制按钮区有 3 个控制按钮，分别为"最小化"按钮、"最大化"按钮（当窗口最大化时，该按钮变为"向下还原"按钮）和"关闭"按钮。

① 单击"最小化"按钮，窗口以图标按钮的形式缩放到任务栏的程序按钮区中。窗口"最小化"后，程序仍继续运行，单击程序按钮区的图标按钮可以将窗口恢复到原始大小。

② 单击"最大化"按钮，窗口将放大到整个屏幕大小，可以看到窗口中更多的内容，此时"最大化"按钮变为"向下还原"按钮，单击"向下还原"按钮，窗口恢复成为最大化之前的大小。

③ 单击"关闭"按钮，将关闭窗口或退出程序。

（5）工具栏。

工具栏由常用的命令按钮组成，单击相应的按钮可以执行相应的操作。当鼠标指针停留在工具栏的某个按钮上时，会在旁边显示该按钮的功能提示，如图 2-7 所示。有些工具按钮的右侧有一个下拉按钮，说明单击该按钮可以弹出下拉列表。

图2-7 功能提示

（6）导航窗格。

导航窗格位于窗口工作区的左侧，用户可以使用导航窗格查找文件或文件夹，还可以在导航窗格中将文件或文件夹直接移动或复制到新的位置。

（7）工作区。

工作区是整个窗口中最大的矩形区域，用于显示窗口中的操作对象和操作结果。另外，双击窗口中的对象图标也可以打开相应的窗口。当窗口中显示的内容过多时，窗口的右侧会出现垂直滚动条，单击垂直滚动条两端的向上/向下按钮，或者拖动垂直滚动条都可以使窗口中的内容垂直滚动。

（8）状态栏。

状态栏位于窗口的最下方，主要用于显示当前窗口的相关信息或被选中对象的状态信息。可以通过选择"查看"→"状态栏"选项来设置状态栏的显示和隐藏，如图 2-8 所示。

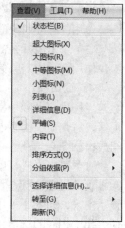

图2-8 显示状态栏

熟悉窗口的基本操作对于操控计算机来说是非常重要的，窗口的基本操作主要包括打开窗口、关闭窗口、调整窗口的大小、移动窗口及切换窗口等。

（1）打开窗口。

在 Windows 7 中，打开窗口的方法有很多种，以"计算机"窗口为例进行介绍。

① 双击桌面上的"计算机"图标，打开"计算机"窗口。

② 单击"开始"按钮，选择"计算机"选项，打开"计算机"窗口。

③ 单击任务栏中的"Windows 资源管理器"图标，打开"库"窗口，单击左侧"细节窗格"中的"计算机"按钮，打开"计算机"窗口。

（2）关闭窗口。

当某些窗口不再使用时，可以及时关闭这些窗口，以免占用系统资源。

① 单击"关闭"按钮 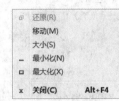。

② 选择"文件"→"关闭"选项。

③ 在窗口标题栏的空白区域单击鼠标右键，在弹出的快捷菜单中选择"关闭"选项，如图 2-9 所示。

图 2-9　快捷菜单

（3）调整窗口的大小。

在对窗口进行操作的过程中，用户可以根据需要对窗口的大小进行调整。除了使用上文介绍的控制按钮之外，还可以手动调整，当窗口没有处于最大化或者最小化状态时，用户可以通过手动的方式随意地调整窗口大小，方法是将鼠标指针移动到窗口四周的边框，当指针变为双向箭头时，按住鼠标左键并拖动上下左右 4 条边界中的任意一条，就可以随意改变窗口的大小，用同样的操作拖动 4 个窗口对角中的任意一个，可以同时改变窗口的两条邻边的大小。

 提示： 双击标题栏，可以使窗口在"最大化"与"还原"之间转换。

（4）移动窗口。

窗口的位置是可以根据需要随意移动的，当用户需要移动窗口的位置时，只需将鼠标指针移动到窗口的标题栏上，按住鼠标左键不放并拖曳到合适的位置再松开鼠标左键即可。

 提示： 除了可以使用调整大小和移动位置的方法来排列窗口之外，用户还可以使用快捷菜单排列窗口，在任务栏的空白处单击鼠标右键，在弹出的快捷菜单中选择符合用户需求的"层叠窗口""堆叠显示窗口"或"并排显示窗口"其中之一的排列方式即可，其中，最小化的窗口是不参与排列的。

（5）切换窗口。

虽然在 Windows 7 中可以同时打开多个窗口，但是当前活动窗口只能有一个。因此，用户在操作过程中经常需要在当前活动窗口和非活动窗口之间进行切换。

① 利用<Alt>键+<Tab>键的快捷键。按住<Alt>键不放，再按<Tab>键逐一挑选窗口图标方块，当方框移动到所需的窗口图标方块时松开按键，即可打开相应的窗口，使用这种方法可以在众多程序窗口中快速地切换到需要的窗口。

② 利用<Alt>键+<Esc>键的快捷键。使用这种方法可以直接在各个窗口之间切换，但不会出现窗口图标方块。

③ 利用程序按钮区。每运行一个程序，就会在任务栏的程序按钮区中出现一个相应程序的图标按钮。通过单击图标按钮，即可在各个窗口之间进行切换。

5. 菜单操作

Windows 操作系统的功能和操作基本体现在菜单中，只有正确地使用菜单功能才能用好计算机。菜单有 4 种类型：开始菜单、标准菜单（指菜单栏中的菜单）、控制菜单和快捷菜单。"开始菜单"和"控制菜单"在前面已经介绍过；"标准菜单"是按照菜单选项的功能进行分类组织并分列在菜单栏中的项目，包括了应用程序所有可以执行的命令；"快捷菜单"是针对不同的操作对象进行分类组织的项目，包含了操作该对象的常用选项。

下面介绍一些有关菜单的约定。

（1）灰色的菜单表示当前菜单选项不可用。

（2）后面有三角形的菜单表示该菜单后还有子菜单。

（3）后面有"…"的菜单表示单击它会弹出一个对话框。

（4）后面有快捷键的菜单表示可以在键盘上通过按快捷键来完成相应的操作。

（5）菜单之间的分组线表示选项属于不同类型的菜单组。

（6）前面有"√"的菜单表示该选项已被选中，它又称多选项，可以同时选择多项，也可以不选择。

（7）前面有"•"的菜单表示该选项已被选中，它又称单选项，只能选择且必须选择一项。

（8）变化的菜单是指因操作情况不同而出现不同的菜单选项。

6. 对话框

在 Windows 中，当选择后面带有"…"的菜单选项时，会弹出一个对话框。"对话框"是 Windows 和用户进行信息交流的一个界面，用于提示用户在输入执行操作命令时所需要的详细信息以及确认信息，也用来显示程序运行中的提示信息、警告信息或解释无法完成任务的原因。对话框与普通的 Windows 窗口具有相似之处，但是它比一般的窗口更简洁、直观。对话框有很多形式，其主要包括的组件有以下几种。

（1）选项卡。

选项卡：把相关功能的对话框结合在一起形成一个多功能对话框，通常将每项功能的对话框称为一个"选项卡"，选择某个选项卡可以显示相应的选项卡页面。

（2）组合框。

组合框：在选项卡中通常会有不同的组合框，用户可以根据这些组合框完成一些操作。

（3）文本框。

文本框：需要用户输入信息的方框。

（4）下拉列表。

下拉列表：带下拉按钮的矩形框，用鼠标单击右端的下拉按钮，可以弹出选项清单。

（5）列表框。

列表框：显示一组可用的选项，如果列表框中不能列出全部选项，则可通过滚动条使其滚动显示。

（6）微调框。

微调框：文本框与调整按钮组合在一起形成了微调框" 0.75 厘米 "，用户既可以输入数值，也可以通过调整按钮来设置需要的数值。

（7）单选按钮。

单选按钮：经常在组合框中出现的小圆圈○，通常会有多个，但是用户只能选择其中的某一个，通过鼠标单击就可以在选中、非选中状态之间进行切换，被选中的单选按钮中间会出现一个实心的小圆点◉。

（8）复选框。

复选框：经常在组合框中出现的小正方形□，与单选按钮不同的是，在一个组合框中用户可以同时选中多个复选框，各个复选框的功能是叠加的，当某个复选框被选中时，在其对应的小正方形中会显示为☑。

（9）按钮。

按钮：单击对话框中的按钮将执行一个命令。"确定"或"保存"按钮表示在执行对话框中设定的内容后关闭对话框；"取消"按钮表示放弃所设定的选项并关闭对话框；带省略号的按钮表示将弹出一个新的对话框。

 练习

1．窗口操作

（1）打开"库"窗口，熟悉窗口的各组成部分。

（2）练习"最小化""最大化"和"还原"按钮的使用。将"库"窗口拖放成最小化窗口和同时含有水平、垂直滚动条的窗口。

（3）练习菜单栏的显示/取消操作，熟悉工具栏中各图标按钮的名称。

（4）观察窗口控制菜单，并取消该菜单的显示。

（5）打开"计算机""控制面板"窗口。

（6）用两种方式将"库"和"计算机"窗口切换成当前窗口。

（7）将上述 3 个窗口分别以层叠、横向平铺、纵向平铺的方式排列整齐。

（8）移动"控制面板"窗口到屏幕中间。

（9）以 3 种不同的方法关闭上述 3 个窗口。

（10）打开"开始"菜单，选择"所有程序"→"附件"→"Windows 资源管理器"选项，练习滚动条的几种使用方法。

2．菜单操作

在"查看"菜单中，练习多选项和单选项的使用，观察窗口的变化。

3．对话框操作

（1）选择"工具"→"文件夹选项"选项，弹出"文件夹选项"对话框，分别观察其中"常规"和"查看"两个选项卡的内容，关闭该对话框并关闭"资源管理器"。

（2）打开"控制面板"窗口，选择"鼠标"选项，练习相关属性的设置。

4．提高篇

将"计算器"程序锁定到任务栏中。

2.1.3　英文打字

键盘是计算机的输入设备之一，计算机中的大部分文字是利用键盘输入的，同弹钢琴一样，快速、准确、有节奏地敲击计算机键盘上的各键，是每一个学习计算机的人应该掌握的基本技能。

1．键盘结构

键盘按照功能可分为 4 个大区，分别为主键盘区、编辑控制键区、功能键区和数字键区，如图 2-10 所示。

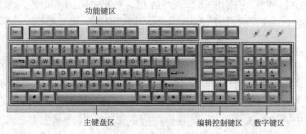

图 2-10　键盘分区

（1）主键盘区。

主键盘区是最为常用的键区，通过它，可实现文字和控制信息的录入。主键盘区的正中央有 8 个基本键，即左边的"<A>、<S>、<D>、<F>"键和右边的"<J>、<K>、<L>、<; >"键，其中，<F>、<J>两个键上都有一个凸起的小横杠，以便用户在盲打时手指能通过触觉进行定位。

（2）编辑控制键区。

该键区的键主要起编辑控制作用。其中，主要按键的作用如下。

① <Insert>键可以在文字输入时控制插入和改写状态的改变。

② <Home>键可以在编辑状态下使光标移到行首。

③ <End>键可以在编辑状态下使光标移到行尾。

④ <Page Up>键可以在编辑或浏览状态时向上翻一页。

⑤ <Page Down>键可以在编辑或浏览状态时向下翻一页。

⑥ <Delete>键用于在编辑状态下删除光标后的第一个字符。

（3）功能键区。

一般键盘上有<F1>～<F12> 12 个功能键，有的键盘可能有 14 个功能键，它们最大的一个特点是单击一个键便可完成一定的功能，如<F1>键往往被设置为当前运行程序的帮助键。现在，有些计算机厂商为了进一步方便用户使用而设置了一些特定的功能键，如一键上网、收发电子邮件、播放 VCD 等。

（4）数字键区。

数字键区的键和主键盘区、编辑控制键区的某些键是重复的，主要是为了方便集中输入数据，因为主键盘区的数字键一字排开，在输入大量数据时很不方便，而数字键区的数字键是集中放置的，可以很好地解决这个问题。数字键的基本指法为将右手的食指、中指、无名指分别放在标有 4、5、6 的数字键上，打字的时候，<0>、<1>、<4>、<7>、<Num Lock>键由食指负责；</>、<8>、<5>、<2>键由中指负责；<*>、<9>、<6>、<3>、<Del>键由无名指负责；<->、<+>、<Enter>键由小指负责。需要注意的是，数字键区的数字只有在其上方的 Num Lock 指示灯亮时才能输入，这个指示灯是由<Num Lock>键控制的，当 Num Lock 指示灯不亮的时候，数字键区的按键的作用变为对应的编辑键区的按键的作用。

2. 键盘操作指法

（1）正确坐姿。

了解键位分工情况后，还要注意打字的姿势。打字时，全身要自然放松，胸部挺起略微前倾，双臂自然靠近身体两侧，两手位于键盘的上方，与键盘横向垂直，手腕抬起，十指略向内弯曲，自然地虚放在对应的键位上面。

打字时不要看键盘，特别是不能边看键盘边打字，要学会盲打，这一点非常重要。初学者因记不住键位，往往会忍不住看着键盘打字，这种情况一定要避免，若用户实在记不住键位，则可以先看一下键盘，移开视线，再按指法要求键入。只有这样，用户才能逐渐做到凭手感而不是凭记忆去体会每一个键的准确位置。

既然各个手指已分工明确，就应严格按规范运指，各指各司其职，不越权代劳。一旦敲错了键，或是用错了手指，一定要用右手小指按<Backspace>键删除错误内容，重新按指法输入正确的字符。

（2）键盘指法。

① 基本键指法。开始打字前，左手的小指、无名指、中指和食指应分别虚放在<A>、<S>、<D>、<F>键上，右手的食指、中指、无名指和小指应分别虚放在<J>、<K>、<L>和<; >键上，两个大拇指则虚放在<Space>键上。基本键是打字时手指所处的基准位置，按其他任何键时，手指都是从这里出发，并在按完后应立即退回到对应的基本键位上的。

② 其他键的手指分工。左手食指负责的键位有<4>、<5>、<R>、<T>、<F>、<G>、<V>、

<B>共 8 个键，中指负责<3>、<E>、<D>、<C>共 4 个键，无名指负责<2>、<W>、<S>、<X>共 4 个键，小指负责<1>、<Q>、<A>、<Z>及其左边的所有键位。

右手食指负责<6>、<7>、<Y>、<U>、<H>、<J>、<N>、<M> 8 个键，中指负责<8>、<I>、<K>和<，> 4 个键，无名指负责<9>、<O>、<L>和<.> 4 个键，小指负责<0>、<P>、<；>、</>及其右边的所有键位。

如此划分，整个键盘的手指分工就一清二楚了，如图 2-11 所示，按任何键时，只需把手指从基本键位移到相应的键上，正确输入后，再返回基本键位即可。

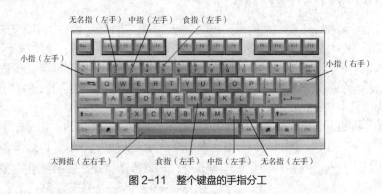

图 2-11　整个键盘的手指分工

练习

（1）单击"开始"按钮，选择"所有程序"→"附件"→"记事本"选项，按顺序输入 26 个英文字母后，再选择"文件"→"另存为"选项，弹出"另存为"对话框后，在"保存在"列表框中选择"桌面"选项，在"文件名"文本框中输入"LX1.txt"，单击"保存"按钮并关闭所有窗口。

（2）使用打字软件进行英文打字练习。

2.2　个性化设置——控制面板

项目情境

过完充实的寒假，大一下学期的生活便拉开了序幕。小 C 带着寒假新置办的笔记本电脑来到了学校。在学生会办公室里，其他同学非常羡慕小 C 的笔记本电脑的个性化设置，纷纷向小 C 请教起来。

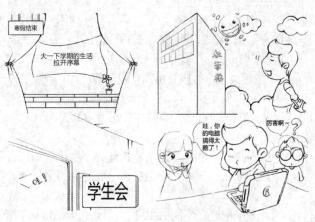

学习清单

控制面板、显示属性、墙纸、屏幕保护程序、打印机、中文输入。

具体内容

2.2.1 个性桌面我作主

要个性化设置计算机，主要使用的是"控制面板"。"控制面板"提供了丰富的专门用于更改 Windows 外观和行为方式的工具。有些工具可以用来调整计算机的设置，使操作计算机变得更加有趣和容易。例如，可以通过"鼠标"设置将标准鼠标指针替换为可以在屏幕上移动的动画图标；通过"声音和音频设备"设置将标准的系统声音替换为用户自己选择的声音；如果用户习惯使用左手，则可以更改鼠标按钮，使用右侧按钮执行选择和拖放等主要功能。

单击"开始"按钮，选择"控制面板"选项，打开"控制面板"窗口。如果打开"控制面板"窗口时没有看到所需的项目，则可将窗口右上角的查看方式切换为"图标"，如图 2-12 所示。

图 2-12 控制面板"类别"和"图标"的切换

1. 用户账户设置

Windows 支持多用户，即允许多个用户使用同一台计算机，但每个用户只拥有对自己建立的文件或共享文件的读写权利，而对其他用户的文件资料无权访问。可以通过以下步骤在一台计算机上创建新的账户。

（1）在"控制面板"窗口中选择"用户账户"选项，打开"用户账户"窗口。

（2）选择"管理其他账户"选项，打开"管理账户"窗口。

（3）选择"创建一个新账户"选项，为新账户键入一个名字，选择"管理员"或"标准用户"两种账户类型。"管理员"账户拥有最高权限，可以查看计算机中的所有内容；如果设置为"标准用户"账户，则有些功能将被限制使用。

（4）单击"创建账户"按钮即可完成账户设置，如图 2-13 所示。

2. 更改外观和主题

在"控制面板"窗口中，选择"个性化"选项，打开"个性化"窗口，如图 2-14 所示，在这里可以设置计算机主题、桌面背景、屏幕保护程序、桌面图标、鼠标指针等。

（1）更换主题。

在"个性化"窗口中的列表框中选择不同的主题，可以使 Windows 按不同的风格呈现。

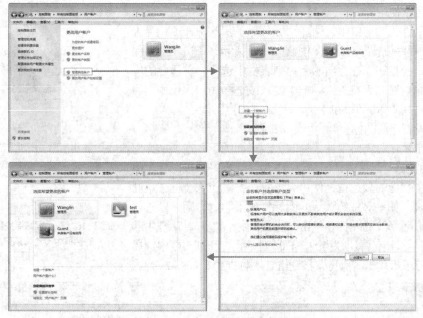

图 2-13 在"用户账户"窗口中创建新账户

（2）更换桌面背景。

在"个性化"窗口中，选择"桌面背景"选项，打开"桌面背景"窗口，如图 2-15 所示。在"图片位置"下拉列表中选择图片的位置，并在其下方的列表框中选择背景图片。Windows 7 中的桌面背景有 5 种显示方式，分别为填充、适应、拉伸、平铺和居中，用户可以在窗口左下角的"图片位置"下拉列表中选择合适的选项，设置完成后单击"保存修改"按钮进行保存即可。

图 2-14 "个性化"窗口

图 2-15 "桌面背景"窗口

 提示：还有一种更加方便的设置桌面背景的方法，即用户选择自己喜欢的图片，在图片上单击鼠标右键，在弹出的快捷菜单中选择"设置为桌面背景"选项。

（3）设置屏幕保护程序。

如果在较长的时间内用户未对计算机进行任何操作，屏幕上显示的内容没有任何变化，则会造成显示器局部持续显示强光导致屏幕损坏，使用屏幕保护程序可以避免这类情况的发生。

屏幕保护程序是在一段设定的时间内，当屏幕没有发生任何变化时，计算机自动启动一段程序来使屏幕不断变化或仅显示黑色的操作。当用户需要使用计算机时，只需要单击或按任意键就可以恢复正常使用。

在"个性化"窗口中，选择"屏幕保护程序"选项，弹出"屏幕保护程序设置"对话框，如图 2-16 所示，单击"屏幕保护程序"下拉按钮，在弹出的下拉列表框中选择一种适合的屏幕保护程序，在"等待"微调框中键入或选择用户停止操作后经过多长时间激活屏幕保护程序，单击"确定"按钮。

（4）设置桌面图标。

在"个性化"窗口中，选择"更改桌面图标"选项，弹出"桌面图标设置"对话框，如图 2-17 所示。在"桌面图标"组合框中选中相应的复选框，便可将该复选框对应的图标在桌面上显示出来。如果对系统默认的图标样式不满意，则可以进行更改。选择要修改的图标，单击"桌面图标设置"对话框中的"更改图标"按钮，弹出"更改图标"对话框，在列表框中选择喜欢的图标或者单击"浏览"按钮选择图标即可，如图 2-18 所示。

图 2-16　在"屏幕保护程序设置"对话框中设置屏幕保护程序

图 2-17　在"桌面图标设置"对话框中设置桌面图标

图 2-18　在"更改图标"对话框中更改图标样式

提示：在桌面上单击鼠标右键，在弹出的快捷菜单中选择"个性化"选项，也可以打开"个性化"窗口，进行以上各项设置。

（5）设置鼠标。

在 Windows 中，鼠标是一种极其重要的设备，鼠标性能的好坏直接影响到用户的工作效率。用户可以根据自己的需要对鼠标进行相应的设置。在"个性化"窗口中，选择"更改鼠标指针"选项，弹出"鼠标 属性"对话框，如图 2-19 所示。选择不同的选项卡，可以分别设置双击鼠标的速度、左手型或右手型鼠标、指针的大小形状、鼠标滑轮的滚动幅度等。

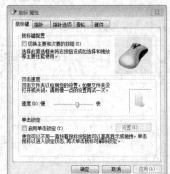

图 2-19　在"鼠标 属性"对话框中设置双击鼠标的速度、左手型或右手型鼠标、指针的大小形状、鼠标滑轮的滚动幅度

3. 添加桌面小工具

从 Windows Vista 开始，Windows 操作系统桌面上又增加了一个新的成员——桌面小工具。在 Windows 7 中，这些小工具得到了进一步改善，新的桌面小工具变得更加美观和实用。它们不仅可以实时显示网络中的信息，为用户展现最新的天气状况、新闻条目，还可以实时显示用户计算机中的信息，为用户的日常使用带来了便利和休闲娱乐。在 Windows 7 中，这些精巧的桌面小工具已经摆脱了边栏的限制，可以在桌面的任意位置放置。

在"控制面板"窗口中，选择"桌面小工具"选项，进入桌面小工具的管理界面，其中列出了系统自带的几款实用小工具，如图 2-20 所示。用户选择需要显示在桌面上的小工具，并将其直接拖曳到桌面上即可。此外，选择桌面小工具管理界面中的"联机获取更多小工具"选项，可以从网上下载更多实用的小工具。

图 2-20 桌面小工具的管理界面

4. 自定义任务栏和"开始"菜单

在 Windows 7 中，任务栏不但有了全新的外观，而且增加了许多令人惊叹的功能，系统默认的任务栏设置并不一定适合每一个用户，用户可以对任务栏进行个性化设置。

（1）设置任务栏外观。

在"控制面板"窗口中，选择"任务栏和开始菜单"选项，弹出"任务栏和「开始」菜单属性"对话框，选择"任务栏"选项卡，如图 2-21 所示，在"任务栏外观"组合框中可以对是否锁定任务栏、是否自动隐藏任务栏、是否在任务栏中使用小图标、任务栏显示的位置和任务栏程序按钮区中按钮的模式等进行设置。

（2）自定义通知区域。

当通知区域显示出的图标很多时，用户可以选择将一些常用图标设置为始终保持可见状态，将另一些图标保留在溢出区中。

在"控制面板"窗口中，选择"任务栏和开始菜单"选项，弹出"任务栏和「开始」菜单属性"对话框，选择"任务栏"选项卡，单击"通知区域"组合框中的"自定义"按钮，打开"通知区域图标"窗口，如图 2-22 所示，在"选择在任务栏上出现的图标和通知"列表框中设置通知区域内的图标及其行为即可。

（3）设置工具栏。

用户可以将工具栏中的一些选项添加到任务栏中。

在"控制面板"窗口中，选择"任务栏和开始菜单"选项，弹出"任务栏和「开始」菜单属性"对话框，选择"工具栏"选项卡，如图 2-23 所示，选择要添加的选项，单击"确定"按钮，即可将相关选项添加到任务栏的通知区域中。

（4）个性化"常用程序"列表。

用户平常使用的程序会在"常用程序"列表中显示出来，默认设置该列表中最多显示 10 个常用程序，用户可以根据需要设置在该列表中显示的程序数量。

在"控制面板"窗口中，选择"任务栏和开始菜单"选项，弹出"任务栏和「开始」菜单属性"对话框，选择"开始"菜单"选项卡，如图 2-24 所示，在"隐私"组合框中，设置是否要存储并显示最近在"开始"菜单中打开的程序。单击"自定义"按钮，弹出"自定义「开始」菜单"对话框，如图 2-25 所示，在"「开始」菜单大小"组合框中设置显示程序的数目以及跳转列表中显示的项目数目即可。

图 2-21　设置任务栏外观　　图 2-22　设置通知区域内的图标及其行为　　图 2-23　添加选项到任务栏的通知区域中

图 2-24　是否存储并显示最近在"开始"菜单中打开的程序　　图 2-25　"自定义「开始」菜单"对话框

（5）个性化"固定程序"列表。

"固定程序"列表会固定地显示在"开始"菜单中，用户可以快速打开其中的应用程序。系统允许用户向"固定程序"列表中添加程序，以方便使用。

在想要添加到"固定程序"列表中的程序上单击鼠标右键，在弹出的快捷菜单中选择"附到开始菜单"选项即可。要删除"固定程序"列表中的程序可通过在程序上单击鼠标右键，在弹出的快捷菜单中选择"从开始菜单解锁"选项实现。

（6）个性化"启动"菜单。

"开始"菜单的右侧是"启动"菜单，这里列出了用户常用的项目链接，单击链接可快速打开相关窗口进行操作。

在"控制面板"窗口中，选择"任务栏和开始菜单"选项，弹出"任务栏和「开始」菜单属性"对话框，选择"「开始」菜单"选项卡，单击"自定义"按钮，弹出"自定义「开始」菜单"对话框，如图 2-25 所示，在中间的列表框中自定义显示在"启动"菜单中的项目链接即可。

5. 设置打印机

在用户使用计算机的过程中，有时需要将一些文档或图片以书面的形式输出，这时就需要使用打印机了。

在 Windows 7 中，用户不但可以在本地计算机上安装打印机，还可以安装网络打印机，使用网络中的共享打印机来完成打印操作。

（1）安装本地打印机。

Windows 7 自带了一些硬件的驱动程序，在启动计算机的过程中，系统会自动搜索连接的新硬件并加载其驱动程序。

如果连接打印机的驱动程序没有在系统的硬件列表中显示，则需要进行手动安装，安装步骤如下。

① 在"控制面板"窗口中，选择"设备和打印机"选项，打开"设备和打印机"窗口，单击"添加打印机"按钮，启动"添加打印机"向导，如图 2-26 所示。

② 选择"添加本地打印机"选项，弹出"选择打印机端口"对话框，选择安装打印机使用的端口。"使用现有的端口"下拉列表中为用户提供了多种端口，系统推荐的打印机端口是 LPT1，如图 2-27 所示。

图 2-26 "设备和打印机"窗口和"添加打印机"向导

图 2-27 "选择打印机端口"对话框

> 提示：大多数的计算机是使用 LPT1 端口与本地计算机通信的，如果用户使用的端口不在列表中，则可以选中"创建新端口"单选按钮来创建新的通信端口。

③ 选定端口后，单击"下一步"按钮，弹出"安装打印机驱动程序"对话框，该对话框左侧的"厂商"列表框中罗列了打印机的生产厂商，选择某厂商时，该对话框右侧的"打印机"列表框中会显示该生产厂商相应的产品型号，如图 2-28 所示。

④ 如果用户安装的打印机厂商和型号未在列表框中显示，则可以使用打印机附带的安装光盘进行安装，单击"从磁盘安装"按钮，输入驱动程序文件的正确路径，返回到"安装打印机驱动程序"对话框。

⑤ 确定驱动程序文件的位置后，单击"下一步"按钮，弹出"键入打印机名称"对话框，在"打印机名称"文本框中为打印机命名，如图 2-29 所示。

图 2-28 "安装打印机驱动程序"对话框

图 2-29 "键入打印机名称"对话框

⑥ 单击"下一步"按钮，弹出"正在安装打印机"对话框，它显示了安装进度，如图 2-30 所示。当安装完成后，对话框会提示安装成功，在该对话框中，用户可以将该打印机设置为默认的打印机。如果用户需要确认打印机是否连接正确，且顺利安装了驱动程序，则可以单击"打印测试页"按钮，如图 2-31 所示，此时打印机会进行测试页的打印。

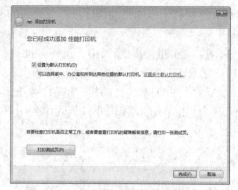

图 2-30　打印机安装进度　　　　　　图 2-31　设置默认打印机和打印测试页

💡 **提示**：当用户处于有多台共享打印机的网络中时，如果打印作业未指定打印机，则作业将在默认的打印机上进行打印。

⑦ 此时，已完成添加打印机的工作，单击"完成"按钮，在"设备和打印机"窗口中会显示刚刚添加的打印机图标。如果用户已经将其设置为默认打印机，则在其图标旁边会有一个带"√"标志的绿色小圆，如图 2-32 所示。

（2）安装网络打印机。

如果计算机处于网络中，但该网络中有已共享的打印机，那么用户可以直接添加网络打印机驱动程序来使用网络中的共享打印机进行打印。

网络打印机的安装与本地打印机的安装过程是类似的，前两步的操作完全相同，从第三步开始操作步骤如下。

① 在"要安装什么类型的打印机"对话框中选择安装"添加网络、无线或 Bluetooth 打印机"选项，如图 2-33 所示。

图 2-32　成功添加打印机和"默认打印机"图标　　　图 2-33　选择安装网络打印机

② 在"正在搜索可用的打印机"对话框中，用户可以在搜索框中指定要连接的网络共享打印机，或者选择"我需要的打印机不在列表中"选项，如图 2-34 所示。弹出"按名称或 TCP/IP 地址查找打印机"对话框，选择通过"浏览打印机"或"按名称选择共享打印机"或"使用 TCP/IP 地址或主机名添加打印机"的方式进行连接，如图 2-35 所示。如果用户不清楚网络中共享打印机的位置等相关信息，则可以选中"浏览打印机"单选按钮，让系统搜索网络中可用的共享打印机。如果要使用 Internet、家庭或办公网络中的打印机，则可以选中另两个单选按钮，单击"下一步"按钮进行连接，如图 2-36 所示。

③ 完成网络打印机的安装，如图 2-37 所示，用户可以使用网络共享打印机进行打印。

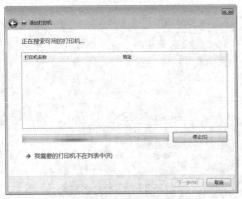

图 2-34 "正在搜索可用的打印机"对话框

图 2-35 "按名称或 TCP/IP 地址查找打印机"对话框

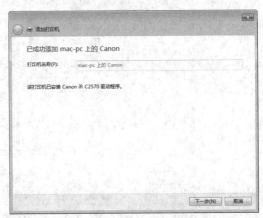

图 2-36 连接到打印机

图 2-37 完成网络打印机的安装

（3）打印文档。

打印机安装完成后，即可进行文档的打印。打印文档的常用方法是选择文档对应应用程序的"文件"→"打印"选项进行打印。

除常规方法之外，也可以把要打印的文件拖曳到默认打印机图标上进行打印，或者直接在需要打印的文档上单击鼠标右键，在弹出的快捷菜单中选择"打印"选项。

6. 卸载或修复程序

应用软件的安装和卸载可以通过双击安装程序和使用软件自带的卸载程序完成。"控制面板"窗口中也提供了"卸载程序"功能。

在"控制面板"窗口中，选择"程序和功能"选项，打开"程序和功能"窗口，在"卸载或更改程序"列表框中会列出当前安装的所有程序，如图 2-38 所示，选中某一程序后，单击"卸载"或"修复"按钮可以卸载或修复该程序。

7. 设置日期和时间

在"控制面板"窗口中，选择"日期和时间"选项，弹出"日期和时间"对话框，如图2-39所示，单击"更改日期和时间"按钮，设置日期和时间。

8. 设置区域和语言选项

在"控制面板"窗口中，选择"区域和语言"选项，弹出"区域和语言"对话框，如图2-40所示。选择"键盘和语言"选项卡，在"键盘和其他输入语言"组合框中单击"更改键盘"按钮，弹出"文本服务和输入语言"对话框，根据需要安装或卸载输入法。

图2-38 在"程序和功能"窗口中卸载或修复程序

图2-39 设置日期和时间

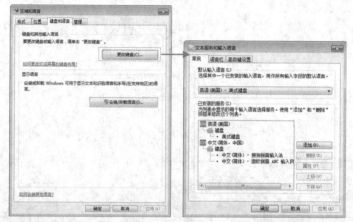

图2-40 在"区域和语言"和"文本服务和输入语言"对话框中安装或卸载输入法

 练习

（1）查看并设置日期和时间。

（2）查看并设置鼠标属性。

（3）将桌面墙纸设置为"Windows"，将屏幕保护程序设置为"三维文字"，将文字设置为"计算机应用基础"，字体设为"微软雅黑"，并将旋转类型设置为"摇摆式"。

（4）安装打印机"Canon LBP5910"，并设置其为默认打印机，在桌面上创建该打印机的快捷方式，将其命名为"佳能打印"。

2.2.2 计算机中的笔

1. 中文输入法分类

计算机中使用的中文输入法有很多，大致分为键盘输入法和非键盘输入法两大类。

键盘输入法是通过键入中文的输入码方式输入中文，通常要按1～4个键来输入一个中文，它的输入码主要有拼音码、区位码、纯形码、音形码和形音码等。用户需要会拼音或记忆输入码才能使用，并且需要一定时间的练习才能得到令人满意的输入速度。键盘输入法的特点是速度快、正确率高，是常用的一种中文输入方法。

非键盘输入方式是采用手写、听写等进行中文输入的一种方式，如手写笔、语音识别。Windows 7

集成了语音识别系统，用户可以使用它代替鼠标和键盘操作计算机。启动语音识别功能可以在"控制面板"窗口的"轻松访问中心"中进行设置。

中文的键盘输入法有很多，最常见的输入法有五笔字型、搜狗拼音、中文双拼、微软拼音 ABC、区位码等。

2. 在 Windows 中选用中文输入法

（1）使用键盘操作。

<Ctrl>键+<Space>键：在当前中文输入法与英文输入法之间切换。

 提示：<Ctrl>键+<Space>键表示同时按<Ctrl>键和<Space>键。

（2）使用鼠标操作。

① 单击输入法提示图标 ▓（以微软拼音 ABC 输入法为例），选择相应输入法。

② 单击中/英文切换按钮 ▓。

3. 在 Windows 中安装或删除中文输入法

在"控制面板"窗口中，选择"时钟、语言和区域"选项，选择"区域和语言"选项，弹出"区域和语言"对话框，在"键盘和语言"选项卡的"键盘和其他输入语言"组合框中，单击"更改键盘"按钮，弹出"文本服务和输入语言"对话框，在"常规"选项卡的"已安装服务"组合框中，单击"添加"或"删除"按钮进行输入法的安装或删除。

4. 微软拼音 ABC 中文输入法的使用

"微软拼音 ABC"是一种易学易用的中文输入法，用户只要会拼音就能进行中文输入，本节将以"微软拼音 ABC"为例来介绍中文输入法的使用。

（1）微软拼音 ABC 的状态条。

选择微软拼音 ABC 输入法后，屏幕左下方会出现一个"微软拼音 ABC"输入法的状态条，如图 2-41 所示。

图 2-41 "微软拼音 ABC"输入法的状态条

输入法状态条表示当前的输入状态，通过单击对应的按钮来切换不同的状态，按钮对应的含义如下。

① 中英文切换按钮：用来表示当前的输入法状态，单击该按钮，在弹出的快捷菜单中选择"英语"选项，按钮变为 ▓，表示当前可进行英文输入；再单击该按钮一次，在弹出的快捷菜单中选择"中文"选项，按钮变为 ▓，表示当前可进行中文输入。

② 输入法提示图标：单击该图标，可以在弹出的快捷菜单中选择本机已安装的输入法。

③ 全角/半角切换按钮：用于输入全角/半角字符，单击该按钮一次可进入全角字符输入状态，全角字符状态即中文的显示形式；再单击该按钮一次即可回到半角字符状态。

④ 中英文标点切换按钮：表示当前输入的是中文标点还是英文标点。

⑤ 软键盘按钮：单击该按钮将弹出软键盘，用户可以通过软键盘输入字符，还可以输入许多键盘上没有的符号。再次单击软键盘按钮，将关闭软键盘。

⑥ 功能菜单按钮：单击功能菜单按钮，在弹出的快捷菜单中选择不同的软键盘，不同的软键盘提供了不同的键盘符号。选择软键盘类型后，相应的软键盘将在屏幕上显示，如图 2-42 所示。

（2）微软拼音 ABC 的使用方法。

① 中文输入界面。"候选"窗口中提供了可选择的中文，用"+"和"-"（或<Page Up>键和<Page Down>键）可前后翻页，如图 2-43 所示。

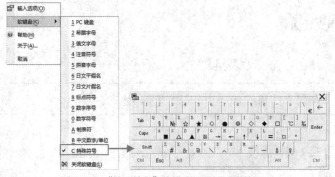

图 2-42 "特殊符号"软键盘提供的键盘符号

图 2-43 "微软拼音 ABC"
输入中文时的"候选"窗口

> 提示：用<Esc>键可关闭"候选"窗口，取消当前输入。

② 大小写切换。在输入中文时，应使键盘处于小写状态，并且确保输入法状态框处于中文输入状态。在键盘处于大写状态时不能输入中文，按<Caps Lock>键可以切换到小写状态。

③ 全角/半角切换。单击全角/半角切换按钮或按<Shift+Space>键即可切换全角/半角。

④ 中/英文标点切换。单击中/英文标点切换按钮或按<Ctrl+•>键即可切换中/英文标点。图 2-44 所示为中文标点对应的键位。

中文标点	键位	说 明	中文标点	键位	说 明
。句号	。		）右括号	）	
，逗号	，		《单双书名号	<	自动嵌套
；分号	；		》单双书名号	>	自动嵌套
：冒号	：		……省略号	^	双符处理
？问号	？		——破折号	-	双符处理
！叹号	！		、顿号	\	
""双引号	"	自动配对	间隔号	@	
''单引号	'	自动配对	—连接号	&	
（左括号	（		￥人民币符号	$	

图 2-44 中文标点对应的键位

练习

（1）添加/删除输入法。

（2）用 Windows 的记事本在桌面上建立"打字练习.txt"，在该文件中正确输入以下文字信息（英文字母和数字采用半角，其他符号采用全角，空格采用全角、半角均可）。

在人口密集的地区，很多用户可能共用同一无线信道，因此数据流量会低于其他种类的宽带无线服务。它的实际数据流量为 500kbit/s 至 1Mbit/s，这对中小客户来说已经比较理想了。虽然使用这项服务的方法非常简单，但是网络管理员必须做到对许多因素，如服务的可用性、网络性能和 QoS 等心中有数。

2.3 玩转资源——文件

项目情境

某日，小 C 接到一位学妹的求助电话，她说自己有一份很重要的文件怎么也找不到了，问小C 有没有什么办法，请他来帮帮忙。小 C 去了一看，难怪文件会找不到，这位学妹的计算机还真是够乱的呀！

学习清单

文件、文件夹、命名规则、属性、存储路径、盘符、树形文件夹结构、计算机、显示方式、排列方式、磁盘属性、Windows 资源管理器、选定、新建、复制、移动、删除、还原、重命名、搜索、通配符。

具体内容

2.3.1　计算机中的信息规划

用户存储的信息是以文件的形式存放在磁盘中的。由于计算机中的文件非常多，如果将这些文件都放到一个地方，进行查找、添加、删除、重命名等操作都会非常麻烦。只有将磁盘中的文件合理地放入不同的文件夹中，操作时才能很快速地找到，因此建议用户分门别类地存储文件。

1. 文件和文件夹

文件是相关联的一组信息的集合，任何信息（如声音、文字、影像、程序等）都是以文件的形式存放在计算机的外存储器中的，磁盘中的每一个文件都有自己的属性，如文件的名称、大小、创建或修改时间等。

磁盘中可以存放很多不同的文件，为了便于管理，一般把文件存放在不同的文件夹中，就像在日常工作中把不同的文件资料保存在不同的文件夹中一样。在计算机中，文件夹是放置文件的一个逻辑空间，文件夹中除了可以存放文件之外，也可以存放文件夹，存放的文件夹称为"子文件夹"，而存放子文件夹的文件夹则称为"父文件夹"，磁盘最顶层的文件夹称为"根文件夹"。

2. 文件和文件夹的命名规则

（1）文件名由主文件名和扩展名组成，形式为"主文件名.扩展名"。

（2）文件类型由不同的扩展名来表示，分为程序文件（.com、.exe、.bat）和数据文件。

（3）文件名最多允许为 255 字符，可使用汉字字符、26 个大小写英文字母、0～9 共 10 个阿拉伯数字和其他特殊符号，但不能包含空格符、\、/、:、*、?、"、<、>、|，如图 2-45 所示。

图 2-45　文件名不能包含的字符

（4）保留用户指定的英文字母大小写格式，但不能利用英文字母大小写格式区分文件名，例如，ABC.DOC 与 abc.doc 表示同一个文件。

（5）不允许用户命名的文件名有 Aux、Com1、Com2、Com3、Com4、Con、Lpt1、Lpt2、Pm、Nul，因为系统已对这些文件名作了定义。

（6）文件夹与文件的命名规则类似，但是文件夹没有扩展名。

> **提示：** 在绝大多数操作系统中，文件的扩展名用于表示文件的类型，不同类型的文件有不同的扩展名，如文本文件的扩展名为.txt，声音文件的扩展名为.wav、.mp3、.mid 等，图形文件的扩展名为.bmp、.jpg、.gif 等，视频文件的扩展名为.rm、.avi、.mpg、.mp4 等，压缩包文件的扩展名为.rar、.zip 等，网页文件的扩展名为.htm、.html 等，Word 文档的扩展名为.docx，Excel 工作表的扩展名为.xlsx，PowerPoint 演示文档的扩展名为.pptx 等。

3. 文件和文件夹的属性

在 Windows 环境下，文件和文件夹都有其特有的信息，其中包括文件的类型、在磁盘中的位置、所占空间的大小、创建和修改时间，以及文件在磁盘中存在的方式等，这些信息统称为文件的属性。

一般文件在磁盘中存在的方式有只读、存档和隐藏等属性。"只读"指文件只允许读，不允许写；"存档"指普通的文件；"隐藏"指将文件隐藏起来，在一般的文件操作中不显示被隐藏的文件。

选中文件或文件夹并单击鼠标右键，在弹出的快捷菜单中选择"属性"选项，在弹出的文件或文件夹的属性对话框中，可以改变文件的属性。

> **提示：** 在 Windows 中，如果隐藏的文件和文件夹以及文件扩展名没有显示出来，则可以在"Windows 资源管理器"中选择"工具"→"文件夹选项"选项，弹出"文件夹选项"对话框，在"查看"选项卡中，选中"隐藏文件和文件夹"组合框中的"显示隐藏的文件、文件夹和驱动器"单选按钮并取消选中"隐藏已知文件类型的扩展名"复选框。

4. 文件夹的树形结构和文件的存储路径

对于磁盘中存储的文件，Windows 是通过文件夹进行管理的，它采用了多级层次的文件夹结构。前面已经讲过，对同一个磁盘而言，它的最高级文件夹被称为根文件夹。根文件夹的名称是系统规定的，统一用反斜杠"\"表示。根文件夹中可以存放文件，也可以建立子文件夹。子文件夹的名称由用户指定，子文件夹下又可以存放文件和子文件夹，这就像一棵倒置的树，根文件夹是树根，各个子文件夹是树的枝杈，而文件则是树的叶子，叶子上是不能再长出枝杈来的。这种多级层次文件夹结构被称为"树形文件夹结构"，如图 2-46 所示。

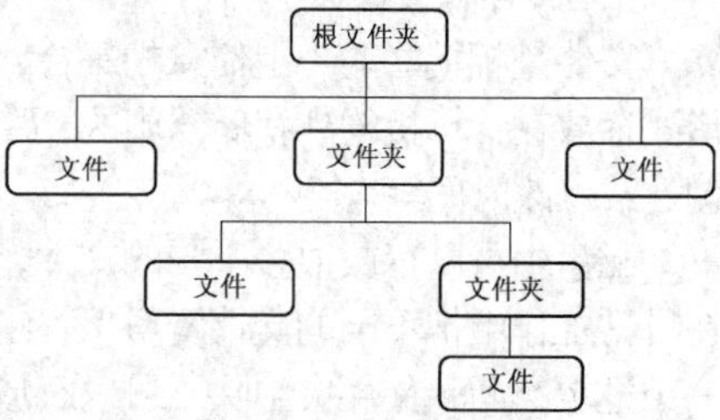

图 2-46 树形文件夹结构

访问一个文件时，必须要有 3 个要素，即文件所在的驱动器、文件在树形文件夹结构中的位置和文件的名称。文件在树形文件夹中的位置可以用从根文件夹到该文件所在的子文件夹之间的一连串以反斜线隔开的文件夹名的序列来表示，这个序列称为"路径"。

（1）磁盘驱动器名（盘符）。

磁盘驱动器名是 DOS 分配给驱动器的符号，用于指明文件的位置。"A:"和"B:"是软盘驱动器的名称，表示 A 盘和 B 盘；"C:"和"D:"……"Z:"是硬盘驱动器和光盘驱动器的名称，表示 C 盘、D 盘……Z 盘。

（2）路径。

路径是用一串反斜杠"\"隔开的一组文件夹的名称，用来指明文件所在位置。例如，

C:\WINDOWS\Help\apps.chm 表示在 C 盘根文件夹下有一个"WINDOWS"子文件夹，在"WINDOWS"子文件夹中有一个"Help"子文件夹，在"Help"子文件夹中存放着一个"apps.chm"文件。

2.3.2　计算机中的信息管家

在 Windows 7 中，主要是通过"计算机"和"Windows 资源管理器"来管理文件和文件夹的。

1.　计算机

要使用磁盘和文件等资源，最方便的方法就是双击桌面上的"计算机"图标，打开"计算机"窗口，如图 2-47 所示。"计算机"窗口的组成在 2.1.2 节的"窗口操作"部分已详细介绍，主要包括菜单栏、工具栏、地址栏、导航窗格、状态栏、工作区等部分。Windows 7 在窗口工作区中列出了计算机中的各个磁盘，下面以 C 盘为例说明磁盘的基本操作。

（1）查看磁盘中的内容。

在"计算机"窗口中双击 C 盘图标，打开 C 盘窗口，如图 2-48 所示。该窗口的状态栏中显示出该磁盘中共有 9 个项目，如果要打开某一个文件或文件夹，则双击该文件或文件夹即可。

图 2-47　"计算机"窗口　　　　　　　　　图 2-48　C 盘窗口

① 改变显示方式。根据需要使用几种不同的图标方式显示磁盘内容，在菜单栏中选择"查看"→"超大图标""大图标""中等图标""小图标""列表""详细资料""平铺""内容"选项，可以切换不同的显示方式，也可以在工具栏中单击"查看"按钮，在弹出的下拉列表中选择相应的显示方式，如图 2-49 所示。

② 改变排列方式。为了方便查看磁盘中的文件，可以使窗口中显示的文件和文件夹按照一定的方式进行排序。在菜单栏中选择"查看"→"排列方式"→"名称""修改日期""类型"或"大小"选项等进行设置即可，如图 2-50 所示。

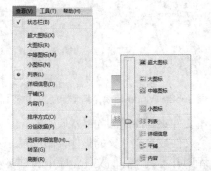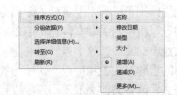

图 2-49　通过"查看"菜单和"查看"按钮改变显示方式　　　图 2-50　通过"查看"菜单改变排列方式

（2）查看磁盘属性。在"计算机"窗口中，磁盘下方显示了磁盘的可用空间和总容量。

如果要更加详细地查看磁盘属性，则可以在该磁盘的图标上单击鼠标右键，在弹出的快捷菜单中选择"属性"选项，弹出"WIN7CN（C：）属性"对话框，如图 2-51 所示。选择"常规"选项卡，就能够详细了解该磁盘的类型、已用空间和可用空间、总容量等属性，同时可以设置磁盘卷标。

2. Windows 资源管理器

Windows 资源管理器一直是用户使用计算机时和文件交互的重要工具，在 Windows 7 中，新的资源管理器可以使用户更容易地完成浏览、查看、移动和复制文件和文件夹的操作。

（1）启动"Windows 资源管理器"。

启动"Windows 资源管理器"的方法很多，下面列举几种常用的方法。

图 2-51　通过"WIN7CN（C：）属性"对话框查看磁盘空间

① 单击任务栏程序按钮区中的"Windows 资源管理器"按钮。

② 在"开始"按钮上单击鼠标右键，在弹出的快捷菜单中选择"打开 Windows 资源管理器"选项。

③ 使用快捷键<Windows+E>。

（2）"Windows 资源管理器"窗口及操作。

"Windows 资源管理器"窗口左侧的导航窗格用于显示磁盘和文件夹的树形分层结构，包含收藏夹、库、家庭组、计算机和网络这五大类资源。

在导航窗格中，如果磁盘或文件夹前面有"▷"，则表明该磁盘或文件夹下有子文件夹，单击"▷"可以展开其包含的子文件夹。展开磁盘或文件夹后，"▷"会变成"◢"，表明该磁盘或文件夹已经展开，单击"◢"，可以折叠已经展开的内容。

右侧工作区用于显示导航窗格选中的磁盘或文件夹所包含的子文件夹及其文件，双击其中的文件或文件夹可以打开相关内容。

用鼠标拖动导航窗格和工作区之间的分隔条，可以调整两个窗格的大小。

在 Windows 资源管理器中单击右上角的"显示预览窗格"按钮时，用户可以浏览文件，如文本文件、图片和视频等，如图 2-52 所示。

3. 库

"库"是 Windows 7 中新增的一个概念，和文件夹一样，在库中也可以包含各种各样的子库与文件等。但是其本质和文件夹有所不同，在文件夹中保存的文件或者子文件夹都是存储在同一个地方的，而在库中存储的文件则可以来自于各处，既可以来自于用户计算机中的关联文件，也可以来自于

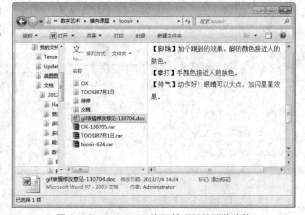

图 2-52　Windows 资源管理器的预览功能

移动磁盘中的文件。这个差异虽然比较细小，却是传统文件夹与库之间的最本质的差异。

库的管理方式更加接近于快捷方式，用户不用关心文件或者文件夹的具体存储位置，只需要把这些文件或者文件夹加入到库中进行管理即可，而库中并不真正存储文件，库中的对象只是各种文件夹与文件的一个快照。例如，用户在 D 盘和移动硬盘中存储了需要经常使用的文件，把这

些文件放置到库中之后，在连接移动硬盘时，只要打开库就可以很方便地访问所需文件，而不必反复定位 D 盘或者移动硬盘。

> 提示：“库”是一个有些虚拟的概念，把文件或文件夹收纳到库中并不是将文件真正复制到“库”这个位置，而是在“库”这个功能中“登记”了这些文件或文件夹的位置，由 Windows 管理而已，因此，收纳到库中的内容除了它们自己占用的磁盘空间之外，几乎不会再额外占用磁盘空间，并且删除库及其内容时，也并不会影响到那些真实的文件。

4. 文件或文件夹的操作

（1）选择文件或文件夹。

① 选定单个文件或文件夹。单击所要选定的文件或文件夹。

② 选定多个连续排列的文件或文件夹。单击所要选定的第一个文件或文件夹，按住<Shift>键的同时，单击最后一个文件或文件夹。

> 提示：选定多个连续排列的文件或文件夹时也可以使用拖曳鼠标进行框选的方法。

③ 选定多个不连续排列的文件或文件夹。单击所要选定的第一个文件或文件夹，按住<Ctrl>键的同时，逐个单击要选定的每一个文件或文件夹。

④ 全选文件或文件夹。选择“编辑”→“全部选定”选项，或者使用快捷键<Ctrl+A>。

> 提示：有时候需要选定的内容是窗口中的大多数文件或文件夹，此时可以使用全部选定功能，再取消个别不需要选定的内容；或者灵活使用“编辑”→“反向选择”选项。

⑤ 取消已选择的文件或文件夹。按住<Ctrl>键不放的同时，单击该文件或文件夹即可。如果要取消全部文件或文件夹的选定，则在非文件名或文件夹名的空白区域单击即可。

（2）管理文件或文件夹。

① 新建文件夹。用户可以创建新的文件夹来存放相同类型的文件。新建文件夹可以执行以下操作。

在目标区域单击鼠标右键，在弹出的快捷菜单中选择“新建”→“文件夹”选项，此时，在目标位置会出现一个文件夹图标，默认名称为“新建文件夹”，且文件夹名处于选中的编辑状态，如图 2-53 所示，输入自己的文件夹名称，按<Enter>键或单击空白处确认。

② 复制文件或文件夹。在实际应用中，用户有时需要将某个文件或文件夹复制或移动到其他地方以方便使用，这时候就需要通过复制或移动来进行操作。

复制文件或文件夹是指把一个文件夹中的一些文件或文件夹复制到另一个文件夹中，执行复制操作后，原文件夹中的内容仍然存在，而新文件夹中拥有与原文件夹中完全相同的文件或文件夹。

实现复制文件或文件夹的方法有很多，下面介绍几种常用操作。

■ 使用剪贴板：选定要复制的文件或文件夹，选择“编辑”→“复制”选项，打开目标文件夹，选择“编辑”→“粘贴”选项，实现复制操作。也可以使用快捷键<Ctrl+C>（复制）配合<Ctrl+V>（粘贴）来完成操作。

■ 使用拖动：选定要复制的文件或文件夹，按住<Ctrl>键不放，用鼠标将选定的文件或文件夹拖动到目标文件夹上，此时目标文件夹会处于蓝色的选中状态，并且鼠标指针旁边会出现“+复制到”提示，松开鼠标左键即可实现复制，如图 2-54 所示。

③ 移动文件或文件夹。移动文件或文件夹是指把一个文件夹中的一些文件或文件夹移动到另一个文件夹中，执行移动操作后，原文件夹中的内容都转移到新文件夹中，原文件夹中的文件

或文件夹将不再存在。

移动操作与复制操作有一些类似。使用剪贴板操作时，将"编辑"菜单中的"复制"选项替换为"剪切"选项，或者将快捷键<Ctrl+C>（复制）替换为<Ctrl+X>（剪切）即可。使用拖动操作时，不按住<Ctrl>键完成的操作就是移动，如图2-55所示。

图2-53 "新建文件夹"图标

图2-54 将选定文件拖动到目标文件夹上进行复制

图2-55 将选定文件拖动到目标文件夹上进行移动

 提示： 在同一磁盘的各个文件夹之间使用鼠标左键拖动文件或文件夹时，Windows 默认的操作是移动操作。在不同磁盘之间拖动文件或文件夹时，Windows 默认的操作为复制操作。如果要在不同磁盘之间实现移动操作，则可以在按住<Shift>键的同时进行拖动。

④ 删除文件或文件夹。用户可以删除一些不再需要的文件或文件夹，删除后的文件或文件夹被放到"回收站"中，用户可以选择将其彻底删除或还原到原来的位置。

删除操作有以下3种方法。

- 在要删除的文件或文件夹上单击鼠标右键，在弹出的快捷菜单中选择"删除"选项。
- 选中要删除的文件或文件夹，选择"文件"→"删除"选项，或者按<Delete>键进行删除。
- 将要删除的文件或文件夹直接拖曳到桌面上的"回收站"中。

执行上述任一操作后，都会弹出"删除文件夹"对话框，如图2-56所示，单击"是"按钮，则将文件删除到回收站中，单击"否"按钮，将取消删除操作。

图2-56 "删除文件夹"对话框——删除到回收站

 提示： 如果在选择快捷菜单中的"删除"选项的同时按住<Shift>键，或者同时按<Shift+Delete>快捷键，将弹出图2-57所示的对话框，实现永久性删除，被删除的文件或文件夹将被彻底删除，不能还原。移动介质中的删除操作无论是否使用<Shift>键，都将执行彻底删除操作。

图2-57 "删除文件夹"对话框——永久性删除

⑤ 删除或还原回收站中的文件或文件夹。"回收站"提供了一个安全的删除文件或文件夹的解决方案，如果想恢复已经删除的文件，则可以在回收站中查找；如果磁盘空间不够，则可以通过清空回收站来释放更多的磁盘空间。删除或还原回收站中的文件或文件夹可以执行以下操作。

双击桌面上的"回收站"图标""，打开"回收站"窗口，如图2-58所示。单击"回收站"窗口的工具栏中的"清空回收站"按钮，可以删除回收站中所有的文件和文件夹；单击"回收站"窗口的工具栏中的"还原所有项目"按钮，可以还原所有的文件和文件夹，若要还原某个或某些文件和文件夹，则可以先选中这些对象，再进行还原操作。

图 2-58 "回收站"窗口

⑥ 重命名文件或文件夹。重命名文件或文件夹可以让文件或文件夹的名称更符合用户的认知习惯。其操作方法如下。

选中需要重命名的文件或文件夹并单击鼠标右键，在弹出的快捷菜单中选择"重命名"选项，此时文件或文件夹的名称将处于蓝底白字的编辑状态，输入新的名称，按<Enter>键或单击空白处确认即可完成重命名操作。也可以在选中的文件或文件夹名称处单击一次，使其处于编辑状态。

⑦ 搜索文件或文件夹。如果用户想查找某个文件夹或某种类型的文件，但不记得文件或文件夹的完整名称或者存放的位置，则可以使用 Windows 提供的搜索功能进行查找，操作方法如下。

单击"开始"按钮，在"开始"菜单的"搜索"框中输入想要查找的内容，在"开始"菜单的上方将显示所有符合条件的信息。

 提示： "开始"菜单的"搜索"框除了可以用来搜索文件之外，也可以用来搜索相关程序。

如果用户知道要查找的文件或文件夹可能位于某个文件夹中，则可以使用位于窗口顶部的"搜索"框进行搜索，它将根据输入的内容搜索当前窗口。

 提示： 在不确定文件或文件夹名称时，可使用通配符协助搜索。通配符有两种：星号"*"代表零个或多字符，如要查找主文件名以 A 开头，扩展名为.docx 的所有文件，则可以输入 A*.docx；问号"?"代表单字符，如要查找主文件名由 2 字符组成，第 2 字符为 A，扩展名为.txt 的所有文件，则可以输入? A.txt。

 练习

（1）在桌面上创建文件夹"fileset"，在"fileset"文件夹中新建文件"a.txt""b.docx""c.bmp""d.xlsx"，并设置"a.txt"和"b.docx"文件属性为隐藏，设置"c.bmp"和"d.xlsx"文件属性为只读，将扩展名为".txt"文件的扩展名改为".html"。

（2）将桌面上的文件夹"fileset"改名为"fileseta"，并删除其中所有只读属性的文件。

（3）在桌面上新建文件夹"filesetb"，并将文件夹"fileseta"中所有隐藏属性的文件复制到新建的文件夹中。

（4）在桌面上查找文件"calc.exe"，并将它复制到桌面上。

（5）在 C 盘中查找文件夹"Fonts"，将该文件夹中的文件"华文细黑.ttf"复制到文件夹"C:\Windows"中。

（6）将 C 盘卷标设置为"系统盘"。

2.4 玩转资源——软硬件

项目情境

学生会各部门的工作都挺多，但办公设备有限，一直是几个部门共用一台计算机，为了让各部门的干事都能方便、迅速地找到本部门的文件存放位置，提高工作效率，学生会主席让小 C 在桌面上创建好了各部门文件夹的快捷方式，并整理一下磁盘。

学习清单

快捷方式、磁盘清理、磁盘碎片整理、磁盘查错、U 盘、写字板、记事本、计算器、画图。

具体内容

2.4.1 条条大路通罗马——快捷方式

快捷方式是 Windows 提供的一种快速启动程序、打开文件或文件夹的方法，是应用程序或文件、文件夹的快速链接，创建经常使用的程序、文件和文件夹的快捷方式可以节省不少操作时间。

快捷方式的显著标志是在图标的左下角有一个向右上弯曲的小箭头。它一般存放在桌面、"开始"菜单和任务栏中，当然，用户可以在任意位置创建快捷方式。

1. 在桌面上创建快捷方式

选择要创建快捷方式的程序、文件或文件夹并单击鼠标右键，在弹出的快捷菜单中选择"发送到"→"桌面快捷方式"选项，如图 2-59 所示，即可完成桌面快捷方式的创建。

2. 在"开始"菜单中创建快捷方式

直接将要创建快捷方式的程序、文件或文件夹拖动到"开始"菜单中，如图 2-60 所示，即可完成快捷方式的创建。

图 2-59 在桌面上创建快捷方式

3. 在任务栏中创建快捷方式

直接将要创建快捷方式的程序、文件或文件夹拖动到任务栏中，即可完成快捷方式的创建，如图 2-61 所示。

图 2-60　直接将目标程序、文件或文件夹
拖动到"开始"菜单中

图 2-61　直接将目标程序、文件或文件夹拖动到任务栏中

4. 在任意位置创建快捷方式

（1）在存放快捷方式的目标文件夹的空白处单击鼠标右键，在弹出的快捷菜单中选择"新建"→"快捷方式"选项，弹出"创建快捷方式"对话框。

（2）单击"浏览"按钮，弹出"浏览文件或文件夹"对话框，选择要创建快捷方式的程序、文件或文件夹，单击"确定"按钮，回到"创建快捷方式"对话框，单击"下一步"按钮，弹出"快捷方式命名"对话框。

（3）输入快捷方式的名称，单击"完成"按钮即可。

提示：除了使用菜单中的选项在任意位置创建快捷方式之外，也可以使用鼠标拖动的方式进行创建，但拖动方式与常用的左键拖动不同，拖动创建快捷方式需要在拖动对象时按住鼠标右键不放，在将要创建快捷方式的对象拖动到目标位置时，松开鼠标右键会弹出快捷菜单，如图 2-62 所示，选择"在当前位置创建快捷方式"选项即可完成快捷方式的创建。同样，复制和移动对象也可以采取这种方式。

图 2-62　通过鼠标右键拖动方式创建快捷方式

删除快捷方式和删除文件或文件夹的方式一样，需要注意的是，即使删除了快捷方式，用户也可以通过 Windows 资源管理器找到目标程序、文件或文件夹并运行它们，但如果是程序、文件或文件夹被删除，则它们对应的快捷方式会失去作用，变得毫无意义。

练习

（1）在任务栏中创建一个快捷方式，指向"C:\Program Files\Windows NT\Accessories\wordpad.exe"，并将其命名为"写字板"。

（2）将 C:\Windows 下的"explorer"的快捷方式添加到"开始"菜单的"所有程序"→"附件"中，并将其命名为"库"。

（3）在"下载"文件夹中创建一个快捷方式，指向"C:\Program Files\Common Files\Microsoft Shared\MSInfo\Msinfo32.exe"，并将其命名为"系统信息"。

（4）在桌面上创建一个快捷方式，指向"C:\Windows\regedit.exe"，并将其命名为"注册表"。

2.4.2　玩转磁盘

在计算机的日常使用过程中，用户可能会非常频繁地进行应用程序的安装、卸载以及文件的复制、移动、删除或者在 Internet 中下载程序、文件等各类操作，这样一段时间后，计算机硬盘中会产生很多零散的空间和磁盘碎片以及大量的临时文件，因此，其他文件在存储时可能会被存放在不同的磁盘空间中，访问时需要到不同的磁盘空间中寻找该文件的各个部分，从而影响了计算机的运行速度，使其性能明显下降。所以，用户需要定期对磁盘进行管理，让计算机始终处于较好的运行状态。

1. 磁盘清理

使用磁盘清理程序可以删除临时文件、Internet 缓存文件和可以安全删除的不需要的文件，腾出它们占用的系统资源，提高系统性能。运行磁盘清理程序的方法如下。

（1）单击"开始"按钮，选择"所有程序"→"附件"→"系统工具"→"磁盘清理"选项，弹出"磁盘清理：驱动器选择"对话框。

（2）在该对话框中选择要进行清理的磁盘，单击"确定"按钮，经过扫描后，弹出对应磁盘的"磁盘清理"对话框，如图 2-63 所示。

图 2-63　对应磁盘的"磁盘清理"对话框

（3）在"磁盘清理"选项卡中的"要删除的文件"列表框中列出了可以删除的文件类型及其所占用的磁盘空间，选中某文件类型前的复选框，在清理时即可将其删除；在"占用磁盘空间总数"组合框中显示了若删除所有符合选中复选框文件类型的文件后可以释放的磁盘空间；在"描述"组合框中显示了当前选择的文件类型的描述信息，单击"查看文件"按钮，可以查看该文件类型中所包含文件的具体信息。

（4）单击"确定"按钮，弹出"磁盘清理"确认对话框，单击"删除文件"按钮，开始清理磁盘，清理完成后，该对话框会自动消失，如图 2-64 所示。

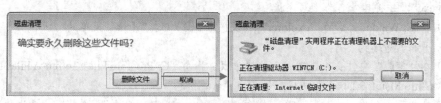

图 2-64　确认后进行磁盘清理

2. 磁盘碎片整理

一切程序对磁盘的读写操作都有可能在磁盘中产生碎片，随着碎片的积累，造成磁盘空间的浪费，会严重影响系统性能。使用磁盘碎片整理程序可以重新安排文件在磁盘中的存储位置，将文件的存储位置整理到一起，同时合并未使用的空间，实现提高运行速度的目的。运行磁盘碎片整理程序的方法如下。

（1）单击"开始"按钮，选择"所有程序"→"附件"→"系统工具"→"磁盘碎片整理程序"选项，打开"磁盘碎片整理程序"窗口，如图 2-65 所示。

图 2-65 "磁盘碎片整理程序"窗口

（2）该窗口中显示了磁盘的一些状态和系统信息。选择一个磁盘，单击"分析磁盘"按钮，系统开始分析该磁盘是否需要进行磁盘整理，单击"磁盘碎片整理"按钮，开始整理磁盘碎片。

 提示： 在 Windows 7 操作系统中，磁盘碎片是可以同时进行整理的，这样能够大大缩短整理磁盘碎片需要的时间。

3. 磁盘查错

用户在频繁地进行应用程序的安装、卸载及文件的复制、移动、删除时，可能会出现坏的磁盘扇区，此时可以执行磁盘查错程序，用以修复文件系统的错误、恢复坏扇区等。运行磁盘查错程序的方法如下。

（1）在"Windows 资源管理器"窗口中，在要进行查错的磁盘图标上单击鼠标右键，在弹出的快捷菜单中选择"属性"选项，弹出磁盘属性对话框。

（2）在该对话框中选择"工具"选项卡，单击"查错"组合框中的"开始检查"按钮，弹出检查磁盘对话框。

（3）单击"开始"按钮，进行磁盘查错，如图 2-66 所示。查错完成后，会弹出确认对话框。

除了使用硬盘空间之外，各类小巧且便于携带、存储容量大且价格便宜的移动存储设备的应用也已经十分普及。下面就以 U 盘为例，介绍这类即插即用移动存储设备的使用。

U 盘是通过 USB 接口与计算机相连的，第一次在一台计算机上使用 U 盘时，系统会报告"发现新硬件"，不久后继续提示"新硬件已经安装并可以使用了"，此时打开"计算机"窗口，可以看到一个新增加的磁盘图标，称为"可移动磁盘"；不是第一次在某台计算机上使用的 U 盘，可以直接打开"计算机"窗口进行后续操作。U 盘的使用和硬盘的使用是一样的，就像平时在硬盘中操作文件那样，在 U 盘中进行文件和文件夹的管理即可。

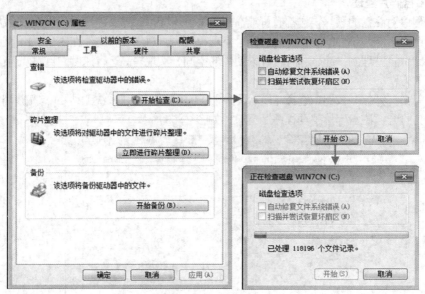

图 2-66　磁盘查错

　　U 盘插入 USB 接口后，在"通知区域"中会增加一个"安全删除硬件并弹出媒体"图标 ；若 U 盘使用完毕，要拔出 U 盘，则需先停止 U 盘中的所有操作，关闭一切窗口，尤其是关于 U 盘的窗口，再单击"拔下/弹出"图标 ，选择"弹出 DT 101 G2"选项，当右下角出现提示"USB 大容量存储设备现在可安全地从计算机移除"后，方可将 U 盘从 USB 接口拔下，如图 2-67 所示。

图 2-67　安全删除 U 盘

 练习

　　（1）将 C 盘卷标设置为"Test02"。

　　（2）用磁盘碎片整理程序分析 C 盘是否需要整理，如果需要，请进行整理。

2.4.3　计算机中写字和画画的地方

　　Windows 7 "开始"菜单中的"附件"为用户提供了许多使用便捷且功能丰富的工具，当用户要处理一些要求不是很高的任务时，若使用专门的应用软件，则运行程序要占用大量的系统资源，而附件中的工具都是占用系统资源非常小的程序，且运行速度比较快，这样用户可以节省很多的时间和系统资源，有效地提高工作效率。

　　譬如，可以使用"写字板"进行文本文档的创建和编辑工作，使用"计算器"来进行基本的算术运算，使用"画图"工具创建和编辑图片等。

1．写字板

　　写字板是一个使用简单、功能强大的文字处理程序，用户可以使用它进行日常工作中文档的编辑。它不仅可以进行中英文文档的编辑，还可以图文混排，插入图片、声音和视频剪辑等多媒体资料。

　　（1）启动"写字板"。

　　单击"开始"按钮，选择"所有程序"→"附件"→"写字板"选项，可以进入图 2-68 所示的"写字板"界面，在 Windows 7 中，写字板的主要界面与 Word 2016 很相似。

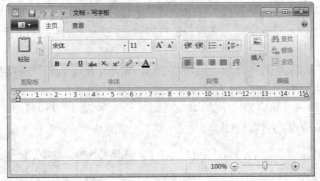

图 2-68　"写字板"界面

（2）文档编辑。

① 新建文档。单击"写字板"下拉按钮 ，在弹出的下拉列表中选择"新建"选项，即可新建一个文档并进行文字的输入，也可以使用快捷键<Ctrl+N>来完成。

② 保存文档。单击"写字板"下拉按钮 ，在弹出的下拉列表中选择"保存"选项，弹出"保存为"对话框，如图 2-69 所示。选择要保存文档的位置，输入文档名称，选择文档的保存类型，单击"保存"按钮，也可以使用快捷键<Ctrl+S>来完成。

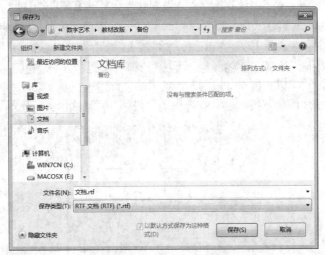

图 2-69　"保存为"对话框

③ 常用编辑操作。

■ 选择：按住鼠标左键不放，在需要操作的对象上拖动，当文字呈反白显示时，说明已经选中对象。

■ 删除：选中不再需要的对象，按<Delete>键。

■ 移动：选中对象，按下鼠标左键拖动到所需要的位置后松开，完成移动操作。

■ 复制：选中对象，在"主页"选项卡的"编辑"选项组中单击"复制"按钮，在目标位置处，在"主页"选项卡的"编辑"选项组中单击"粘贴"按钮，也可以使用快捷键<Ctrl+C>配合<Ctrl+V>来完成。

■ 查找和替换：如果用户需要在文档中寻找一些相关的字词，则可以使用"查找"和"替换"选项轻松找到想要的内容。在进行查找时，可在"主页"选项卡的"编辑"选项组中单击"查找"按钮，弹出"查找"对话框，如图 2-70 所示，在其中输入要查找的内容，单击"查找下一个"按钮即可。

全字匹配：针对英文字词的查找，在选中该复选框后，只有找到完整的单词时，才会出现提示。区分大小写：选中该复选框后，在查找过程中会严格地区分英文字母的大小写。这两个复选框一般默认不选中。

如果用户需要替换某些内容，则可以在"主页"选项卡的"编辑"选项组中单击"替换"按钮，弹出"替换"对话框，如图 2-71 所示。在"查找内容"文本框中输入要被替换的内容，在"替换为"文本框中输入替换后要显示的内容，单击"替换"按钮可以只替换一处的内容，单击"全部替换"按钮可以在全文中进行替换。

图 2-70 "查找"对话框

图 2-71 "替换"对话框

④ 设置字体及段落格式。

用户可以直接在"字体"选项组中进行字体、字形、字号和字体颜色的设置。

在"字体系列"列表框中有多种中英文字体可供选择，默认为"宋体"；"字体字形"可以设置为常规、加粗、斜体，默认为"常规"；在"字体大小"下拉列表中，用阿拉伯数字标识的，数字越大，字体就越大，默认为用汉语标识的，字号越大，字体越小，默认为"五号"；"字体效果"可以添加删除线、下画线；在"字体颜色"下拉列表中可以选择字体颜色。

设置段落格式时，可以直接在"段落"选项组中进行缩进、项目符号、行距、对齐方式的设置，也可以通过单击"段落"按钮 ，在弹出的"段落"对话框中进行设置，如图 2-72 所示。

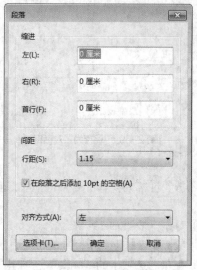

图 2-72 "段落"对话框

缩进是指段落的边界离页边距的距离，分为以下 3 种。

■ 左缩进：指文本段落的左侧边缘离左页边距的距离。

■ 右缩进：指文本段落的右侧边缘离右页边距的距离。

■ 首行缩进：指文本段落的第一行左侧边缘离左缩进的距离。

在对应的文本框中输入数值，即可完成缩进的调整。

对齐方式有4种：左对齐、右对齐、居中对齐和对齐。

⑤ 使用插入操作。

如果在创建文档的时候需要输入时间，则可以在"主页"选项卡的"插入"选项组中单击"插入时间和日期"按钮来方便地插入当前的时间。图片对象和其他对象的插入方法也与此类似。

具体操作时，可以将光标停留在要插入的位置，在"主页"选项卡的"编辑"选项组中单击"插入日期和时间"按钮，弹出"日期和时间"对话框，在"可用格式"列表框中有很多日期和时间格式可供选择，如图 2-73 所示。

要插入对象，可以在"主页"选项卡的"插入"选项组中单击"对象"按钮，弹出"插入对象"对话框，如图 2-74 所示，选择要插入的对象，单击"确定"按钮后，系统将打开选中的程序，选择所需要的内容插入文档。

图 2-73 "日期和时间"对话框

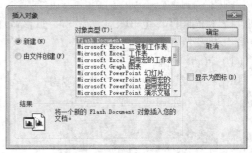

图 2-74 "插入对象"对话框

2. 记事本

记事本用于纯文本文档的编辑，功能不多，但它使用起来方便、快捷，适合编写一些篇幅短小的文档。

（1）启动"记事本"。

单击"开始"按钮，选择"所有程序"→"附件"→"记事本"选项，可以进入图 2-75 所示的"记事本"界面，其界面与"写字板"界面相比略显简单。

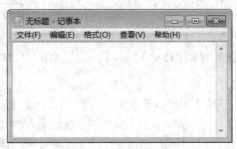

图 2-75 "记事本"界面

（2）文档编辑。

在"记事本"中，用户可以使用不同的语言格式创建文档，也可以使用不同的编码进行文档的保存，如 ANSI（美国国家标准化组织）、Unicode、Unicode big-endian 或 UTF-8 等类型，其扩展名为.txt。

"记事本"的文档编辑方式和"写字板"非常类似，可以参考"写字板"中的相关介绍。

 提示： 记事本是纯文本文档的编辑工具，不能插入图片，也不具备排版功能。

3. 计算器

（1）启动"计算器"。

单击"开始"按钮，选择"所有程序"→"附件"→"计算器"选项，打开"计算器"程序。

（2）"计算器"的使用。

"计算器"可以完成数据的各类运算，它的使用方法与日常生活中的计算器的使用方法一样，在实际操作时，可以通过鼠标单击计算器上的按钮来进行运算，也可以使用键盘按键输入数据来进行运算。

计算器有"标准计算器"和"科学计算器"两种，"标准计算器"可以完成简单的算术运算，"科学计算器"可以完成较为复杂的科学运算，如函数运算、进制转换等。从"标准计算器"切换到"科学计算器"的方法是选择"查看"→"科学型"选项，如图 2-76 所示。

4. 画图

"画图"程序是一个比较简单的图形编辑工具，可以对各种位图格式的图像进行编辑，用户可以自己绘制图像，也可以对各类图片进行编辑修改，在编辑完成后，可以保存为 BMP、JPG、GIF 等多种图像格式。

（1）启动"画图"程序。

单击"开始"按钮，选择"所有程序"→"附件"→"画图"选项，打开"画图"程序，可以进入图 2-77 所示的"画图"界面。

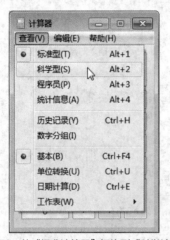

图 2-76 从"标准计算器"切换到"科学计算器"

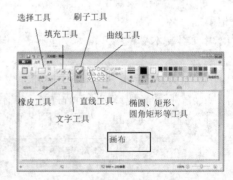

图 2-77 "画图"界面

（2）工具的使用。

"画图"程序的"主页"选项卡中提供了很多绘图工具，下面介绍几种常用工具。

① 选择工具：用于选中对象，使用时单击此按钮，拖动鼠标左键，可以通过拖动出一个矩形选区选中要操作的对象，可以对选中范围内的对象进行复制、移动和剪切等操作。

② 橡皮工具：用于擦除画布中不需要的部分，可以根据要擦除的对象的大小，选择大小合适的橡皮擦，橡皮工具擦除的部位会显示背景颜色，当背景颜色改变时，橡皮擦出的区域会显示不同的颜色，功效类似于刷子工具。

③ 填充工具：可以对选区进行填充，填充时，一定要在封闭的范围内进行操作，在填充对象上单击可填充前景色，单击鼠标右键可填充背景色。前景色和背景色可以从颜料盒中选择，在选中的颜色上单击可改变前景色，在选中的颜色上单击鼠标右键可改变背景色。

④ 刷子工具：绘制不规则的图形，在画布上按下左键并进行拖动即可绘制显示前景色的图画，按下右键拖动可绘制显示背景色的图画，可以根据需要选择不同粗细、形状的笔刷。

⑤ 文字工具：采用文字工具在图画中加入文字，选择该工具后，在文字输入框内输入文字，还可以在"文本工具–文本"选项卡中设置文字的字体、字号、颜色，设置粗体、斜体、下画线、删除线以及背景是否透明等，如图 2-78 所示。

图 2-78　"文本工具–文字"选项卡

⑥ 直线工具：单击该工具按钮，选择需要的颜色和合适的宽度，拖动鼠标至目标位置再松开，可得到直线。在拖动的过程中，按住<Shift>键不放，可以画出水平、垂直或与水平成 45° 的线条。

⑦ 曲线工具：单击该工具按钮，选择需要的颜色和合适的宽度，拖动鼠标至目标位置再松开，在线条上选择一点，拖动鼠标，将线条调整至合适的弧度。

⑧ 椭圆、矩形、圆角矩形等工具：这几种工具的应用方法基本相同，选择工具后，在画布上拖动鼠标画出相应的图形即可，可以通过轮廓按钮和填充按钮的下拉列表设置形状的轮廓和填充方式，包括无轮廓线或不填充、纯色、蜡笔、记号笔、油画颜料、普通铅笔和水彩。在拖动鼠标的同时，如果按住<Shift>键不放，则可以得到正圆形、正方形和正圆角矩形等形状。

> 提示：“颜色”选项组中的"颜色 1"按钮表示前景色，需要按下鼠标左键进行绘制，而"颜色 2"按钮表示背景色，需要按下鼠标右键进行绘制，想要设置"颜色 2"按钮中的颜色时，只需要选择"颜色 2"选项，在颜色框中选择要设置的颜色即可。

（3）图像和颜色的编辑。

除了使用工具进行绘图之外，用户还可对图像进行简单的编辑，主要的操作集中在"图像"选项组中。

① "旋转或翻转"图像。在"旋转或翻转"下拉列表中有 5 种选项：向右旋转 90 度、向左旋转 90 度、旋转 180 度、垂直翻转和水平翻转，用户可以根据自己的需要进行选择，如图 2-79 所示。

图 2-79　"旋转或翻转"下拉列表

② "调整大小和扭曲"图像。在"调整大小和扭曲"对话框中，有"重新调整大小"和"倾斜（角度）"两个选项组，用户可以选择"水平""垂直"方向调整的比例以及倾斜的角度，如图 2-80 所示。

③ 查看图像属性。"映像属性"对话框中显示了保存过的文件属性，包括时间、大小、分辨率、单位、颜色以及图片的高度、宽度。用户可以在"单位"选项组中选用不同的单位查看图像，也可以在"颜色"选项组中将彩色图像设置为黑白图像，如图 2-81 所示。

图 2-80 "调整大小和扭曲"对话框

图 2-81 "映像属性"对话框

（4）复制屏幕和窗口。

配合使用"剪贴板"程序和"画图"程序可以复制整个屏幕或某个活动窗口。

① 复制整个屏幕。按<Print Screen>键，复制整个屏幕。

② 复制窗口。选择要复制的窗口，按<Alt+Print Screen>快捷键，复制当前的活动窗口。

在新建的"画图"文件中，按<Ctrl+V>快捷键，得到复制的屏幕或活动窗口，使用"画图"程序保存画面。

5. 截图工具

使用 Windows 7 自带的截图工具比使用<Print Screen>键配合画图工具进行截图更加简单快捷。

（1）启动"截图工具"。

单击"开始"按钮，选择"所有程序"→"附件"→"截图工具"选项，启动"截图工具"。

（2）"截图工具"的使用。

单击"新建"按钮，选择要截图的区域或者窗口进行截图，截图后会弹出编辑器，可以进行一些简单的编辑操作，最后进行保存即可。

 练习

（1）用记事本创建名为"个人信息"的文档，内容为自己的班级、学号、姓名，并设置字体为楷体、三号。

（2）利用计算器计算：

$(1011001)_2 = ($ $)_{10}$

$(1001001)_2 + (7526)_8 + (2342)_{10} + (ABC18)_{16} = ($ $)_{10}$

$\sin 60° = ($ $)$

$12^{12} = ($ $)$

（3）使用画图软件绘制主题为"向日葵"的图像。

（4）打开科学计算器，将该程序窗口作为图片保存到桌面上，将文件命名为"科学计算器.bmp"。

 重点内容档案

（1）操作系统的基本概念、功能、组成和分类。

操作系统的基本概念：见"2.1.1 初识 Windows 7"。

操作系统的功能：见"2.1.1 初识 Windows 7"。

操作系统的组成：见"2.1.1 初识 Windows 7"。

操作系统的分类：见"2.1.1 初识 Windows 7"。

（2）Windows 操作系统的基本概念和常用术语，文件、文件夹、库等。

Windows 操作系统的基本概念和常用术语：见"2.1.2 Windows 7 的使用"。

Windows 操作系统的文件、文件夹、库等：见"2.3.1 计算机中的信息规划"和"2.3.2 计算机中的信息管家"。

（3）桌面外观的设置。

桌面外观的设置：见"2.2.1 个性桌面我做主"。

（4）熟练掌握资源管理器的操作与应用。

熟练掌握资源管理器的操作与应用：见"2.3.2 计算机中的信息管家"。

（5）掌握文件、磁盘、显示属性的查看、设置等操作。

掌握文件、磁盘的查看、设置等操作：见"2.3.1 计算机中的信息规划"和"2.3.2 计算机中的信息管家"。

掌握显示属性的查看、设置等操作：见"2.2.1 个性桌面我做主"。

（6）中文输入法的安装、删除和选用。

中文输入法的安装、删除和选用：见"2.2.2 计算机中的笔"。

（7）掌握检索文件、查询程序的方法。

掌握检索文件、查询程序的方法：见"2.3.2 计算机中的信息管家"。

（8）了解软、硬件的基本系统工具。

了解软件的基本系统工具：见"2.4.3 计算机中写字和画画的地方"。

了解硬件的基本系统工具：见"2.4.2 玩转磁盘"。

 你学会了吗？

参考配套的电子资源。

第 3 幕
文档处理之 Word 2016

3.1 编辑科技小论文

 热身练习

入学后的第一个国庆节，身为班长的小 C 需要制作一张图 3-1 所示的放假通知，并打印张贴，请大家来帮帮他。

知识储备

（1）启动 Word 2016。

启动 Word 2016 的方法与在 Windows 中启动其他程序的方法类似，最常用的方法是在"开始"菜单中选择"Word 2016"选项如图 3-2 所示。

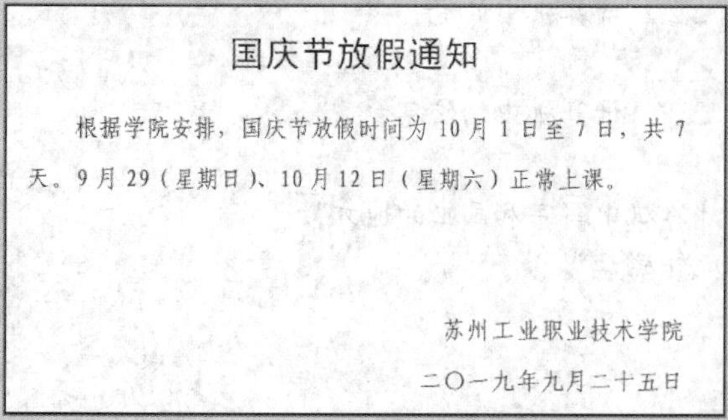

国庆节放假通知

根据学院安排，国庆节放假时间为 10 月 1 日至 7 日，共 7 天。9 月 29 日（星期日）、10 月 12 日（星期六）正常上课。

苏州工业职业技术学院

二〇一九年九月二十五日

图 3-1　放假通知

图 3-2　启动 Word 2016

① 单击"开始"按钮，弹出"开始"菜单。

② 选择"Word 2016"→"空白文档"选项，进入 Word 2016 操作界面。

（2）认识 Word 2016 的操作界面。

在使用 Word 2016 之前，首先要了解它的操作界面，如图 3-3 所示。

图 3-3　Word 2016 的操作界面

① 标题栏：显示当前程序与文件名称（首次打开程序时，默认文件名为"文档 1"）。

② 快速访问工具栏：主要包括一些常用按钮，单击快速访问工具栏最右端的▼按钮，可以添加其他常用按钮。

③ 功能区：用于放置常用的功能按钮以及下拉列表等调整工具。

④ 对话框启动器：单击功能区中选项组右下角的"⌐（对话框启动器）"按钮，即可弹出该功能区域对应的对话框或任务窗格。

⑤ 文档编辑区：用于显示文档的内容供用户进行编辑。

⑥ 状态栏：用于显示正在编辑的文档信息。

⑦ 视图切换区：用于更改正在编辑的文档的显示模式。

⑧ 比例缩放区：用于更改正在编辑的文档的显示比例。

⑨ 水平与垂直滚动条：使用水平或垂直滚动条，可滚动浏览整个文件。

⑩ 结束程序：用于关闭整个文件。

（3）文件的保存。

单击快速访问工具栏中的"▣（保存）"按钮或在" 文件 （文件）"选项卡中单击" 保存 （保存）"按钮，单击"浏览"按钮，在弹出的"另存为"对话框中设置保存文件的位置、文件名与保存类型，单击"保存"按钮，如图 3-4 所示。

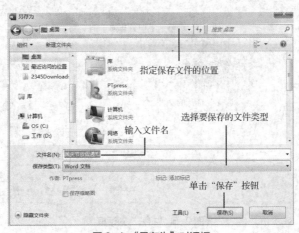

图 3-4　"另存为"对话框

"文件"选项卡中的"保存"与"另存为"按钮的作用是有区别的。

① 保存：用上一次指定的文件名称及位置来保存文件，会以新编辑的内容覆盖原有文档内容。

② 另存为：将文件以新建的文件名、保存类型保存到新的路径中，原文档不会发生改变。在第一次对文件进行保存时，会弹出"另存为"对话框。

> **提示**：为避免辛苦创建的内容丢失，一定要养成每隔一段时间就保存一次文件的好习惯！此外，还有一个一劳永逸的好办法：在" 文件 （文件）"选项卡中单击" 选项 （选项）"按钮，在弹出的"Word 选项"对话框的"保存"选项卡中将"保存自动恢复信息时间间隔"设置为适当的时间间隔，这样 Word 2016 程序就会每隔一段时间自动帮用户保存一次文件。

（4）文件名的命名规定。

文件名的命名规定主要有两条。

① 文件名最多由 255 字符（相当于 127 个中文字符）构成。

② 文件名中不能包含空格符、\、/、:、*、?、"、<、>、|等字符（其均为英文状态）。

第一次保存文件时，Word 2016 会将文档中的第一个字到第一个换行符号或标点符号间的文字默认为文件名，用户可以根据实际需求选择是否修改。

（5）文件类型的相关说明。

Word 文件可以使用多种类型来保存，不同的文件类型对应不同的扩展名和图标。例如，"Word 文档"对应的扩展名为.docx，图标为 。其他类型的文件、扩展名请参照第 2 幕中"2.3 玩转资源——文件"中的相关内容。

（6）关闭 Word 2016。

保存文件后即可关闭 Word 2016。具体操作为在" 文件 （文件）"选项卡单击" 关闭 （关闭）"按钮；或者单击标题栏最右端的" × （关闭）"按钮。

（7）打开文件。

关闭 Word 2016 后，可以使用 Word 2016 将保存的文件再次打开。单击" （打开其他文档）"按钮，单击"浏览"按钮，可以在弹出的"打开"对话框中选择需要打开的文件，如图 3-5 所示。

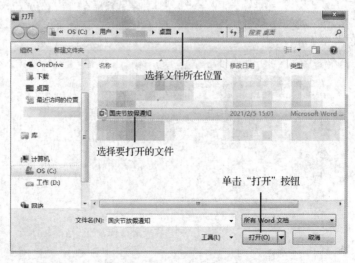

图 3-5 "打开"对话框

提示： 打开文件时注意"文件类型"的选择，如果要打开的文件是文本文件，则应选择"所有文件（*.*）"。此外，还可以使用第 2 幕中双击文件图标的操作方法打开文件。

（8）文字输入与换行。

① 文字输入：输入前，先在要输入文字的地方单击以定位光标。

② 换行输入：按<Enter>键换行，换到下一行（即新段落）输入文字。

③ 手工换行：按<Shift+Enter>快捷键，可换至下一行进行输入，但仍与上一行属于同一个段落。

（9）选取文本的方法。

根据选取文本的区域和长短的不同，可以将常用的选取操作分为以下 6 种。

① 选取一段文本：在段落中任何一个位置连续按鼠标左键 3 次。

② 选取所有内容：在"开始"选项卡的"编辑"选项组中单击"选择"下拉按钮，选择"全选"选项，或按<Ctrl+A>快捷键。

③ 选取少量文本：将鼠标光标移动到需选取文本的首字符处，按住鼠标左键并拖曳→🖳（鼠标）至所需选取的文本结尾。

④ 选取大量文本：将鼠标光标移动到需选取文本的首字符处并单击，按住<Shift>键，同时在要选取文本的结束处单击。

⑤ 不连续选取文本：先用选取少量文本的方法选取第一部分文本，再按住<Ctrl>键不放，继续按住鼠标左键并拖曳→🖳（鼠标）选取其他文本，直到选取结束。

⑥ 以列为单位选取文本：按住<Alt>键，按住鼠标左键并拖曳→🖳（鼠标）选中一块矩形文本。

操作步骤

【步骤 1】 新建文件。

启动 Word 2016 后，选择"空白文档"选项，即可自动建立一个新的空白文档。

【步骤 2】 保存文件。

单击快速访问工具栏中的"🖫（保存）"按钮，单击"浏览"按钮，在弹出的"另存为"对话框中设置保存路径（桌面）、文件名与保存类型（"国庆节放假通知.docx"），单击"保存"按钮。

【步骤 3】 输入文本。

在插入点处，依次输入所需的通知内容，保持 Word 2016 的默认格式，按<Enter>键另起一段，在"插入"选项卡的"文本"选项组中单击"🖳（日期和时间）"按钮，弹出"日期和时间"对话框，选择需要的格式，如图 3-6 所示，输入文本后的效果如图 3-7 所示。

图 3-6 "日期和时间"对话框

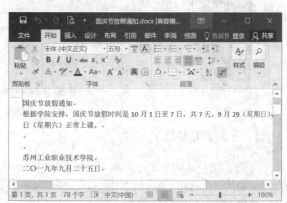

图 3-7 输入文本后的效果

【步骤4】 设置文字字体字号。

选中标题后，在"开始"选项卡中设置"字体、字号"为"黑体 ·二号·"、位置为"▤（居中）"，选中正文及落款，设置"字体、字号"为"仿宋_GB2312 · 小三·"。

> **提示：** 在计算机的各类基本操作中，有一条重要原则是"先选中，后操作"。所谓"选中"，就是要选取处理的对象，对象可以是文本、图片或图表等；计算机"操作"的方法有很多种，但不同于解数学题，其操作步骤没有所谓的标准答案，本书所提供的操作步骤只是推荐操作，是多种操作方法中的一种。

【步骤5】 设置段落格式。

选中标题和正文两个段落，在"开始"选项卡"段落"选项组中单击"▫（对话框启动器）"按钮，在弹出的"段落"对话框中，设置段前间距为"1行"。选中正文所在段落，设置特殊格式为"首行缩进"，度量值为"2字符"，如图3-8所示。选中落款部分的两个段落，在"开始"选项卡的"段落"选项组中单击"右对齐"按钮。

【步骤6】 打印预览。

为确保打印效果，在正式打印前在" 文件 （文件）"选项卡中单击" 打印 （打印）"按钮，查看打印效果，如图3-9所示。

【步骤7】 打印。

确保计算机已连接本地或网络打印机，单击"🖨（打印）"按钮即可打印通知。

图 3-8　设置段落格式

通过以上的练习，已经掌握了 Word 2016 的基本使用方法。下面以一个具体的项目来巩固并提高 Word 2016 的使用能力，首先来看一下该项目的具体情境。

图 3-9　查看打印效果

 项目情境

为响应科技强国的号召，培养大学生关注科学的习惯、提高科学素养以及传播科学的意识，学院将举办科技小论文比赛，要求大一的学生参加，参赛作品以电子文档的形式通过 E-mail 上交。小 C 平时就对科技知识很感兴趣，可电子文档用什么工具来完成呢？具体该怎么操作呢？相应的格式又怎么设置呢？

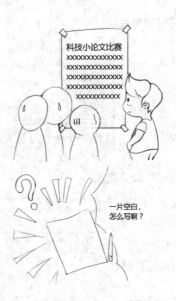

 项目分析

1. 使用什么工具来完成小论文？这里使用微软公司的自动化办公软件 Microsoft Office。在 Microsoft Office 组件中，Word 2016 可以帮助用户轻松创建和编辑文档。掌握 Word 2016 的操作对就业也有帮助，学生毕业后可以在报社、出版社、杂志社或网站公司从事编辑工作。所以学好计算机应用基础、Microsoft Office 办公软件是很有必要的。

2. Microsoft Word 办公软件具体能做些什么？它可以被用来处理日常的办公文档、排版，处理数据、建立表格，可以制作简单的网页，还可以通过其他软件直接发送传真或者发送 E-mail 等，满足普通人的绝大部分日常办公需求。

3. 在 Microsoft Word 办公软件中，如何设置格式？使用 Word 2016 可以进行字体格式、段落格式等的编排。

 技能目标

1. 学会 Word 2016 的基本操作。
2. 学会对文字、段落进行格式设置。
3. 完成科技小论文的格式设置。
4. 做到举一反三。

 重点集锦

1. 文字、段落格式和奇数页眉

科技论文比赛

浅谈 CODE RED 蠕虫病毒

软件与服务外包学院 软件 19（1） 小 C

【摘要】本文以"CODE RED"为例，对蠕虫病毒进行剖析。并将该病毒分为核心功能模块、hack web 页面模块和攻击 ▓▓▓▓▓▓▓▓ 模块以便阐述。

【关键词】 "CODE RED" 蠕虫病毒 网络 线程

蠕 虫病毒是一种通过网络传播的恶性病毒，它具有病毒的共性，如传播性、隐蔽性、破坏性等，又具有自己的一些特性，如不利用文件寄生（有的只存在于内存）、对网络造成拒绝服务，以及和黑客技术相结合等。

2. 分栏和边框底纹

```
>From kernel32.dll:          >From infocomm.dll:
GetSystemTime               TcpSockSend
CreateThread                >From WS2_32.dll:
CreateFileA                 socket
Sleep                       connect
GetSystemDefaultLangID      send
VirtualProtect              recv
                            closesocket
```

3. 脚注和页码页数

```
¹ WriteClient 是 ISAPI Extension API 的一部分。
                           3
```

📖 项目详解

项目要求 1：新建文件，将其命名为"科技小论文（作者小 C）.docx"，并保存到计算机桌面上。

🖐 操作步骤

【步骤 1】 启动 Word 2016，选择"空白文档"选项，自动建立一个新的空白文档。

【步骤 2】 单击快速访问工具栏中的"■（保存）"按钮，单击"浏览"按钮，在弹出的"另存为"对话框中设置保存路径（桌面）、文件名与保存类型（"科技小论文（作者小 C）.docx"），单击"保存"按钮。

V3-1 科技小论文
项目要求1~4

项目要求 2：将新文件的上、下、左、右页边距均设置为 2.5 厘米，将"3.1 要求与素材.docx"中除题目要求外的其他文本复制到新文件中。

🛒 知识储备

（10）页面设置。

合理地进行页面设置，使文档的页面布局符合应用要求。在"布局"选项卡的"页面设置"选项组中单击"⌐（对话框启动器）"按钮，在"页面设置"对话框中进行相应的设置。

① "页边距"选项卡。

页边距：指正文与页面边缘的距离，在页边距中也能插入文字和图片，如页眉、页脚等。

方向："纵向"是默认设置，指打印文档时以页面的短边作为页面上边；"横向"指打印文档时以页面的长边作为页面上边。

② "纸张"选项卡。

纸张大小：默认设置的纸张大小为"A4"，如需更改，则可单击其右侧的下拉按钮，在其下拉列表中可以修改为其他预置的纸张大小。如果预置的纸张大小中没有适合的，则可以选择"自定义大小"选项，在"宽度"和"高度"文本框中输入所需尺寸。

打印选项：单击"打印选项"按钮，通过弹出的"打印"对话框可以进行详细的打印设置。

③ "版式"选项卡。

在"页眉和页脚"选项卡中可以设置"奇偶页不同"和"首页不同"。

（11）文本的移动、复制及删除。

对文本进行移动或复制有 3 种常用方法：鼠标、快捷菜单和快捷键。

① 按住鼠标左键并拖曳→▯（鼠标）进行移动与复制：先选中要移动或复制的文本，再将鼠标移动到选中的文本上，当鼠标形状变为向左的空心箭头◥时，按住鼠标左键并拖曳→▯（鼠标），此时一条虚线条的光标出现在提示目标位置，拖曳选中文本到目标位置后放开鼠标左键即可完成文本的移动。如果需要完成文本的复制，则在按住鼠标左键拖曳→▯（鼠标）的同时，按住<Ctrl>键即可，注意空心箭头右下角会出现一个"+"，如"◥"所示。

② 用快捷菜单的方式进行移动与复制：先选中要移动或复制的文本，再将鼠标移动到被选中的文本上，当鼠标形状变为向左的空心箭头◥时单击鼠标右键，弹出快捷菜单，如果是移动文本则选择"剪切"选项，如果是复制文本则选择"复制"选项，将光标移动到要插入该文本的位置并单击鼠标右键，在弹出的快捷菜单中选择"粘贴"选项。

③ 用快捷键的方式进行移动与复制：先选定要移动或复制的文本，按<Ctrl+X>快捷键完成文本的剪切或按<Ctrl+C>快捷键完成文本的复制，最后将光标移动到要插入文本的位置，按<Ctrl+V>快捷键完成文本的粘贴。

文本的删除有两种情况：整体删除和逐字删除。

① 整体删除：先选中要删除的文本，按<Delete>键或<Backspace>键。

② 逐字删除：将光标定位在要删除文字的后面，每按一下<Backspace>键可删除光标前面的一字符；每按一下<Delete>键可删除光标后面的一字符。

操作步骤

【步骤 1】 在"科技小论文（作者小 C）.docx"文件中，在"页面布局"选项卡的"页面设置"选项组中单击"▯（对话框启动器）"按钮，弹出"页面设置"对话框，在"页边距"选项卡中将上、下、左、右页边距设置为"2.5 厘米"，如图 3-10 所示。

【步骤 2】 打开"3.1 要求与素材.docx"文件，使用选取大量文本的方法，按照要求选取指定文本。也可以使用"插入"选项卡中"文本"选项组中"▯（对象）"下拉列表中的"文件中的文字…"选项完成全部文字的插入，最后删除多余的文本。

【步骤 3】 将鼠标移动到反白显示的选中文本上并单击鼠标右键，在弹出的快捷菜单中选择"复制"选项。

【步骤 4】 在"科技小论文（作者小 C）.docx"文件中光标闪烁处单击鼠标右键，在弹出的快捷菜单中选择"粘贴选项"→"▯（只保留文本）"选项。

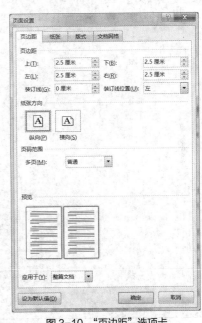

图 3-10 "页边距"选项卡

> 提示：使用"选择性粘贴…"选项可实现无格式文本等多种粘贴的方式，详见"知识扩展（3）选择性粘贴"。

项目要求 3：插入标题"浅谈 CODE RED 蠕虫病毒"，将标题中的"中、英文字体分别设置为'黑体'和'Arial'，二号，居中，字符间距加宽、磅值为 1 磅"，在标题下方插入系部、班级及作者姓名，并将这部分文字字体格式设置为"宋体""小五""居中"。

知识储备

（12）字号的单位。

在 Word 2016 中，描述字体大小的单位有两种：一种是汉字的字号，如初号、小初、一号…七号、八号；另一种是用国际上通用的单位"磅"来表示，如 4、4.5、10、12…48、72 等。中文字号中，"数值"越大，字就越小；而"磅"的"数值"则与字符的尺寸成正比。在 Word 2016 中，中文字号共有 16 种，而用单位"磅"来表示的字号有很多，其磅值的取值为 1～1638，磅值在"字号"下拉列表中可选的最大值为"72"，大于"72"的值需通过键盘输入。

操作步骤

【步骤 1】　在第一段段首处单击鼠标左键，将光标定位在第一段段首，按<Enter>键生成新段落。

【步骤 2】　将输入法切换至中文输入状态，在新段落中输入标题"浅谈 CODE RED 蠕虫病毒"。

【步骤 3】　按住鼠标左键并拖曳→🖱（鼠标）选取刚输入的标题文本。

【步骤 4】　在"字体"对话框中按照要求设置"中文、西文字体、字号"，在"开始"选项卡的"段落"选项组中设置"▤（居中）"。

【步骤 5】　选中标题文本，在"开始"选项卡的"字体"选项组中单击"▫（对话框启动器）"按钮，在弹出的"字体"对话框的"高级"选项卡中设置字符间距，如图 3-11 所示。

图 3-11　设置字符间距

提示： 功能区中放置的是常用按钮，不能覆盖所有的格式设置。此时，应在"开始"选项卡的"字体"选项组中单击"▫（对话框启动器）"按钮，在"字体"对话框中可以设置所有文本的格式，如"字体"选项卡中的"效果"部分，以及"高级"选项卡中的"位置"部分等。

【步骤 6】　将光标定位在标题段末，按<Enter>键，再次产生新段落，在光标处输入系部、班级及作者姓名，并按照要求设置字体格式为"宋体"、字号格式为"小五"以及位置格式为"▤（居中）"。

项目要求 4：设置"摘要"及"关键词"所在的段落格式为"宋体、小五号，左右各缩进 2 字符"，并给这两个词加上括号，效果为【摘要】和【关键词】。

 **知识储备**

（13）"缩进和间距"选项卡详解。

"段落"对话框中的"缩进和间距"选项卡中除了可以设置段落左、右缩进外，还可以设置对齐方式、特殊格式及间距。

① 对齐方式：左对齐、居中对齐、右对齐、两端对齐以及分散对齐。

② 特殊格式：首行缩进和悬挂缩进，选择相应方式后在"缩进值"文本框中输入具体数值。

③ 间距：段前、段后及行距。

提示： 所有"缩进"和"间距"的设置都要注意度量单位，如果使用单位与默认的不同，则需输入相应的单位，如"1.5厘米"中，"厘米"就需要手动输入。

操作步骤

【步骤1】 按住鼠标左键并拖曳→ （鼠标）选取【摘要】及【关键词】所在的两个段落。

【步骤2】 在"开始"选项卡的"字体"选项组中按照要求设置"字体、字号"。

【步骤3】 在选中两个段落的前提下，在"开始"选项卡的"段落"选项组中单击" （对话框启动器）"按钮，在"段落"对话框的"缩进和间距"选项卡中设置"缩进"的数值，如图3-12所示。

【步骤4】 将光标移动到要插入符号的位置，在"插入"选项卡的"符号"选项组中单击"Ω（符号）"下拉按钮，在下拉列表中选择"其他符号…"选项，在弹出的"符号"对话框的"符号"选项卡中，在"字体"下拉列表中选择"（普通文本）"选项，在"子集"下拉列表中选择"CJK符号和标点"选项，单击所需的符号，并单击"插入"按钮，即可插入特殊符号，如图3-13所示。

设置左、右缩进

图3-12 "段落"对话框

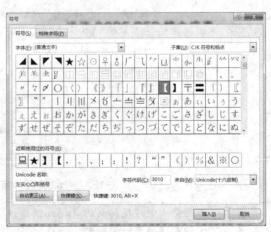

图3-13 插入特殊符号

【步骤5】 用同样的方法为"关键词"添加相应符号，完成项目要求4后的效果如图3-14所示。

浅谈 CODE RED 蠕虫病毒

软件与服务外包学院 软件13（1） 小C

【摘要】本文以"CODE RED"为例，对蠕虫病毒进行剖析，并将该病毒分为核心功能模块、hack web页面模块和攻击 www.××××××.××× 模块以便阐述。

【关键词】"CODE RED"蠕虫病毒 网络 线程

图3-14 完成项目要求4后的效果

項目要求 5：调整正文顺序，将正文"1.核心功能模块"中的（2）与（1）部分的内容调换。

操作步骤

【步骤 1】　按住鼠标左键并拖曳→（鼠标）选取"1.核心功能模块"中的（1）部分的全部内容，共 17 行。

【步骤 2】　按住鼠标左键并拖曳→（鼠标），将其移动到"1.核心功能模块"中的（2）部分内容之前。

V3-2　科技小论文
项目要求 5～7

提示：拖曳至目标位置时注意虚线条的光标位置为"（2）建立起"。

项目要求 6：将正文中第 1、2 段中所有的"WORM"替换为"蠕虫"，并将所有的"蠕虫"加红色（标准色）任意下画线和着重号。

操作步骤

【步骤 1】　选取正文中的第 1、2 段，共 6 行。

【步骤 2】　在"开始"选项卡的"编辑"选项组中单击"ᵃᵇ̵ₐc（替换）"按钮，在弹出的"查找和替换"对话框中设置"查找内容"为"WORM"，设置"替换为"为"蠕虫"，如图 3-15 所示。

【步骤 3】　单击"更多>>"按钮，选中"替换为"中的"蠕虫"，单击"格式"下拉按钮，选择"字体…"选项，在弹出的"替换字体"对话框中设置替换的"下画线线型、下画线颜色和着重号"。

【步骤 4】　单击"全部替换"按钮，完成替换后会弹出一个信息框，提示替换了 5 处，单击"否"按钮，取消搜索文档的其余部分，如图 3-15 所示。

图 3-15　"查找和替换"对话框及提示信息

提示：如果替换中涉及格式的替换，则建议通过单击"查找和替换"对话框中的"更多>>"按钮或使用高级替换的方法来完成。

项目要求 7：设置正文为"宋体和 Times New Roman、小四号、1.5 倍行距、首行缩进 2 字符"，正文标题部分（包括参考文献标题，共 4 部分）为"加粗"，正文第一个字为"首字下沉"。

操作步骤

【步骤 1】　使用选取大量文本的方法，选取所有正文文本。

【步骤 2】　在"开始"选项卡的"字体"选项组中单击"⌐（对话框启动器）"按钮，在弹出的"字体"对话框的"字体"选项卡中完成对"中文字体"和"西文字体"及字号的格式设置，如图3-16所示。

图 3-16　中英文字体及字号的格式设置

💡 提示：当中英文字体需求不一致时，可使用"字体"对话框完成设置。

【步骤3】　在"开始"选项卡的"段落"选项组中单击"⬚（对话框启动器）"按钮，在弹出的"段落"对话框中设置行距为"1.5 倍行距"，设置特殊格式为"首行缩进"，缩进值为"2 字符"，如图3-17所示。

【步骤4】　使用不连续选取文本的方法，选取正文标题（1.核心功能模块；2.Hack Web 页面模块；3.攻击网站模块）及参考文献标题（参考文献：），在"开始"选项卡的"字体"选项组中单击"**B**（加粗）"按钮。

【步骤5】　将光标定位在正文第一段的任何位置，在"插入"选项卡的"文本"选项组中单击"💬（首字下沉）"下拉按钮，在下拉列表中选择"首字下沉选项…"选项，在弹出的"首字下沉"对话框中，在"位置"选项组中选择"下沉"选项，单击"确定"按钮，如图3-18所示。

图 3-17　"段落"对话框

图 3-18　"首字下沉"对话框

计算机应用情境教学基础教程（Windows 7+Office 2016）（微课版）

提示： 首字下沉中涉及"字体""下沉行数"及"距正文"的设置，可进一步在"首字下沉"对话框中进行设置。

项目要求 8： 将"1.核心功能模块（3）装载函数"中从">From kernel32.dll:"开始的代码到"closesocket"的格式设置为"分两栏、左右加段落边框、底纹深色 5%"。选中"<MORE 4E 00>"行及其以下 12 行文本，将所选内容全部更改为大写英文字母。

知识储备

（14）字符边框、段落边框及页面边框。

① 字符边框：把字符放在边框中，以字符的宽度作为边框的宽度，若字符长度超过一行，则会以行为单位添加边框线。字符的边框是在字符四周同时添加上、下、左、右 4 条边框线，这 4 条边框线的格式是一致的。

V3-3　科技小论文项目
要求 8～12

② 段落边框：以整个段落的宽度作为边框宽度的矩形框，段落边框还可以单独设置上、下、左、右 4 条边框线的有无及格式。

③ 页面边框：为整个页面添加边框，一般在制作贺卡、节目单等时会用到。

（15）填充与图案详解。

在设置底纹时有"填充"和"图案"两部分，其中"图案"部分又分为"样式"和"颜色"。

"填充"是指对选定范围内的部分添加背景色；"图案"是指对选定范围内的部分添加前景色，前景色有很多内容，包括各种"样式"。

"图案"部分中的"样式"默认为"清除"，是指没有前景色。"图案"部分中的"颜色"默认为"黑色"。"图案"可以设置为不同的"样式"和"颜色"。

操作步骤

【步骤 1】 选取指定代码，共 16 行（包括一个空行）。

【步骤 2】 在"布局"选项卡的"页面设置"选项组中单击"（分栏）"下拉按钮，在下拉列表中选择"（两栏）"选项，或选择"更多分栏…"选项，在弹出的"分栏"对话框中，在"预设"选项组中选择"两栏"选项，单击"确定"按钮，如图 3-19 所示。

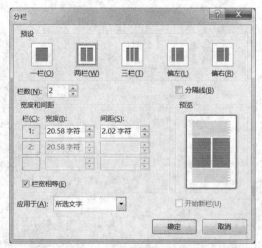

图 3-19　"分栏"对话框

提示： 如果分栏中涉及"栏数"的选择、"分隔线"的显示以及"宽度和间距"等的设置，则可进一步在"分栏"对话框中进行设置。

【步骤 3】 在选取指定代码所在段落的状态下，选择"▦ ▾（边框）"下拉列表中的"边框和底纹…"选项，在弹出的"边框和底纹"对话框中，在"边框"选项卡的"设置"选项组中选择"自定义"选项，在"预览"选项组中设置左右两条边框线，如图 3-20 所示。

提示： 段落边框中如果要将 4 条边框线设置成不一致的格式，则可以在"设置"选项组中选择"自定义"选项。此外，在设置边框线时，要遵循"边框"选项卡中"从左到右"设置的原则，即先选择"设置"选项组中的选项，再选择"样式、颜色、宽度"，最后在"预览"选项组中选择需要设置边框线的位置。其中特别要注意"应用于"的范围选择，如果选择的是段落（回车符在选择范围内），则默认是段落；如果选择的是文本（回车符不在选择范围内），则默认是文字。如果选择范围有误，则可以在"应用于"下拉列表中进行修改。

【步骤 4】 在"边框和底纹"对话框的"底纹"选项卡中，将"填充"设置为"白色，背景 1，深色 5%"，边框和底纹均设置完毕后单击"确定"按钮，如图 3-21 所示。

图 3-20 "边框"选项卡

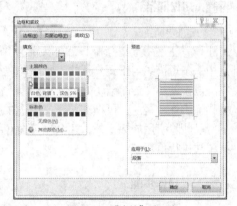

图 3-21 "底纹"选项卡

提示： 如果对话框中的设置涉及几个选项卡，则可在所有选项卡设置完成后单击"确定"按钮，以避免不必要的重复操作。

【步骤 5】 选中"<MORE 4E 00>"行及其以下 12 行文本，在"开始"选项卡的"字体"选项组中单击"**Aa**（更改大小写）"下拉按钮，在下拉列表中选择"全部大写"选项。

项目要求 9：使用项目符号和编号功能自动生成参考文献中各项的编号为"[1]、[2]、[3]…"。

🛒 知识储备

（16）项目符号和编号。

项目符号和编号是 Word 2016 中的一项"自动功能"，可使文档条理清晰、重点突出，并且可以简化输入，从而提高文档编辑的速度。

使用"项目符号和编号"时，每一次使用都会应用前一次所使用过的样式。

清除项目编号时，除了可以在项目符号和编号下拉列表中选择"无"选项之外，还有更快的两种方法。

① 选中设置项目编号的段落，在"开始"选项卡的"段落"选项组中单击"⬚三（项目编号）"按钮，使其处于弹出状态。

② 将光标定位在项目编号右边，按<Backspace>键，删除左边的项目编号。

操作步骤

【步骤1】 使用选取少量文本的方法，选取"参考文献"中的文本。

【步骤2】 在"开始"选项卡的"段落"选项组中单击"⋮≡·（项目编号）"下拉按钮，在下拉列表中选择"文档编号格式"→"⋮≡"选项，或选择"定义新编号格式…"选项，在弹出的"定义新编号格式"对话框中设置"编号格式"，如图3-22所示。

> 提示："编号格式"选项组中的"1"为系统自动生成的，可使用"编号样式"及"起始编号"来修改。

图3-22 "定义新编号格式"对话框

项目要求10：给"1.核心功能模块"中的"（4）检查已经创建的线程"中的"WriteClient"加脚注，脚注的内容为"WriteClient 是 ISAPI Extension API 的一部分。"

知识储备

（17）脚注和尾注。

脚注和尾注是用于文档和书籍中以显示引用资料的来源或说明性和补充性的信息。脚注和尾注都是用一条短横线与正文分开的。脚注和尾注的区别主要是位置不同，脚注位于当前页面的底部，尾注位于整篇文档的结尾处。

要删除脚注或尾注，可在文档正文中选中脚注或尾注的引用标记，并按<Delete>键。这个操作除了可以删除引用的标记外，还会将页面底部或文档结尾处的文本删除，同时会自动对剩余的脚注或尾注进行重新编号。

操作步骤

【步骤1】 将光标定位在"WriteClient"后。

【步骤2】 在"引用"选项卡的"脚注"选项组中单击"ᴬᴮ（插入脚注）"按钮，在当前页面底端的光标处输入脚注内容"WriteClient 是 ISAPI Extension API 的一部分。"，如图3-23所示。

图3-23 脚注

项目要求11：设置页眉部分，奇数页使用"科技论文比赛"，偶数页使用论文题目的名称，在页脚部分插入当前页码，并将页码位置设置为居中。

知识储备

（18）页眉和页脚。

页眉：显示在页面顶端的信息。

页脚：显示在页面底端中的注释性文字或图片信息。

页眉和页脚通常包括文章的标题、文档名、作者名、章节名、页码、编辑日期、时间、图片以及其他信息。

操作步骤

【步骤1】 在"插入"选项卡的"页眉和页脚"选项组中单击"（页眉）"下拉按钮，在下拉列表中选择"编辑页眉"选项，如图3-24所示。

图3-24 编辑页眉

【步骤 2】 在"页眉和页脚工具-设计"选项卡的"选项"选项组中选中"奇偶页不同"复选框，如图 3-25 所示。

图 3-25 设置奇偶页不同

【步骤 3】 在奇数页页眉中输入"科技论文比赛"，在偶数页页眉中输入论文题目的名称"浅谈 CODE·RED 蠕虫病毒"，如图 3-26 所示。

图 3-26 奇偶页页眉的输入

【步骤 4】 将光标分别定位在奇数页和偶数页的页脚区，在"页眉和页脚工具-设计"选项卡的"页眉和页脚工具"选项组中单击"（页码）"下拉按钮，在下拉列表中选择"页面底端"→"普通数字 2"选项，如图 3-27 所示。

图 3-27 "页码"下拉列表

【步骤 5】 全部内容设置完成后，在"页眉和页脚工具-设计"选项卡的"关闭"选项组中单击"关闭页眉和页脚"按钮。

项目要求 12：保存该文件的所有设置，关闭文件并将其压缩为相同名称的 RAR 格式文件，最后使用 E-mail 将其发送至主办方联系人的电子邮箱中。

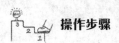
操作步骤

【步骤 1】 单击快速访问工具栏中的"（保存）"按钮，再单击标题栏右侧的"关闭"按钮。

【步骤 2】 在"科技小论文（作者小 C）.docx"文件图标上单击鼠标右键，在弹出的快捷菜单中选择"发送到"→"压缩（zipped）文件夹"选项，完成文件的压缩，如图 3-28 所示。

【步骤 3】 使用第 1 幕中发送电子邮件的方法发送邮件。

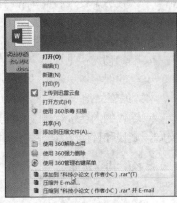

图 3-28 压缩文件

提炼升华

1. Word 2016 的启动与退出

Word 2016 的启动：见本节"知识储备（1）启动 Word 2016"。

Word 2016 的退出：见本节"知识储备（6）关闭 Word 2016"。

2. Word 2016 的窗口与视图

Word 2016 的窗口：见本节"知识储备（2）认识 Word 2016 的操作界面"。

 知识扩展

（1）Word 2016 的视图。

在 Word 2016 中，有多种形式可以显示文档，这些显示形式称为"视图"，Word 2016 中共有 5 种常用的视图方式。

① ▦（页面视图）。

页面视图方式为 Word 2016 中默认的视图方式，也是编辑 Word 2016 文档最常用的一种视图方式。页面视图可精确显示文本、图形、表格等内容，与打印出来的文档效果最接近，充分体现了"所见即所得"。此外，对页眉和页脚等格式进行的处理，也需在页面视图的方式下才可进行。

② ▤（阅读视图）。

在阅读视图中，文档像一本打开的书一样在两个并排的屏幕中展开。

③ ▦（Web 版式视图）。

创建网页或只需在显示器上浏览文档时，可以使用 Web 版式视图，其呈现的效果就像在 Web 浏览器中看到的一样。

④ ▦（大纲视图）。

在大纲视图中，按照文档中标题的层次显示文档，通过折叠文档来查看主要标题，或者展开标题查看下级标题和全文。使用此视图可以看到文档结构，便于对文本顺序和结构等进行调整。图 3-29 所示为"大纲"选项卡。

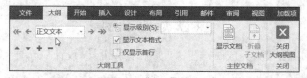

图 3-29 "大纲"选项卡

⑤ ▤（草稿视图）。

草稿视图是键入、编辑和格式化文本的标准视图，主要针对文本进行编辑，页边距标记、页眉页脚等在此视图下是被隐藏起来的。

3. 文档的创建与保存

文档的创建：见本节"项目要求 1"。

文档的保存：见本节"知识储备（3）文件的保存"。

4. 编辑文档

对输入的内容进行修改和插入，以确保输入内容的正确性。文档的编辑有复制、移动和删除文本，查找和替换文本，插入符号。

 知识扩展

（2）文本的修改与插入。

文本的修改是指用新文本覆盖旧文本，旧文本内容会发生改变；文本的插入是指将新文本添加到相应的位置，在不破坏旧文本内容的基础上增加新的内容。

文本的修改：选取要修改的文本，直接输入新文本的内容就可以修改文本。

文本的插入：将光标定位在需要插入文本的位置，直接输入要插入文本的内容。

（3）选择性粘贴。

选择性粘贴的打开方法是在"开始"选项卡的"剪贴板"选项组中单击"📋（粘贴）"下拉按钮，在下拉列表中选择"选择性粘贴..."选项，弹出"选择性粘贴"对话框，如图3-30所示。

 提示： 不同的复制源对应可选的粘贴形式不同。

选择性粘贴的常用使用方法如下。

① 清除所有格式。

当复制网页内容，粘贴到 Word 2016 文档中的文本需去除网页中的原始格式时，就可以在"选择性粘贴"对话框中选择"无格式文本"选项，并单击"确定"按钮。

② 图形对象转图片。

当需要将 Word 2016 绘图工具绘制的图形保存为图片时，可以通过"选择性粘贴"功能，将图形对象转换为图片格式，该功能提供了 6 种图片格式，如图3-31 所示。

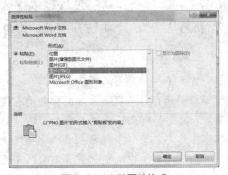

图 3-30 "选择性粘贴"对话框　　　　　　图 3-31 6 种图片格式

复制、移动和删除文本：见本节"知识储备（11）文本的移动、复制及删除"。

查找和替换文本：见本节"项目要求6"。

插入符号：见本节"项目要求4"。

5. 设定文本格式（字体、字号、字形、字体颜色、修饰效果、间距和位置）

设定文本一般格式：见本节"项目要求3"。

知识扩展

（4）格式刷的使用。

将多个格式复杂、位置分散的段落或文本设置成统一的格式时，可以使用"✐（格式刷）"按钮快速地完成这一复杂的操作，通过格式刷可以将某一段落或文本的排版格式复制给其他段落或文字，从而达到将所有段落或文本设置成统一格式的目的。

具体操作是选定有格式的文本和段落，在"开始"选项卡的"剪贴板"选项组中单击"✐（格式刷）"按钮，此时鼠标光标形状会变成一把小刷子"📋I"。用刷子形状的鼠标选取要改变格式的文本或段落，相同的格式就被复制到该段落，但该段落的内容不会发生变化。

单击"✐（格式刷）"按钮，复制格式的功能只能使用一次，若需多次使用，则可双击"✐（格式刷）"按钮。要取消格式刷时，按<Esc>键或再次单击"✐（格式刷）"按钮即可。

6. 设定段落格式（段落的对齐、段落的缩进、段落间距、段落的边框和底纹、分栏、项目符号与编号）

段落的对齐、段落的缩进、段落间距：见本节"知识储备（13）'缩进和间距'选项卡详解"。

段落的边框和底纹：见本节"项目要求8"。

分栏：见本节"项目要求8"。

项目编号：见本节"项目要求9"。

🎓 **知识扩展**

（5）项目符号。

所谓"项目符号"，就是放在文本前面的圆点或其他符号，一般用于列出文章的重点，不但能起到强调作用，使文章的条理更加清晰，还可以达到美化版面的作用。

学会"项目编号"后，"项目符号"的设置也是类似的。先选取需要设置项目符号的段落，在"开始"选项卡的"段落"选项组中单击"≔ ▾（项目符号）"下拉按钮，在下拉列表中选择"定义新项目符号..."选项，在弹出的"定义新项目符号"对话框中设置项目符号字符，如图3-32所示。

7. 页眉与页脚的添加（首页不同、奇偶页不同）

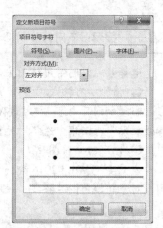

图3-32　"定义新项目符号"对话框

🎓 **知识扩展**

（6）首页不同的页眉与页脚添加。

首页不同的页眉与页脚添加经常会用在论文、报告等有封面的文字材料中，一般要求正文部分有页眉和页脚，封面不需要页眉和页脚。

具体操作与本节"项目要求11"类似，唯一不同的地方是在"页眉和页脚工具-设计"选项卡的"选项"选项组中选中"首页不同"复选框，如图3-33所示。

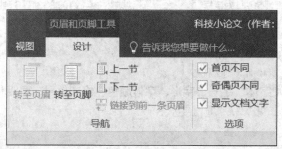

图3-33　设置页眉与页脚的首页不同

奇偶页不同：见本节"项目要求11"。

8. 脚注与尾注的添加

脚注与尾注的添加：见本节"项目要求10"。

 拓展练习

完成图3-34所示的论文编辑练习。

草莓的无土栽培

小C

摘要： 利用学校的生物园地，通过配制合理的营养液，完全可以进行草莓的无土栽培，无土栽培的草莓具有生长速度快、长势好、花芽分化早、开花结果早、产量高的特点。
关键词： 培养基、营养液、无土栽培、简单易行

将作物栽培在除土壤以外的培养基上，叫无土栽培。无土栽培具有不占地或少占地、换茬快、环境清洁、产品无污染和生长好、品质优、色鲜味美等优点，为花卉、蔬菜、粮食以及水果生产的工业化、自动化开辟了广阔的前景。

一、实践目的

通过对草莓的无土栽培实践活动，使我们初步掌握无土栽培的技术，懂得利用水培法来确定植物需要矿质元素的原理以及矿质元素对植物的生理作用影响，同时也培养了同学们的学习兴趣和实践能力。

二、实践原理

植物根从土壤溶液中吸收水分和无机盐，其中的土壤颗粒主要起着固着作用。根据这一原理，将植物生活所需的无机盐按一定比例配成营养液进行作物的无土栽培。

三、实践方法

采用与泥土盆栽草莓做对照试验，盆栽草莓使用一般的菜园土作固着物，施用化肥和农家肥，进行水肥管理。

四、实践器材

无土花盆、草莓苗、营养液原液、天平、洗净的碎石或蛭石、温度计等。

五、试验与管理

1．试验时间：2018年9月-2019年5月；2019年9月-2020年5月
2．试验地址：校生物园
3．营养液原液：经试验得知，表1为最佳配方。
4．栽培方法：选择无病虫害、植株较壮且具4～5片叶、顶芽饱满的壮苗，洗净根上泥土后，定植在无土花盆的上盆中，用碎石子或蛭石作固着物，下盆中盛水，待长出新根后（1周左右）将清水倒掉，换上培养液。
5．管理
（1）及时添加营养液。每周补液1－2次，每次50－100ml。进入4月份以

水：H_2O

后，气温升高、蒸发快，而且正当开花、结果盛期，需肥量大，每2～3天补液1次，并增加营养液的浓度。一般开花前培养液浓度为原液：水＝1：9；开

花后培养液浓度为原液：水＝1.7：8.3。
（2）隔天上午喷水1次，4月开始每天喷水1次，保持相对湿度70%～80%。
（3）光照为生物园里的自然光照（注意不要放在直射太阳光下，以免培养液温度升得过高造成根枯萎）。
（4）注意及时摘除老叶、葡萄茎。当发现植株下部的叶片呈水来蔓生，开始发黄、叶柄基部也开始变色时，应立即摘除。葡萄茎消耗养分大，为保证果大质优，发现在叶片基部的幼嫩线状物——葡萄茎，要及时摘除。
（5）注意病虫害防治。草莓虫害主要有蚜虫和红蜘蛛，可用内吸杀虫剂防治，如甲胺磷、乐果等。病害主要有灰霉病、病毒病等，可用波尔多液、托布津等杀菌剂防治。
（6）注意及时疏蕾疏果。

六、观察记录情况

√ 根系在2℃时开始活动，在7℃时开始长新根，最适生长温度为15～20℃，高于30℃时停止生长，并有根部变色受害情况，在-8℃时根系受到冻害。
√ 地上茎、叶温度在5℃时开始生长，最适生长温度为15～25℃，温度过高过低，地上茎、叶生长都较缓慢，当温度高于30℃时，有老叶焦边现象。
√ 当气温在5℃以上开始花芽分化，花芽分化最适气温在5～15℃，开花的温度在10℃以上，开花盛期的温度在15℃左右。
√ 培养液pH值在6.5～7最为适宜。

七、结果与体会

1．无土栽培的草莓比盆栽草莓生长速度快、长势好、花芽分化早、开花结果早，从定植到第一序开花和果实成熟都比盆栽提前一周左右，极少有病和虫害。
2．试验证明，室内无土栽培草莓方法简单易行，成本较低，在家庭中推广种植可充分利用室内空间，既可以观赏、美化环境，又能品尝到气味芳香、营养丰富的春季水果珍品，是一举多得的好事，深受群众欢迎。通过实践，既帮助学生理解了教材，又培养了学生的学习兴趣和实践能力，同时促进了无土栽培技术在本地的推广。

参考文献：
1．郑光华，中国蔬菜，1992年，增刊，4页
2．Chen Y，Acta Horticulturae，1991年，294卷，204页
3．郑光华，蔬菜花卉无土栽培技术，1990年
4．李百开，土壤农业化学常规分析方法，1983年

注：此论文的内容来源于互联网（有调整）。

图 3-34 论文编辑练习效果

3.2 课程表和统计表

项目情境

小 C 在寒假期间浏览学院网站时，查到了下学期的课程安排，于是他想用 Word 2016 来制作一张课程表，开学时将课程表打印出来贴到班级的墙上。

开学后，作为学生会纪检部干事的小 C，承担了各班级常规检查的任务，要定期完成系常规管理月统计报表的制作工作。

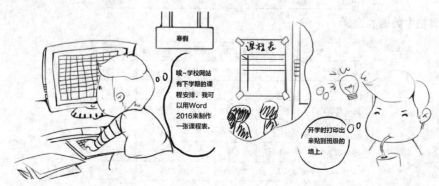

 项目分析

1. 有些繁杂的文字及数字资料以表格形式来处理，可以使文档看起来井然有序，更直观。
2. 在 Word 2016 中是如何创建表格的。
3. 表格内容是如何进行编辑修改的。
4. 表格的格式是如何设置的。
5. 表格的内容是如何进行计算的（在 Word 2016 的表格中，不仅能够对单元格中的数字进行加、减、乘、除四则运算，还能进行求和、求平均、求最大值和最小值等复杂运算）。
6. 表格是怎样进行排序的。

 技能目标

1. 会使用 Word 2016 创建表格。
2. 能按要求对表格格式进行设置。
3. 会利用公式和函数实现表格中数据的运算。
4. 掌握一些自主学习的方法。

 重点集锦

1. 表格创建与格式设置

课程表

时间＼星期		一	二	三	四	五	备注
上午	1	高等数学	大学英语	计算机	高等数学	机械基础	8:10-9:50
	2						
	3	机械基础	哲学	机械基础		大学英语	10:10-11:50
	4						
下午	5	计算机	体育	大学英语			13:20-15:00
	6						
	7		自修	自修			15:10-15:55
晚上	8	英语听力			CAD		18:30-20:00
	9						

2. 表格中数据的运算

班 级	第 7 周	第 8 周	第 9 周	第 10 周	总分
信管 18C2	85.00	81.50	84.50	98.33	349.33
软件 18C1	95.00	89.00	91.88	95.00	370.88
信息 18C1	87.50	88.50	88.00	86.67	350.67

......

| 动漫 18C2 | 82.50 | 87.00 | 77.50 | 70.00 | 317 |
| 总分最高 | 370.88 | 总分平均 | | 332.8 | |

 **项目详解**

知识储备

（1）建立表格的方法。

① 在"插入"选项卡的"表格"选项组中单击"▦（表格）"下拉按钮，拖动鼠标进行表格行数与列数的设置，完成表格的建立，如图 3-35 所示。用这种方法在创建表格时会受到行列数目的限制，不适合创建行列数目较多的表格。

② 在"插入"选项卡的"表格"选项组中单击"▦（表格）"下拉按钮，在下拉列表中选择"插入表格…"选项。

图 3-35　鼠标拖动建立表格

③ 在"插入"选项卡的"表格"选项组中单击"▦（表格）"下拉按钮，在下拉列表中选择"绘制表格"选项，显示"表格工具-设计"选项卡，如图 3-36 所示。

图 3-36　"表格工具-设计"选项卡

前两种方法制作的都是规则表格，即行与行、列与列之间距离相等。当需要制作一些不规则的表格时，就可以使用"绘制表格"功能来完成此项工作，如制作简历表等。

（2）选定表格对象。

表格对象包括单元格、行、列和整张表格，其中单元格是组成表格的基本单位，也是最小的单位。

V3-4　课程表&
统计表项目要求 1～5

提示： 第 1 种方法和第 3 种方法大多是配合使用的，先用第 1 种方法将表格的大致框架绘制出来，再使用第 3 种方法对表格内部的细节部分进行修改。

① 选定单元格。

将鼠标光标移动到单元格的左下角，当鼠标光标形状变为指向右上方的黑色箭头"➚"时，单击鼠标左键，整个单元格被选定，如果按住鼠标左键并拖曳鼠标，则可以选定多个连续单元格。

② 选定行。

将鼠标光标移动到表格左边线左侧，当鼠标光标形状变为指向右上方的空心箭头"⇗"时，单击鼠标左键，该行被选定，如果按住鼠标左键并拖曳鼠标，则可以选定多行。

③ 选定列。

将鼠标光标移动到表格上边线，当鼠标光标形状变为黑色垂直向下的箭头"⬇"时，单击鼠标左键，该列被选定，如果按住鼠标左键并拖曳鼠标，则可以选定多列。

④ 选定整个表格。

将光标定位在表格中的任意一个单元格内，表格的左上方会出现"⊞"型图案，当鼠标光标移近此图案，鼠标光标变为"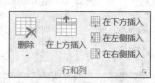"时，单击该图案，整个表格被选定。

（3）插入与删除行、列或表格。

① 插入行、列。

将光标定位在任意一个单元格中，在"表格工具-布局"选项卡的"行和列"选项组中选择合适的插入方式完成插入操作，如图 3-37 所示。

② 删除行、列。

先选取需删除的行或列，在"表格工具-布局"选项卡的"行和列"选项组中单击"（删除）"下拉按钮，在下拉列表中选择合适的删除方式完成删除操作，如图 3-38 所示。

图 3-37　插入行、列

图 3-38　删除行、列

 操作步骤

【步骤 1】　将光标定位在要插入表格的位置。

提示：前面提到计算机操作的基本原则是"先选中，后操作"，其中"选中"广义上包含两层含义。如果选中的对象已经存在，则可以通过选取对象的方法进行选中；如果选中的对象不存在，则需要创建时，"选中"就是要确定创建对象的目的地，即在哪里创建对象，Word 2016 文档编辑是通过定位光标来实现的。

【步骤 2】　在"插入"选项卡的"表格"选项组中单击"（表格）"下拉按钮，在下拉列表中选择"插入表格…"选项，在弹出的"插入表格"对话框中设置表格行列数为 10 行 7 列，如图 3-39 所示。

提示：这里设置的表格行列数不一定非得是 10 行 7 列，只要能绘制出课程表的大致框架即可。在具体操作的过程中，如果发现需要修改行、列数，可以随时添加或删除行、列。

项目要求 2：表格的编辑，合并或拆分相应单元格。

知识储备

（4）合并与拆分单元格。

① 合并单元格。

选中要合并的相邻单元格（至少两个单元格），在选定的单元格区域中单击鼠标右键，在弹出的快捷菜单中选择"合并单元格"选项，如图 3-40 所示。单元格合并后，各单元格中的数据将全部移动到新单元格中，并按照分段纵向排列。

② 拆分单元格。

可以将一个单元格拆分成多个单元格，也可以将几个单元格合并后再拆分成多个单元格。选中需要拆分的单元格（只能是一个），在选中的单元格区域中单击鼠标右键，在弹出的快捷菜单中

计算机应用情境教学基础教程（Windows 7+Office 2016）（微课版）

选择"拆分单元格"选项，在弹出的"拆分单元格"对话框中，选择拆分后的行数、列数，单击"确定"按钮，如图 3-41 所示。

图 3-39 "插入表格"对话框　　　图 3-40 合并单元格　　　图 3-41 拆分单元格

操作步骤

【步骤1】 按照课程表样图，同时选中第 2 列的第 2、3 行两个单元格。

【步骤2】 在选中的单元格区域中单击鼠标右键，在弹出的快捷菜单中选择"合并单元格"选项。

【步骤3】 用同样的操作方法将第 2 列的第 4、5 行单元格，第 6、7、8 行单元格以及第 9、10 行单元格合并。

【步骤4】 其他列的合并情况参照课程表样图进行合并，合并操作完成后的表格如图 3-42 所示。

【步骤5】 在"表格工具-布局"选项卡的"绘图"进项组中单击"（绘制表格）"按钮。

【步骤6】 此时，鼠标光标形状变为"✏"，在第 1 列中间从第 2 行开始使用鼠标绘制一条直线，直至第 10 行结束。

【步骤7】 在"表格工具-布局"选项卡的"绘图"进项组中单击"（橡皮擦）"按钮，鼠标光标形状变为"✐"，单击当前表格第 1 列中的多余线条，擦除多余线条后的效果如图 3-43 所示。

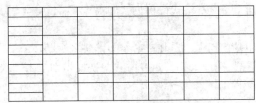

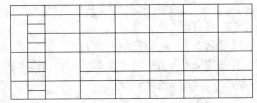

图 3-42 合并操作完成后的表格　　　图 3-43 擦除多余线条后的效果

提示： 在绘制表格时，如需临时切换擦除状态，则可以按住<Shift>键不松开，即为擦除状态，松开<Shift>键后，又会自动回到绘制表格的状态。"（橡皮擦）"按钮使用完毕后，需再次单击此按钮以退出擦除状态。如果鼠标光标形状仍为"✏"，则需再次单击"（绘制表格）"按钮以退出绘制表格状态，回到编辑状态。

知识储备

（5）在单元格中输入文本。

单元格是表格中水平的"行"和垂直的"列"交叉形成的方块。用鼠标单击需要输入文本的单元格，即可定位光标；也可以使用键盘来快速移动光标。

① <Tab>键（制表键）：移动到当前单元格的后一个单元格（当在表格右下角即最后一个单元格中按<Tab>键时，会在表格末尾处增加一个新行）。

② 上、下、左、右键：在表格中移动光标到需要输入文本的单元格内。

当光标定位后，文本内容既可通过键盘输入，也可通过复制操作得到。

（6）单元格对齐方式详解。

表 3-1 中给出了单元格的对齐方式及说明。

表 3-1　单元格的对齐方式及说明

按钮	说明	按钮	说明
	靠上两端对齐		中部右对齐
	靠上居中对齐		靠下两端对齐
	靠上右对齐		靠下居中对齐
	中部两端对齐		靠下右对齐
	水平居中		

操作步骤

【步骤 1】　按照课程表样图中单元格的内容，依次在对应的单元格内输入相应文字，对文字进行格式设置，即"中文为宋体，英文为 Times New Roman，五号"，输入文字后的表格如图 3-44 所示。

图 3-44　输入文字后的表格

【步骤 2】　单元格中的文本格式设置与 Word 2016 文档中普通文本格式设置的方法一致。先按住鼠标左键并拖曳→（鼠标）选中需要设置格式的文本，在"开始"选项卡的"字体"选项组中单击"B（加粗）"按钮和"A（字体颜色）"按钮，将文本格式设置为"加粗，深蓝，文字 2"，如图 3-45 所示。

【步骤 3】　在单元格内容为 4 个字的文本的前两个字时，按<Enter>键另起一个段落。

【步骤 4】　选取整张表格，在"表格工具-布局"选项卡的"对齐方式"选项组中单击"水平居中"按钮，如图 3-46 所示。

图 3-45　设置文本格式

图 3-46　设置对齐方式

知识储备

（7）调整表格的行高与列宽。

调整表格的行高、列宽有 3 种方法：按住鼠标左键并拖曳鼠标、"表格属性"对话框和"自动调整"功能。

① 通过按住鼠标左键并拖曳→▯（鼠标）来调整行高和列宽。当对行高和列宽的精度要求不高时，可以通过拖动行或列的边线来改变行高或列宽。

将鼠标光标移动到行边线处时，鼠标光标形状会变为两条短平等线，并有两个箭头分别指向两侧的形状"÷"。按住鼠标左键，屏幕会出现一条横向的长虚线指示当前行高，按住鼠标左键上下拖动横向的长虚线即可调整行高。

列宽的调整方法与行高的调整方法一样，只是鼠标光标形状会变为"╫"的形状，按住鼠标左键左右拖动纵向的长虚线可以调整列宽。

> **提示**：如果需要细微调整行高和列宽，则可以在鼠标光标形状变为"÷"或"╫"的形状时，按住鼠标左键并拖曳→▯（鼠标）的同时按住<Alt>键即可微调表格的行高或列宽。

② 通过"表格属性"对话框来设置精确的行高和列宽。选中整个表格，在选定区域中单击鼠标右键，在弹出的快捷菜单中选择"表格属性…"选项，在弹出的"表格属性"对话框中进行相应的格式设置，如图 3-47 所示。

在"行"选项卡中选中"指定高度"复选框，在数值框中调整或直接输入所需的行高值。

如果需要设定每行为不同的高度，则可通过单击"上一行"或"下一行"按钮具体设置每一行的高度，调整完成后单击"确定"按钮。

列宽的调整方法与行高的调整方法类似。

③ 通过"自动调整"功能自动调整表格的行高和列宽。选中整个表格，在选定区域中单击鼠标右键，在弹出的快捷菜单中选择"自动调整"选项，如图 3-48 所示。自动调整有 3 种方式：根据内容自动调整表格、根据窗口自动调整表格以及固定列宽。可根据不同的需要，进行相应的选择。

图 3-47 "表格属性"对话框

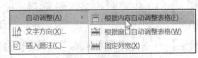

图 3-48 自动调整

>
> **提示**：使用"插入表格…"选项的方法创建表格时，"自动调整"默认为"固定列宽"，且列宽值为"自动"。调整表格整体大小时，先将光标定位在表格中任一单元格内，再按住鼠标左键并拖曳→▯（鼠标）表格右下角的调整点"⬚"来调整表格整体的大小。

（8）平均分布各列、行的使用。

"平均分布各列"和"平均分布各行"必须在选定了多列（两列及以上）或多行（两行及以

上）的前提下使用。

如果只是想调整整张表格的宽度，且每列的列宽相同，那么可以按照下述方法来操作：先减小最左边或最右边一列的宽度，再在选中表格的前提下，在选定区域中单击鼠标右键，在弹出的快捷菜单中选择"平均分布各列"选项，将所有列调至相同的宽度。

"平均分布各行"与"平均分布各列"的使用方法类似，其作用是使所有行的行高相同。

（9）单元格中文字方向的设置。

选中要进行文字方向设置的单元格，在选定区域中单击鼠标右键，在弹出的快捷菜单中选择"文字方向…"选项，在弹出的"文字方向-表格单元格"对话框中选中要设置的"方向"，单击"确定"按钮，如图3-49所示。

（10）表格的边框和底纹的设置。

表格的边框和底纹的设置与3.1节中段落的边框和底纹的设置是类似的。唯一的区别就是"应用于"选项的不同，在段落中，"应用于"有"文字"和"段落"两个选项；在表格中，"应用于"有"单元格"和"表格"两个选项，如图3-50所示。

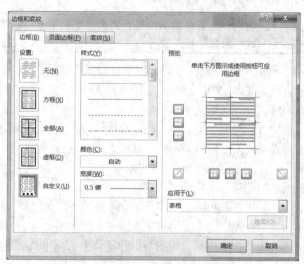

图3-49　文字方向的设置　　　　　　图3-50　边框和底纹的设置

提示： 对表格整体外框线、内框线进行设置时，建议使用"边框和底纹"对话框，而对表格中局部边框线进行格式设置时，建议使用"表格工具"选项卡。

 **操作步骤**

【步骤1】　选中整张表格，在选定区域中单击鼠标右键，在弹出的快捷菜单中选择"表格属性…"选项，在弹出的"表格属性"对话框中单击"边框和底纹…"按钮。

【步骤2】　在"边框和底纹"对话框的"设置"选项组中选择"自定义"选项。

【步骤3】　"线型"和"颜色"选项组保持默认设置，"宽度"选择"1.5磅"，在"预览"选项组的"预览图"中选择4条外边框线，单击"确定"按钮，如图3-51所示。

【步骤4】　在"表格工具-设计"选项卡的"边框"选项组中单击"笔样式"下拉按钮，在下拉列表中选择"双实线"选项，如图3-52所示。

【步骤5】　此时，鼠标光标的形状变为"✐"，将鼠标光标移动到表格第一行的底部，按住鼠标左键并拖曳→📄（鼠标）从左到右画一条直线，第一行底部即可变为双实线，如图3-53所示。

【步骤6】　使用类似的方法将表格中需要设置虚线的地方设置完毕，如图3-54所示。

图 3-51 预览的设置

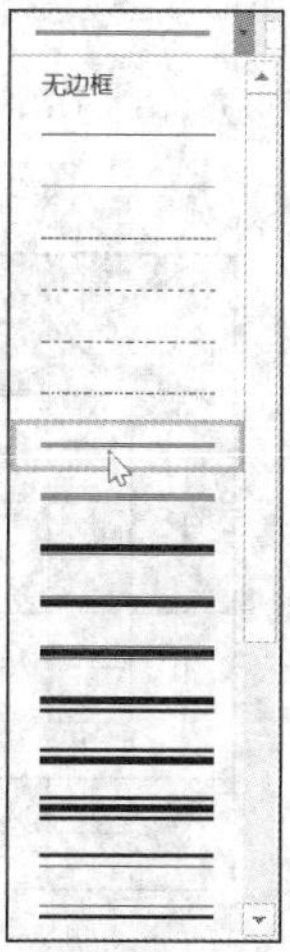

图 3-52 笔样式的设置

图 3-53 第一行底部设置完毕后的表格

图 3-54 特殊线型设置完毕后的表格

【步骤 7】 选中表格中的第一行，在选定区域中单击鼠标右键，在弹出的快捷菜单中选择"表格属性…"选项，在弹出的"表格属性"对话框中单击"边框和底纹…"按钮。

【步骤 8】 在弹出的"边框和底纹"对话框中，选择"底纹"选项卡，在"填充"选项组中选择"白色，背景 1，深色 25%"，单击"确定"按钮。

项目要求 5：完成斜线表头的制作，并设置页面的颜色和边框。

 操作步骤

【步骤 1】 增加第一行的行高，将光标定位在表格第 1 行第 1 列的单元格内，在"表格工具-设计"选项卡的"边框"选项组中将"笔划粗细"设置为"0.75 磅"，将"边框"设置为"斜下框线"。

【步骤 2】 在"插入"选项卡的"文本"选项组中单击"Ａ（文本框）"下拉按钮，在下拉列表选择"绘制文本框"选项，此时，鼠标光标形状变为"十"，按住鼠标左键并拖曳（鼠标）绘制文本框，在文本框中输入内容"星期"，调整文本框至合适大小，在"绘图工具-格式"选项卡中，将"形状填充"设置为"无填充颜色"，将"形状轮廓"设置为"无轮廓"。

【步骤 3】 复制文本框，将新的文本框内容更改为"时间"，并将两个文本框移动到合适的位置。

【步骤 4】 在"表格工具-设计"选项卡中，将页面颜色设置为"橙色，个性色 2，淡色 40%"，将页面边框设置为"自定义，艺术型"，绘制完毕后的表格如图 3-55 所示。

提示：可以通过"主题颜色""标准色"和"其他颜色…/自定义"选项来完成颜色设置。"主题颜色"一般有几个关键词，各词之间用逗号隔开，如"白色，背景 1，深色 5%"；"标准色"只有一个关键词，如"紫色"；"其他颜色…/自定义"通过设置红色、绿色、蓝色的具体数值来确定颜色。

时间 \ 星期		一	二	三	四	五	备注
上午	1	高等数学	大学英语	计算机	高等数学	机械基础	8:10-9:50
	2						
	3	机械基础	哲学	机械基础		大学英语	10:10-11:50
	4						
下午	5	计算机	体育	大学英语			13:20-15:00
	6						
	7		自修	自修			15:10-15:55
晚上	8	英语听力			CAD		18:30-20:00
	9						

图 3-55　绘制完毕后的表格

项目要求 6：删除无分数班级所在的行，统计出 4 月份每个班级常规检查的总分。

　知识储备

V3-5　课程表&
统计表项目要求 6～9

（11）单元格编号。

在表格中使用公式进行计算时，公式中所引用的是单元格的编号，而不是单元格中具体的数据，这样做的好处在于，当单元格中数据发生改变时，公式是不需要修改的，只要使用"更新域"功能就可以得到新的结果，使工作效率大大提高了，因此有必要为每一个单元格进行编号。

单元格编号的原则：列标用字母（A、B、C…），行号用数字（1、2、3…），单元格编号的形式为"列标+行号"，即"字母在前，数字在后"，例如，信管 18C2 班第 8 周得分所在的单元格编号为"C4"，如图 3-56 所示。

	A	B	C	D	E	F
1	班　级	第 7 周	第 8 周	第 9 周	第 10 周	总分
2	电艺 18C1	87.50	87.50	86.25	86.67	
3	信管 18C3	85.83	88.50	86.00	76.67	
4	信管 18C2	85.00	81.50	84.50	98.33	

图 3-56　单元格编号示意图

（12）公式格式。

公式格式为=单元格编号+运算符+单元格编号。

（13）函数格式。

函数格式为"=函数名（计算范围）"，例如，=SUM（C2:C6），其中 SUM 是求和的函数名，C2:C6 为求和的计算范围。

常用的函数有 SUM（求和）、AVERAGE（求平均）、MAX（求最大值）、MIN（求最小值）。

（14）计算范围的表示方法。

计算范围输入在函数格式中的括号内，其表示方法一般有以下 3 种。

① 连续单元格区域：由该区域的第一个和最后一个单元格编号表示，两者之间用冒号分隔。如 C2:C6，表示从 C2 单元格至 C6 单元格，共 5 个单元格。

② 多个不连续的单元格区域：多个单元格编号之间用逗号分隔，逗号还可以连接多个连续

单元格区域，与数学上的并集概念类似。例如，C2，C6 表示 C2 和 C6 共两个单元格；C2:C6，E2:E6 表示从 C2 单元格至 C6 单元格，以及从 E2 单元格至 E6 单元格，共 10 个单元格。

③ 在输入计算范围的过程中，还有另外一种方法，使用 LEFT（左方）、RIGHT（右方）、ABOVE（上方）和 BELOW（下方）来表示。

Word 2016 是以域的形式将内容插入选定单元格的，如果更改了某些单元格中的内容，则 Word 2016 不能像 Excel 2016 那样自动计算，要先选定该域，按<F9>键（或单击鼠标右键，在弹出的快捷菜单中选择"更新域"选项），才能更新计算结果。

单元格编号以及表格公式中的字母是不区分大小写的，即"=AVERAGE（D2:D36）"与"=average（d2:d36）"是一样的。

提示：在"公式"对话框中输入公式时，要注意调整输入法为西文状态，否则会出现错误信息，如 ，表示输入的冒号是中文状态下的，导致公式出错。

操作步骤

【步骤1】 选中表格的第 5 行单元格并单击鼠标右键，在弹出的快捷菜单中选择"删除行"选项。

【步骤2】 将光标定位在"电艺 18C1"总分所在的单元格内。

【步骤3】 在"表格工具-布局"选项卡中，单击"ƒx（公式）"按钮，"公式"对话框中的"公式"文本框默认为"=SUM（LEFT）"，单击"确定"按钮即可得总分，如图 3-57 所示。

【步骤4】 将光标定位在下一个班级总分所在的单元格内，单击"ƒx（公式）"按钮，此时"公式"文本框默认变为"=SUM（ABOVE）"，将括号内的计算范围更改为"LEFT"后，单击"确定"按钮。

【步骤5】 其余班级的总分计算方法与上述类似。

提示：选中最后一个班级的总分单元格，在使用公式时，每次"公式"部分默认的都是"=SUM（LEFT）"。

项目要求 7：在表格末尾新增一行，在新增行中将第 1、2 列的单元格合并，并输入文字"总分最高"，在第 3 个单元格中计算出最高分；将第 4、5 列单元格合并，并输入文字"总分平均"，在第 6 个单元格中计算出总分的平均分（平均值保留一位小数）。

操作步骤

【步骤 1】 把光标移动到表格最后一行的行末，按<Enter>键产生新行，按要求合并相应单元格，并在单元格中输入相应的文字内容。

【步骤 2】 将光标定位在最后一行的第 3 个单元格中，单击"ƒx（公式）"按钮，在弹出的"公式"对话框的"公式"文本框中删除默认内容，只保留"="。

【步骤 3】 单击"粘贴函数"下拉按钮，在弹出的下拉列表中选择"MAX"选项，如图 3-58 所示。

【步骤 4】 在计算范围的括号内输入"f2:f12"，单击"确定"按钮得到总分最高，如图 3-59 左侧所示。

【步骤 5】 总分平均的计算方法与总分最高的计算方法类似，区别在于"粘贴函数"处选择的是"AVERAGE"，但计算范围仍为"f2:f12"，此外，还需在数字格式中输入"0.0"，以保留一位小数，如图 3-59 所示。

【步骤 6】 计算完成后的结果如图 3-60 所示。

图 3-57　"公式"对话框

图 3-58　使用函数完成计算

图 3-59　总分最高和总分平均的计算

总分最高	370.88	总分平均	332.8

图 3-60　计算完成后的结果

项目要求 8：将表格（除最后一行）排序，排序规则是第一关键字为第 10 周，降序；第二关键字为总分，降序。

操作步骤

【**步骤 1**】　选定表格中除最后一行外的所有行。

【**步骤 2**】　在"表格工具-布局"选项卡中单击"$\frac{A}{Z}\downarrow$（排序）"按钮，在弹出的"排序"对话框中将"主要关键字"设置为"第 10 周"，选中"降序"单选按钮；将"次要关键字"设置为"总分"，选中"降序"单选按钮，完成后单击"确定"按钮，如图 3-61 所示。

图 3-61　"排序"对话框

提示：大多数的排序操作都需要选定标题行（标识每列数据放置内容的单元格所在行，一般为表格的第一行）。

项目要求 9：为页面添加文字"常规检查"，颜色为"金色，个性色 4，深色 25%"，版式为"斜式"的水印。

操作步骤

【**步骤 1**】　在"设计"选项卡的"页面背景"选项组中单击"$\boxed{?}$（水印）"下拉按钮，在弹出的下拉列表中选择"自定义水印…"选项，选中"文字水印"单选按钮。

【步骤2】 在"文字"文本框中输入"常规检查"，"颜色"选择"主题颜色"中的相关颜色（第8列第5行），在"版式"中选中"斜式"单选按钮。

 提炼升华

1. 创建表格

创建表格见本节"知识储备（1）建立表格的方法"。

图3-62 "表格转换成文本"对话框

知识扩展

（1）表格转换成文本。

选中需要转换的表格，在"表格工具-布局"选项卡中单击"（转换为文本）"按钮，在弹出的"表格转换成文本"对话框中选中"制表符"单选按钮，单击"确定"按钮，如图3-62所示。

（2）文本转换成表格。

选中需要转换为表格的文本，在"插入"选项卡中单击"（表格）"下拉按钮，在下拉列表中选择"文本转换成表格…"选项，弹出"将文字转换成表格"对话框，在"'自动调整'操作"选项组中可选择调整表格宽、高的方式，在"文字分隔位置"选项组中可更改默认的文字分隔符，以产生不同的表格，如图3-63所示。

> **提示**：文字转换成表格的操作前提是需要使用特殊符号或空格把文本隔开。

2. 表格的基本编辑操作（移动、复制、插入、删除、合并和拆分等）

插入与删除：见本节"知识储备（3）插入与删除行、列或表格"。
合并与拆分：见本节"知识储备（4）合并与拆分单元格"。

3. 表格的格式化操作（改变表格的大小、行高、列宽、边框和底纹）

表格的格式化操作：见本节"项目要求4"。

知识扩展

（3）单元格属性设置。

在"表格属性"对话框的"单元格"选项卡中可设置指定单元格的大小及垂直对齐方式，如图3-64所示。

图3-63 "将文字转换成表格"对话框

图3-64 "单元格"选项卡

单击"选项"按钮后，在弹出的"单元格选项"对话框中可设置指定单元格的边距，选中"适应文字"复选框，如图 3-65 所示，可使文本自动调整字符间距，使其宽度与单元格的宽度保持一致，如图 3-66 所示。

图 3-65 "单元格选项"对话框

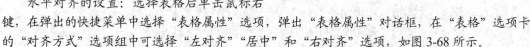

序号	具　体　制　作　要　求
1	新建 Word 文档"个人简历.doc"，进行页面设置，处理标题文字。
2	创建表格并调整表格的行高至恰当大小。

图 3-66 适应文字后的效果

提示： 选中"适应文字"复选框后，单击文本会生成蓝色下画线，它是系统的提示符号，光标离开此单元格后，蓝色下画线就会消失，且在最终的打印稿中不会出现。

（4）表格样式。

用户除了可以通过 Word 2016 设置表格格式外，还可以使用 Word 2016 自带的表格样式，轻松制作出整齐美观的表格。

在"表格工具-设计"选项卡中，可选择系统中已预设的表格样式，共有 100 多种，如图 3-67 所示。

（5）表格在页面中的对齐设置。

水平对齐的设置：选择表格后单击鼠标右

图 3-67 表格样式

键，在弹出的快捷菜单中选择"表格属性"选项，弹出"表格属性"对话框，在"表格"选项卡的"对齐方式"选项组中可选择"左对齐""居中"和"右对齐"选项，如图 3-68 所示。

垂直对齐的设置：在"表格工具-布局"选项卡的"页面设置"选项组中单击" （对话框启动器）"按钮，弹出"页面设置"对话框，在"版式"选项卡的"页面"选项组中对垂直对齐方式进行选择，默认为"顶端对齐"，如图 3-69 所示。

图 3-68 "表格属性"对话框中的"对齐方式"

图 3-69 "版式"选项卡中的"垂直对齐方式"

4. 表格中的公式和函数的实现及表格排序操作

表格中的公式和函数的实现：见本节"项目要求 6""项目要求 7"。

表格排序：见本节"项目要求 8"。

 拓展练习

参照图 3-70 所示的个人简历示例，并结合自身实际情况，完成本人的简历制作。总体要求：使用 Word 2016 来布局表格；个人信息真实可靠；具体条目及格式可自行设计。个人简历制作要求如表 3-2 所示。

表 3-2　个人简历制作要求

序号	具体制作要求
1	新建 Word 文档"个人简历.docx"，进行页面设置，处理标题文字
2	创建表格并调整表格的行高至恰当大小
3	拆分、合并单元格，完成表格编辑
4	表格中内容完整，格式恰当
5	改变相应单元格的文字方向
6	设置单元格内文本的水平和垂直对齐方式
7	设置表格在页面中的水平和垂直对齐方式都为居中
8	为整张表格设置内外框线
9	完成个人简历中图片的插入与格式设置

个 人 简 历

求职意向：**IT 助理工程师（兼职）**

姓　名	小 C	性　别	男	出生年月	1998/12	
文化程度	大专	政治面貌	团员	健康状况	健康	
毕业院校	苏州工业职业技术学院	专　业	计算机应用技术			
联系电话	13013893588	电子邮件	littlecc@163.com			
通信地址	苏州吴中大道国际教育园致能大道 1 号	邮政编码	215104			
技能特长	程序编写和网站设计					

学历进修		时　间	学校名称	学　历	专　业
		2011/9 – 2014/6	苏州新区实验中学	初中	
		2014/9 – 2017/6	苏州高级工业学校	高中	
		2017/9 – 现在	苏州工业职业技术学院	大专	计算机应用技术
	主修课程	C 语言程序设计、网页设计、计算机网络基础、动态网页设计、数据结构、关系数据库、C#.NET、Windows Server 配置与管理、Java 程序设计、交换机路由器配置			

实践与实习	英语水平	全国四级	计算机水平	全国二级	
	时　间	单　位		职　位	评语
	2017/7 – 2017/8	苏州明翰电脑		计算机组装	良好
	2018/7 – 2018/8	苏州理想设计中心		网页制作	良好
	2019/9 – 2019/12	苏州工业职业技术学院		机房管理	优秀

专业证书	名　称	主办单位	获取时间
	计算机一级	全国计算机等级考试中心	2017/12
	英语四级	全国英语等级考试中心	2018/6

获奖情况	荣誉称号	主办单位	获奖等级
	程序设计竞赛	苏州工业职业技术学院	一等奖
	院三好学生	苏州工业职业技术学院	
	院优秀学生干部	苏州工业职业技术学院	

个性特点 （包括个性、工作态度、自我评价）	**个性**，性格开朗，为人随和，善于与人交往。 **工作态度**，对于工作总有充沛的精力，同时有探究精神，对自己的工作总想把它做得最完美。 **自我评价**，做事认真负责，具有较强的责任心。

图 3-70　个人简历示例

3.3 小报制作

 项目情境

4月23日是"世界图书日"，小C在图书馆看到一本名为《设计东京》的书，并感慨于书籍精美的版式设计，联想到自己学过的 Word 2016 文档处理，就想用 Word 2016 把自己喜欢的版面再现出来，看看自己的制作水平如何。

 项目分析

1. 插入图片的方法。
2. 插入文本框的方法。
3. 插入艺术字的方法。
4. 插入自选图形的方法。
5. 插入对象后格式设置的方法。

 技能目标

1. 插入（图片、文本框、艺术字和自选图形等）对象以及对插入对象相应的格式设置。
2. 灵活运用所学知识，提升解决问题的能力。
3. 插入对象的绝对位置设置。
4. 合理地对文档进行排版修饰，使文档达到视觉上协调统一的效果（设计理论的学习渠道有网站、博客、广告、电影、电视剧和书籍）。

 重点集锦

电子小报效果如下。

计算机应用情境教学基础教程（Windows 7+Office 2016）（微课版）

 **项目详解**

项目要求 1：新建 Word 2016 文档，将其保存为"城市生活.docx"。

操作步骤

【步骤 1】　启动 Word 2016，如果桌面上有 Word 2016 的快捷方式，则双击该快捷方式的图标。

【步骤 2】　启动 Word 2016 后，选择"空白文档"选项，窗口中会自动建立一个新的空白文件。

V3-6　小报制作项目
要求 1～5

【步骤 3】　单击快速访问工具栏中的"■（保存）"按钮，单击"浏览"按钮，在弹出的"另存为"对话框中设置"保存路径"，并输入文件名，完成设置后单击"保存"按钮。

项目要求 2：页面设置为纸张 16 开，上、下页边距为 1.9 厘米，左右页边距为 2.2 厘米。

操作步骤

【步骤 1】　在"布局"选项卡的"页面设置"选项组中单击"■（对话框启动器）"按钮，弹出"页面设置"对话框，在"页面设置"对话框中进行设置。

【步骤 2】　在"页边距"选项卡中设置上、下页边距为"1.9 厘米"，左、右页边距为"2.2 厘米", 如图 3-71 所示。

【步骤 3】 在"纸张"选项卡中设置"纸张大小"为"16 开", 如图 3-72 所示。

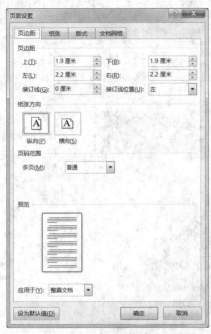

图 3-71 页边距的设置

图 3-72 纸张的设置

【步骤 4】 全部设置完毕后, 单击"确定"按钮, 完成页面的所有设置。

项目要求 3: 参考效果图, 在页面左边插入矩形图形, 图形格式为"填充色: 酸橙色（红色为 153; 绿色为 204; 蓝色为 0）""边框: 无"。

知识储备

（1）显示比例的调整。

更改文档的显示比例可以使对文档的操作更加方便和精确。在"视图"选项卡的"显示比例"选项组中单击"Q（显示比例）"按钮, 在弹出的"显示比例"对话框中进行相应设置, 如图 3-73 所示。

（2）对象大小的调整。

调整对象的大小也要遵循计算机操作的"先选定, 后操作"的基本原则, 在使用鼠标选定对象时, 要注意鼠标指针不同形状的变化。

选定前一定要注意, 鼠标指针为"↖"形状时才可以正常选定。要使鼠标指针变为此形状, 鼠标指针必须移动到该对象的 4 个边线附近, 并单击选中对象。

图 3-73 "显示比例"对话框

选中对象后, 对象周围会出现 8 个控制点, 当鼠标指针移动到 4 个顶角的控制点时, 其形状会变为"⤢""⤡", 此时, 按住鼠标左键并拖曳→（鼠标）可以等比例缩放对象的大小。

当鼠标指针移动到对象边线中部的控制点时, 其形状会变为"↔", 此时, 按住鼠标左键并拖曳→（鼠标）可以调整对象的宽度和高度。

（3）对象位置的调整。

选定要调整位置的对象，按住鼠标左键并拖曳→（鼠标）来改变对象的位置，在拖曳的过程中鼠标指针的形状为"✥"。

除了可以用鼠标调整对象的位置外，键盘上的上、下、左、右4个方向键也可以对对象进行调整。

提示：细节决定成败，要时刻注意不同鼠标指针形状下的操作方法。

操作步骤

【步骤1】　在"插入"选项卡的"插图"选项组中单击"（形状）"下拉按钮，在弹出的下拉列表中选择"□（矩形）"选项，如图3-74所示，此时，鼠标指针形状变为"十"。

【步骤2】　参照效果图，按住鼠标左键并拖曳→（鼠标）绘制出矩形图形，并将此矩形对象的大小和位置调整至合适。

【步骤3】　选中该矩形对象并单击鼠标右键，在弹出的快捷菜单中选择"设置形状格式…"选项，弹出"设置形状格式"窗格，展开"填充"选项组，选择"颜色"为"其他颜色…"，如图3-75所示。

图3-74　"形状"下拉列表

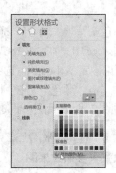

图3-75　"设置形状格式"窗格

【步骤4】　在弹出的"颜色"对话框的"自定义"选项卡中设置颜色，"红色为153；绿色为204；蓝色为0"，单击"确定"按钮，如图3-76所示。

【步骤5】　在"设置形状格式"窗格中设置"线条"格式为"无线条"，如图3-77所示。

图3-76　"颜色"对话框

图3-77　设置线条格式

> **提示**：无填充、无线条即透明色，纸张页面是什么颜色就呈现什么颜色。白色是有颜色的，其 RGB 值为（255，255，255）。

项目要求 4：参照效果图，在页面左侧插入矩形图形，并添加相应文本（第一行末插入五角星），设置矩形格式为"填充色：白色，背景 1，深色 50%""边框：无"，设置文本格式为"Verdana、小四、白色、左对齐、行距为固定值 14 磅"（五角星为橙色）。

操作步骤

【步骤 1】 参照本节"项目要求 3"中的方法插入矩形图形。

【步骤 2】 选中该矩形对象并单击鼠标右键，在弹出的快捷菜单中选择"添加文字"选项。

【步骤 3】 此时，在该矩形对象内部会出现一个光标，将"3.3 要求与素材.docx"中的文字素材复制粘贴到此光标所在处。

【步骤 4】 将光标定位在矩形对象内部文本的第一行末，在"插入"选项卡中单击"符号"下拉按钮，在下拉列表中选择"其他符号…"选项，在"符号"对话框的"符号"选项卡中，设置"字体"为"（普通文本）"，"子集"为"其他符号"，单击"实心五角星"按钮（也可以在"字符代码"中输入"2605"），单击"插入"按钮，如图 3-78 所示。

【步骤 5】 选中矩形对象，在"设置形状格式"窗格中设置填充颜色为"白色，背景 1，深色 50%"，线条为"无"。

图 3-78　插入其他符号

【步骤 6】 选中文本，将格式设置为"Verdana、小四、白色、左对齐、行距为固定值 14 磅"。选中插入的"五角星"符号，在"字体"选项组的"字体颜色"下拉列表中选择"标准色"→"橙色"选项。

【步骤 7】 参照效果图，设定显示比例，将矩形对象的大小和位置调整至合适。

项目要求 5：插入两张图片，分别为"室内.png"和"室外.png"，设置环绕方式为"四周型"，大小及位置设置可参照效果图。

知识储备

（4）插入插图。

Word 2016 中的插图来源可以是文件、剪贴画或屏幕截图等。

① 来自文件。平时收藏整理的图片一般存放在本地磁盘中，通过在"插入"选项卡的"插图"选项组中单击"[图] （图片）"按钮来选择图片，是 Word 2016 排版中最常用的方法之一。

具体操作步骤：先将光标定位在要插入图片的位置，单击"[图] （图片）"按钮，在弹出的"插入图片"对话框中选择图片所在的位置，单击要插入的图片（可使用"大图标"的显示方式来查看），单击"插入"按钮。

② 联机图片。在互联网中搜索所需图片以插入合适的图片。

具体操作步骤：先将光标定位在要插入图片的位置，单击"[图] （联机图片）"按钮，在图片搜索框中输入"关键词"，如"室内设计"，在搜索结果中选择需要的图片，单击"插入"按钮，此时，会弹出下载信息，图片文件下载后会自动完成插入。

> **提示**：使用插入联机图片功能前需要确保计算机已经联网。

（5）"图片工具-格式"选项卡。

使用"图片工具-格式"选项卡中的各项设置可对图片的格式进行详细设置，如图 3-79 所示。

图 3-79 "图片工具-格式"选项卡

如果需对图片进行裁剪,则可选中图片,单击"📷(裁剪)"按钮,在图片的 8 个控制点上按住鼠标左键,拖曳鼠标完成图片的裁剪。

操作步骤

【步骤 1】 在"插入"选项卡的"插图"选项组中单击"📷(图片)"按钮,在弹出的"插入图片"对话框中选择图片所在的位置,选择图片"室内.png",单击"插入"按钮。

提示:图片的常用格式有 BMP、JPG、GIF、PNG 等。

【步骤 2】 将鼠标指针移动到图片上方,当鼠标指针形状为"⬚"时单击以选中图片,并单击"📷(布局选项)"按钮。

【步骤 3】 在"布局选项"下拉列表的"文字环绕"中选择"四周型"选项,如图 3-80 所示。

【步骤 4】 在图片选中的状态下,通过按住鼠标左键拖曳图片四周的 8 个控制点来调整图片大小。

提示:除了图片 4 个顶角的控制点之外,建议不要用其余的控制点来调整图片大小,否则会造成图片的变形。

图 3-80 "布局选项"
下拉列表

【步骤 5】 参照效果图,使用鼠标调整该图片的大小和位置。

【步骤 6】 插入另外一张图片"室外.png",调整该图片大小及位置的操作与插入、调整图片"室内.png"的操作类似。

项目要求 6:参照效果图,在页面右上角插入文本框,添加相应文本,设置主标题"MARUBIRU"的格式为"Arial、小初、加粗、阴影(其中'MARU'为深红色)",副标题"玩之外的设计丸之内"的格式为"华文新魏、小三",正文的格式为"宋体、10 号字、首行缩进 2字符",文本框格式为"填充色:无""边框:无"。

知识储备

(6)插入文本框。

文本框内可以放置文字、图片、表格等内容,可以很方便地改变位置、大小,还可以设置一些特殊的格式。文本框有两种:横排文本框和竖排文本框。

① 横排文本框。

在"插入"选项卡的"文本"选项组单击"📝(文本框)"下拉按钮,在下拉列表中选择"绘制文本框"选项,此时,鼠标指针变为"十"形状,按住鼠标左键并拖曳→🖱(鼠标),绘制出横排文本框。在文本框内的光标处可以插入文本、图片、表格等内容。

② 竖排文本框。

在"📝(文本框)"下拉列表中,选择"绘制竖排文本框"选项,具体操作与横排文本框类似。

操作步骤

【**步骤1**】 在"插入"选项卡的"文本"选项组中单击"🅰▤（文本框）"下拉按钮，在下拉列表中选择"绘制文本框"选项，当鼠标指针变为"十"形状时，按住鼠标左键并拖曳→🖱（鼠标），绘制出横排文本框。

【**步骤2**】 在文本框中的光标处，粘贴从"3.3 要求与素材.docx"中复制得到的文本，并按照要求对文本进行格式设置，其中，阴影设置可通过"开始"选项卡的"字体"选项组中的"🅰（文本效果和版式）"下拉列表完成，如图3-81所示。

V3-7 小报制作项目
要求6~8

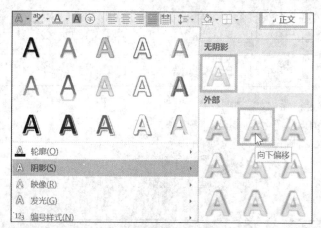

图3-81 "文本效果和版式"下拉列表

> 💡 **提示**：页面中可插入对象（自选图形、图片、文本框等）的选取与大小、位置及格式设置的操作类似。文本阴影效果的设置，可以通过"字体"选项组中的"🅰▾（文字效果）"下拉列表设置。

【**步骤3**】 选中文本框，在"设置形状格式"窗格中，单击"形状选项"中的"🖌（填充与线条）"按钮，设置填充色为"无"，线条为"无"。

【**步骤4**】 参照效果图，调整文本框的大小和位置。

> **项目要求7**：参考效果图，在页面左上角插入艺术字，在艺术字样式中选择第1行第3列的样式，内容为"给我"，格式为"华文新魏、48磅、深红、垂直"。

🛒 **知识储备**

使用艺术字，可以给文字增加特殊效果。

（7）插入艺术字。

在"插入"选项卡的"文本"选项组中单击"艺术字"下拉按钮，在艺术字库中选择一种艺术字样式，单击"确定"按钮，如图3-82所示。

在"艺术字样式"选项组中单击"🅰（文本效果）"下拉按钮，在下拉列表中选择"转换"选项，对艺术字进行详细的格式设置，如图3-83所示。

（8）对象间的叠放次序。

在页面上绘制或插入对象时，每个对象都存在于不同的"层"上，只不过这种"层"是透明的，用户看到的就是这些"层"以一定的顺序叠放在一起的效果。如果需要某一个对象存在于所有对象之上，则要选中该对象并单击鼠标右键，在弹出的快捷菜单中选择"置于顶层"选项。

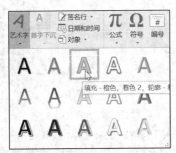

图 3-82　艺术字样式

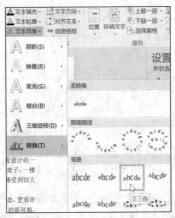

图 3-83　"转换"选项

操作步骤

【步骤 1】　在"插入"选项卡的"文本"选项组中单击"艺术字"下拉按钮，在艺术字库中选择第 1 行第 3 列的艺术字样式，单击"确定"按钮。

【步骤 2】　将默认文本更改为"给我"，选中该文本，将"字体、字号、颜色"分别设置为"华文新魏、48 磅、深红"。

【步骤 3】　在"艺术字样式"选项组中，将"文字效果"的"阴影"设置为外部"右下斜偏移"。

【步骤 4】　在"绘图工具-格式"选项卡中，单击"⏸（文字方向）"下拉按钮，在下拉列表中选择"垂直"选项，参照效果图，将该艺术字移动到适当位置。

项目要求 8：参考效果图，在艺术字"给我"的左边插入竖排文本框，内容参照效果图添加，中文格式为"宋体"，英文格式为"Verdana、白色"，文本框格式为"填充色：无""边框：无"。

操作步骤

【步骤 1】　在"插入"选项卡的"文本"选项组中单击"🅰（文本框）"下拉按钮，在下拉列表中选择"绘制竖排文本框"选项，当鼠标指针变为"十"形状时，按住鼠标左键并拖曳→🖱（鼠标），绘制出竖排文本框。

【步骤 2】　在文本框中的光标处，粘贴从"3.3 要求与素材.docx"中复制得到的文本，并按照要求对文本进行格式设置。

【步骤 3】　选中文本框，在"设置形状格式"窗格中，单击"形状选项"中的"填充与线条"选项，设置填充色为"无"，线条为"无"。

【步骤 4】　参照效果图，将该竖排文本框移动到适当位置。

项目要求 9：参考效果图，在艺术字"给我"的下方插入文本框，内容参照效果图添加，文本格式为"Comic Sans MS，30，行距为固定值 35 磅"，文本框格式为"填充色：无""边框：无"。

操作步骤

【步骤 1】　在"插入"选项卡的"文本"选项组中单击"🅰（文本框）"下拉按钮，在下拉列表中选择"绘制文本框"选项,当鼠标指针变为"十"形状时,按住鼠标左键并拖曳→🖱(鼠标),绘制出横排文本框。

【步骤2】 在文本框中的光标处,粘贴从"3.3要求与素材.docx"中复制得到的文本,并按照要求对文本进行格式设置。

【步骤3】 选中文本框中的所有文本,在"段落"对话框中将"行距"设置为"固定值",在"设置值"文本框中输入"35磅"。

【步骤4】 选中文本框,在"设置形状格式"窗格中,单击"形状选项"中的"填充与线条"选项,设置填充色为"无",线条为"无"。

【步骤5】 参照效果图,将该文本框移动到适当位置。

V3-8 小报制作项目
要求9～12

项目要求 10: 参照效果图,插入圆角矩形,并在其中添加文本"MO2",设置文本格式为"Verdana、五号",文本框格式为"填充色:深红""边框:无""文本框/内部边距:左、右、上、下为0厘米"。

🛒 **知识储备**

(9)插入形状。

在"插入"选项卡的"插图"选项组中单击"🔲(形状)"下拉按钮,在弹出的下拉列表中可以根据需要选择对应的绘制对象,如图3-84所示。按住鼠标左键并拖曳→🖱(鼠标),绘制出需要的自选图形。

(10)调整自选图形。

将鼠标指针移动到黄色圆圈处,当其形状变为"▷"时,按住鼠标左键并拖曳黄色的竖菱形,即可调整自选图形四角的"圆弧度"。

将鼠标指针移动到圆圈处,当其形状变为"▷"时,按住鼠标左键并拖曳绿色的圆圈,即可调整自选图形的摆放"角度"。

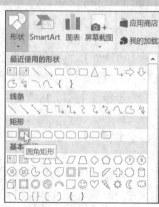

图3-84 "形状"下拉列表

👤 **操作步骤**

【步骤1】 单击"🔲(形状)"下拉按钮,在弹出的下拉列表中选择"矩形"→"🔲(圆角矩形)"选项。

【步骤2】 按住鼠标左键并拖曳→🖱(鼠标),绘制出圆角矩形。

【步骤3】 选中该圆角矩形并单击鼠标右键,在弹出的快捷菜单中选择"添加文字"选项,在圆角矩形内部的光标处输入"MO2"。

【步骤4】 选中文本,设置格式为"Verdana、居中",其中,为字母"M"设置颜色,"红色为153;绿色为204;蓝色为0"。

【步骤5】 选中该圆角矩形,在右侧的"设置形状格式"窗格中,单击"文本选项"中的"布局属性"按钮,设置"文本框"的"左、右、上、下"边距均为"0厘米",单击"确定"按钮,如图3-85所示。

【步骤6】 调整自选图形的大小和四角的圆弧度。

【步骤7】 选中该圆角矩形,在右侧的"设置形状格式"窗格中,单击"形状选项"中的"填充与线条"按钮,设置填充颜色为"深红",线条为"无"。

【步骤8】 参照效果图,将圆角矩形移动到适当位置。

项目要求 11: 参照效果图,在页面左下角插入竖排文本框,内容参照效果图添加,文本格式为"宋体、小五,字符间距为加宽1磅,首行缩进2字符",文本框格式为"填充色:无""边框:无"。

操作步骤

【步骤 1】　在"插入"选项卡的"文本"选项组中单击"A（文本框）"下拉按钮，在下拉列表中选择"绘制竖排文本框"选项，当鼠标指针变为"十"形状时，按住鼠标左键拖曳→（鼠标），绘制出竖排文本框。

【步骤 2】　在文本框中的光标处，粘贴从"3.3 要求与素材.docx"中复制得到的文本。

【步骤 3】　选中文本框中的所有文本，在"字体"选项组中设置相应的字体和字号。在"字体"选项组中单击"（对话框启动器）"按钮，弹出"字体"对话框，在"高级"选项卡的"间距"下拉列表中选择"加宽"选项，"磅值"默认为"1 磅"，单击"确定"按钮，如图 3-86 所示。

图 3-85　文本框内部边距的设置

图 3-86　字符间距的设置

【步骤 4】　选中文本框，在"设置形状格式"窗格中，单击"形状选项"中的"填充与线条"按钮，设置填充颜色为"无"，线条为"无"。

【步骤 5】　参照效果图，将竖排文本框移动到适当位置。

项目要求 12：选中所有对象进行组合，根据效果图调整至合适的位置。

操作步骤

【步骤 1】　在"绘图工具-格式"选项卡的"排列"选项组中单击"（选择窗格）"按钮，此时，在"文档编辑区"右侧会弹出"选择"窗格，如图 3-87 所示。

【步骤 2】　按住<Ctrl>键的同时，单击此页面中的形状，选中所有对象。

【步骤 3】　在选定区域中单击鼠标右键，在弹出的快捷菜单中选择"组合"→"组合"选项，组合对象，如图 3-88 所示。

图 3-87　"选择"窗格

图 3-88　组合对象

【步骤4】 根据效果图对整个对象的位置进行调整。

 提炼升华

1. 页面设置

页面设置：见本节"项目要求2"。

2. 自选图形的使用

自选图形的插入：见本节"项目要求3"。

3. 插入图片的方法

插入图片：见本节"项目要求5"。

4. 插入文本框的方法

插入文本框：见本节"项目要求6"。

5. 插入艺术字的方法

插入艺术字：见本节"项目要求7"。

6. 对象（自选图形、图片、文本框、艺术字等）的格式设置

对象的格式设置大致相同。

自选图形的格式设置：见本节"项目要求3"。

图片的格式设置：见本节"项目要求5"。

文本框的格式设置：见本节"项目要求6"。

艺术字的格式设置：见本节"项目要求7"。

 知识扩展

（1）文本框的链接。

有时，文本框中的内容过多以致不能完全显示，可以通过借助多个文本框来完成内容的显示，此时就需要使用到文本框的链接。

提示： 链接目标的文本框必须是空的，并是同一类型（都是横排或竖排）且尚未链接到其他文本框的文本框。

具体操作：选中链接的源文本框，在"绘图工具-格式"选项卡中的"文本"选项组中单击"◎（创建链接）"按钮，此时，鼠标指针变为"（装满水的杯子）"形状，将鼠标指针移入链接目标的空文本框中，此时，鼠标指针会变成"（倾斜倒水）"形状，单击即可使未显示的文本在链接目标的文本框中显示出来。

需要链接多个文本框时，重复上面的操作步骤即可。如果需要断开链接，则选中链接的源文本框，单击"文本"选项组中的"◎（断开链接）"按钮即可。

（2）"填充"设置详解。

除了常见的纯色填充外，对象（自选图形、图片、文本框、艺术字等）还可以使用"渐变""图片或纹理""图案"进行填充设置。

具体操作：在"形状选项"的"填充与线条"的"填充"选项组中进行相应选择，如图3-89所示。

① "渐变填充"。可使用预设渐变，细节设置通过透明度进行调节，如图3-89所示。

② "图片或纹理填充"。可在电脑中选择一张图片作为填充背景，可单击相应纹理作为背景。

图3-89 "设置形状格式"窗格

（3）页面背景的设置。

如果需设置整个页面的背景，则可在"设计"选项卡的"页面背景"选项组中单击" （页面颜色）"下拉按钮，弹出其下拉列表，如图 3-90 所示，在下拉列表中选择颜色或填充效果，弹出"填充效果"对话框，如图 3-91 所示。

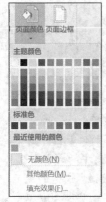

图 3-90 "页面颜色"下拉列表

图 3-91 "填充效果"对话框

在"页面背景"选项组中还可以设置"水印"和"页面边框"。在" （水印）"下拉列表中选择"自定义水印…"选项，在弹出的"水印"对话框中可为页面背景设置两种水印，即图片水印和文字水印，如图 3-92 所示。如果需对设置好的水印进行修改，则必须在"页眉和页脚工具"选项卡打开的情况下进行操作。文字水印是以艺术字的形式出现的。

图 3-92 "水印"对话框

7. 文本格式的进一步设置（阴影、字符间距等）

文本的阴影设置：见本节"项目要求 6"。

字符间距的设置：见本节"项目要求 11"。

📖 **知识扩展**

（4）中文版式的设置。

① 拼音指南。选中要添加拼音的文字，在"字体"选项组中单击" （拼音指南）"按钮，在弹出的"拼音指南"对话框中，Word 2016 会自动为其添加拼音，同时可以设置拼音的对齐方式、字体、偏移量和字号，如图 3-93 所示。如果需将拼音删除，则选中有拼音的文字，单击" （拼音指南）"按钮，在弹出的"拼音指南"对话框中单击"清除读音"按钮，并单击"确定"按钮即可。

② 带圈字符。选中文本或者将光标定位在需要插入带圈字符的位置，在"字体"选项组中单击" （带圈字符）"按钮，弹出"带圈字符"对话框，如图 3-94 所示。

图 3-93 "拼音指南"对话框

图 3-94 "带圈字符"对话框

在弹出的"带圈字符"对话框中，选择字符样式，可以使用选中的文本内容，也可以在"文字"文本框中输入文字，选择"圈号"后，单击"确定"按钮，文档中就插入了一个带圈的文字。

如果要去掉这个圈，则可以选中带圈文字，在"字体"选项组中单击"⊕（带圈字符）"按钮，弹出"带圈字符"对话框，在"样式"中选择"无"选项，单击"确定"按钮即可。

纵横混排，合并字符和双行合一中文版式可在"段落"选项组的"Ａ（中文版式）"下拉列表中设置，如图3-95所示。

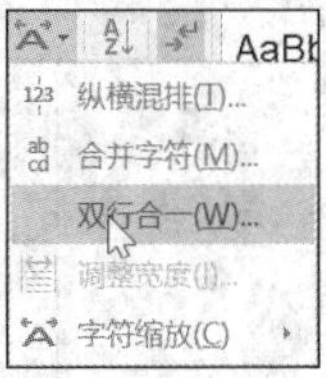

③ 纵横混排。选中文本，选择"纵横混排…"选项，弹出"纵横混排"对话框。如果选择的字数较多，则可取消选中"适应行宽"复选框，单击"确定"按钮。

如果要撤销"纵横混排"格式，则需将光标定位在混排的文字中，弹出"纵横混排"对话框，单击"删除"按钮，并单击"确定"按钮。

图3-95 "中文版式"下拉列表

④ 合并字符。合并字符功能可以把几字符集中到一字符的位置上。选中要合并的文本，选择"合并字符…"选项，弹出"合并字符"对话框，可以使用选中的文本内容，也可以在"文字"文本框中输入其他内容，调整字体和字号后，单击"确定"按钮，选定的文字即合并成一字符。

如果要撤销"合并字符"，则可选中已合并的字符，在"合并字符"对话框中单击"删除"按钮。

> **提示：**"双行合一"与"合并字符"的功能有些相似，不同的是，合并字符有最多6字符的限制，而双行合一没有；合并字符可以设置合并字符的字体和字号，而双行合一不可以。

8. 特殊字符的插入

特殊字符的插入：见本节"项目要求4"。

9. 各种对象的组合与取消组合

对象的组合：见本节"项目要求12"。

🎓 知识扩展

（5）取消组合。

选中已经组合好的对象并单击鼠标右键，在弹出的快捷菜单中选择"组合"→"取消组合"选项，就可以恢复到组合前的状态。

10. 打印预览的使用

🎓 知识扩展

（6）打印文档。

在确定需要打印的文档正确无误后，即可打印文档。打印文档的操作步骤如下。

① 在"文件（文件）"选项卡中单击"打印（打印）"按钮，进入打印界面，如图3-96所示。

② 在"打印机"下拉列表中选择要使用的打印机。

③ 在"打印所有页"下拉列表中还可选择"仅打印奇数页"或"仅打印偶数页"选项。

④ 在"页数"文本框中可指定要打印的页码范围。

⑤ 在"份数"数值框中输入要打印的份数，默认为1份。

⑥ 全部设置完成后，单击"打印"按钮，完成打印。

图3-96 打印界面

> **提示：**如果不需要特别设置，而是采用默认设置进行打印，则直接单击"打印"按钮，即可快速地打印一份文档。

拓展练习

参照图 3-97 所示的信息简报示例，完成信息简报的制作。总体要求：纸张为 A3，页数为 1 页。根据提供的图片、文字、表格等素材，参照具体要求完成简报，如表 3-3 所示。信息简报的内容必须使用提供的素材，但可适当在网上搜索素材进行补充。

图 3-97　信息简报示例

表 3-3　信息简报的制作要求

序号	具体制作要求
1	主题为"创建文明城市"
2	包含图片、文字、表格三大元素
3	包含报刊各要素（刊头、主办、日期、编辑等）
4	使用艺术字、文本框（链接）、自选图形、边框和底纹
5	素材需经过加工，有一定的原创部分
6	色彩协调，标题醒目、突出，同级标题格式相对统一
7	版面设计合理，风格协调
8	文字内容通顺，无错别字和繁体字
9	图文并茂，文字字距、行距适中，清晰易读
10	装饰的图案与花纹要结合简报的性质和内容

3.4 长文档编辑

 项目情境

小 C 和其他几位同学由于具有优异的计算机应用基础课程成绩，以及较强的实际操作能力，被系部"毕业论文审查小组"聘为"格式编辑人员"，帮助系部完成学生毕业论文的格式修订工作。同学们在老师的指导下，认真工作起来，发现原来 Word 2016 还有这么多的功能呀！

 项目分析

1. 毕业论文的文档长达几十页，这就需要为文档处理封面、生成目录，为正文中各对象设置相应格式，只学会本章前面 3 节的知识远远不够，还需要对 Word 2016 进行更深入的学习和实践。

2. 如何为段落、图片、表格等对象快速编号？可以使用 Word 2016 中的项目符号和编号、插入题注等功能实现。

3. 如何对同一级别的内容设定相同格式？可以使用 Word 2016 中的样式和格式功能实现。

4. 如何让 Word 2016 自动生成带有页码信息的目录？可以在为各级标题应用样式，设定对应大纲级别的前提下，使用 Word 2016 中的"目录"功能自动生成目录。

5. 如何为同一篇文档设定不同的页面设置、页眉页脚等？可以使用 Word 2016 中的"节"功能在一页之内或两页之间改变文档的布局。

6. 理解 Word 2016 中"域"的概念，掌握其简单的应用。

 技能目标

1. 使用 Word 2016 中的高级功能完成长文档的格式编辑。
2. 熟练掌握高级替换的使用方法。
3. 学会使用"审阅"选项卡中的各项功能。
4. 进行文档的安全保护。

 **重点集锦**

1. 调整后的封面效果

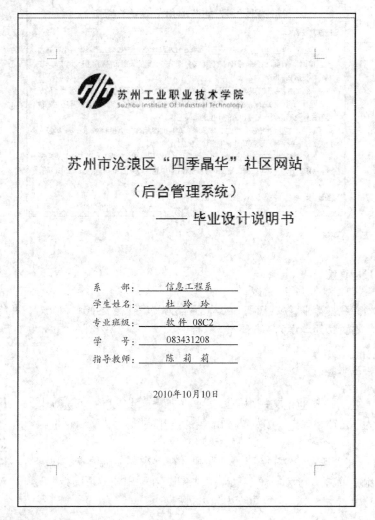

2. 组织结构图的绘制

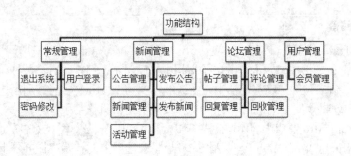

3. 批注的使用

访问层，下面对三层架构进行介绍：

　　用户表示层（UI，简称 USL）负责与用户交互，接收用户的输入并将服务器端传来的数据呈现给客户。

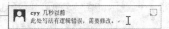

4. 页眉中插入图片及指定页码的设置

苏州沧浪区"四季晶华"社区网站（后台管理系统）

内容摘要

　　苏州市沧浪区"四季晶华"社区网站后台管理系统为社区服务人员提供一个实现对社区信息化管理和信息快速传递的平台，从而节省大量的人力和物力，极大地丰富和方便了小区居民的日常生活。

　　本网站主要实现的功能有实现小区信息的动态发布；小区意见栏的动态管理；论坛的管理等功能。系统的需求分析是在系统开发总任务的基础上完成的，从实际应用的角度考虑，能够极大地方便日常的小区的管理工作。

　　本网站主要选用的开发软件技术是 ASP.NET、数据库的创建使用 SQL Server 2000、以及 iframe 框架，以实现数据的增加、删除、修改等功能。

　　本文主要介绍了苏州市沧浪区"四季晶华"社区网站后台管理系统的开发初衷和背景，系统的开发工具，结构化开发的具体步骤，其中包括框架图和一些必要的图形说明。

关键词： ASP.NET；iframe 框架；三层架构

－－－－－－－－－分页符－－－－－－－－

 项目详解

项目要求 1：将"毕业论文-初稿.docx"另存为"毕业论文-修订.docx"，并将另存后的文档的上、下、左、右页边距均设为 2.5 厘米。

 **操作步骤**

【步骤1】　打开"毕业论文-初稿.docx"，在" 文件 （文件）"选项卡中单击"另存为"按钮，单击"浏览"按钮，在弹出的"另存为"对话框中输入新的文件名"毕业论文-修订.docx"。

【步骤2】　在"毕业论文-修订.docx"中，在"布局"选项卡的"页面设置"选项组中单击" （对话框启动器）"按钮，在弹出的"页面设置"对话框中，设置上、下、左、右页边距均为 2.5 厘米。

V3-9　长文档编辑
项目要求 1～5

项目要求 2：将封面中的下画线长度设为一致。

 知识储备

（1）显示/隐藏编辑标记。

　　所谓编辑标记，是指在 Word 2016 电子文档中可以显示，但打印时不被打印出来的字符，如空格符、回车符、制表位等。在显示器上查看或编辑 Word 2016 文档时，利用这些编辑标记可以很容易地看出在单词之间是否添加了多余的空格或段落是否真正结束等。

　　如果要在 Word 2016 窗口中显示或隐藏编辑标记，则可在" 文件 （文件）"选项卡中单击"选项"按钮，在弹出的"Word 选项"对话框的"显示"选项卡的"始终在屏幕上显示这些格式标记"选项组中选中或取消选中要显示或隐藏的编辑标记复选框即可，如图 3-98 所示。

 提示： 在"段落"选项组中单击" （显示/隐藏编辑标记）"按钮，可在显示或隐藏编辑标记状态之间切换。

计算机应用情境教学基础教程（Windows 7+Office 2016）（微课版）

图 3-98 "Word 选项"对话框

操作步骤

【步骤1】 以列为单位选取文本,按住<Alt>键的同时按住鼠标左键并拖动鼠标选定多余的下画线,如图 3-99 所示。

系 ···· 部: _____ 信 息 工 程 系 ··········

学生姓名: ····· 杜 玲 玲 ···········

专业班级: ····· 软 件 08C2 ·····

学 ···· 号: ····· 083431208 ·····

指导教师: _____ 陈 莉 莉 ···········

图 3-99 多余下画线

提示:以列为单位选取文本的操作见"3.1 编辑科技小论文 知识储备(9)选取文本的方法"。

【步骤2】 按<Delete>键清除选中的内容,得到整齐的下画线,如图 3-100 所示。

项目要求 3:将封面底端多余的空段落删除,并使用"分页符"完成自动分页。

操作步骤

【步骤1】 选中封面中日期后面多余的 3 个空段落,按<Delete>键删除。
【步骤2】 将光标定位在"内容摘要"4 个字前,在"插入"选项卡中单击"⊣(分页)"按钮,便可完成自动分页,如图 3-101 所示。

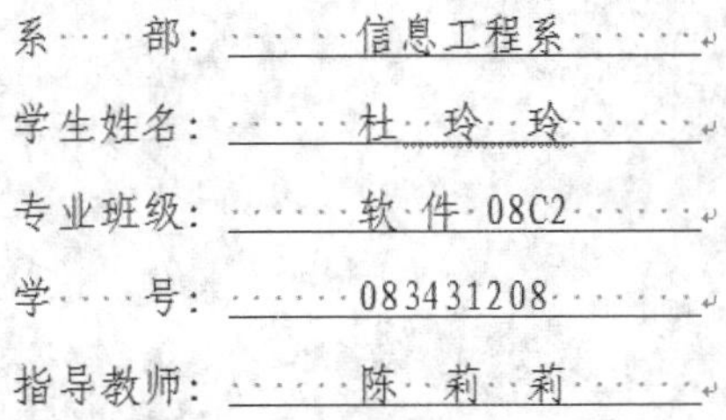

系 … 部：……信息工程系………

学生姓名：……杜 玲 玲………

专业班级：……软 件 08C2………

学 号：……083431208………

指导教师：……陈 莉 莉………

分页符

图 3-100 整齐的下画线    图 3-101 在显示编辑标记状态下的"分页符"

项目要求 4： 在"内容摘要"前添加论文标题，内容为"苏州沧浪区'四季晶华'社区网站（后台管理系统）"，文本格式为"宋体、四号、居中"。将"内容摘要"与"关键词："的格式一致设置为"宋体、小四、加粗"。

操作步骤

【步骤1】 将光标定位在"内容摘要"前，按<Enter>键产生一个新段落。

【步骤2】 输入论文标题内容，并使用"字体"选项组中的相应按钮完成字体、字号及对齐方式的设置。

【步骤3】 选中文本"关键词："，单击"剪贴板"选项组中的"✔（格式刷）"按钮，当鼠标指针变为"🖌️["形状时，用刷子形状的鼠标指针选定要改变格式的"内容摘要"文本。

项目要求 5： 将关键词部分的分隔号由逗号更改为中文标点状态下的分号。设置"内容摘要"所在页中所有段落的行距为"固定值 20 磅"。

操作步骤

【步骤1】 选中关键词部分的分隔号"逗号"，在中文标点的状态下，直接通过键盘输入"分号"。

提示： 输入"分号"前，标点状态应为中文🌀。

【步骤2】 选中当前页中的所有段落，在"段落"选项组中单击"🔽（对话框启动器）"按钮，在弹出的"段落"对话框中设置行距为"固定值、20 磅"，如图 3-102 所示。

项目要求 6： 建立样式对各级文本的格式进行统一设置。"内容级别"的格式为"宋体、小四、首行缩进 2 字符，行距为固定值 20 磅，大纲级别为正文文本"；以后建立的样式均以"内容级别"为基础，"第一级别"为"加粗，无首行缩进，段前和段后间距均为 0.5 行，大纲级别为 1 级"；"第二级别"为"无首行缩进，大纲级别为 2 级"；"第三级别"为"无首行缩进，大纲级别为 3 级"；"第四级别"为"大纲级别为 4 级"。最后，参照"毕业论文-修订.pdf"中的最终结果，将建立的样式分别应用到对应的段落中。

知识储备

（2）样式和格式。

样式实际上就是段落或字符中所设置的格式集合（包括字

图 3-102 行距为固定值、20 磅

体、字号、行距及对齐方式等）。

在 Word 2016 中样式分为两种：内置样式和自定义样式。

① 内置样式。Word 2016 提供了多种样式，在"样式"选项组中单击"其他"下拉按钮，在下拉列表中显示的就是 Word 2016 中的内置样式（包括段落样式和字符样式），如图 3-103 所示。

图 3-103　内置样式

V3-10　长文档编辑
项目要求 6～8

如果内置样式不能满足用户的具体需要，便可对内置样式进行修改。具体操作为在"样式"选项组中单击"▫（对话框启动器）"按钮，弹出"样式"窗格，在选择要应用的样式（如"标题1"）上单击鼠标右键，在弹出的快捷菜单中选择"修改…"选项，弹出"修改样式"对话框，按需要设置相应的格式，如图 3-104 所示。

② 自定义样式。如果不想破坏 Word 2016 中的内置样式，则可以使用自定义样式。具体操作为在"样式"窗格中，单击"（新建样式）"按钮，弹出"根据格式设置创建新样式"对话框。

在"根据格式设置创建新样式"对话框的"名称"文本中可为新样式取一个有意义的名称，在"样式类型"下拉列表中可选择"段落""字符"等选项，在"格式"选项组中可进行更详细的格式设置。

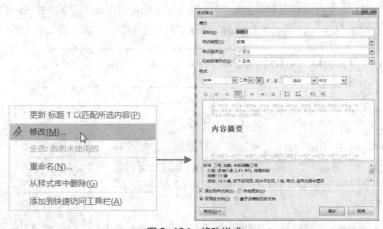

图 3-104　修改样式

> **提示：**如果要使用已经设置为列表样式、段落样式或字符样式的基础文本，则需先在"样式基准"中进行选择，再设置格式。

操作步骤

【步骤 1】　在"样式"选项组中单击"▫（对话框启动器）"按钮，弹出"样式"窗格，在该窗格中单击"（新建样式）"按钮，在弹出的"根据格式设置创建新样式"对话框中输入名称"内容格式"，样式类型选择"段落"。

【步骤 2】　设置文本格式为"宋体、小四"，单击"格式"按钮，在弹出的"段落"对话框中设置格式为"首行缩进 2 字符，行距为固定值 20 磅，大纲级别为正文文本"。"根据格式设置创建新样式"对话框如图 3-105 所示。

【步骤 3】　其他 4 个新样式的创建与"内容格式"样式的创建方式类似，区别在于其他 4 个新样式的创建需要在"后续段落样式"下拉列表中选择内容级别，如"第一级别"，如图 3-106 所示。

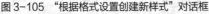
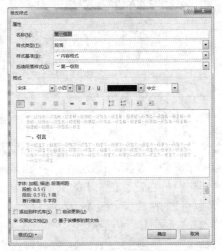

图 3-105　"根据格式设置创建新样式"对话框　　　　　图 3-106　"第一级别"样式

提示：设置时光标必须定位在文档中相应的内容处，否则会与光标所在处的格式有关联。

【步骤 4】　完成所有自定义样式后，"样式"选项组的列表框中会显示新样式的名称。应用样式时，只需要选定文本，在列表框中选择对应的样式名称即可，如图 3-107 所示。

图 3-107　样式列表框

【步骤 5】　查看设置样式格式后的具体效果，在"视图"选项卡的"显示"选项组中选中"导航窗格"复选框，弹出"导航"窗格，如图 3-108 所示。在"导航"窗格中查阅长文档最为便捷，只要在"导航"窗格中单击相应标题，右侧文档窗口中就会自动到达指定位置。

项目要求 7：将"三、系统需求分析（二）开发及运行环境"中的项目符号更改为"⌨"符号。

　操作步骤

【步骤 1】　使用"导航"窗格快速找到要更改的位置，按住<Ctrl>键将项目符号所在的段落全部选中。

【步骤 2】　在"段落"选项组中单击"三▼（项目符号）"下拉按钮，在下拉列表中选择"定义新项目符号…"选项，在弹出的"定义新项目符号"对话框中单击"符号…"按钮。

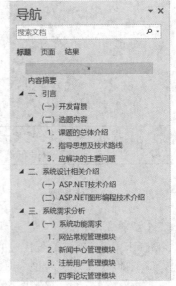

图 3-108　"导航"窗格

【步骤3】 在弹出的"符号"对话框的"字体"下拉列表中选择"Wingdings"选项，在"符号"对话框中找到"💻"符号，如图3-109所示，单击"确定"按钮，修改项目符号后的效果如图3-110所示。

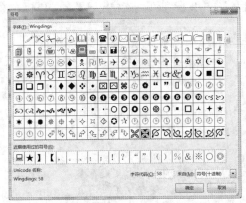

图3-109 "符号"对话框

1．软件环境
　　■→操作系统：Windows 2000/XP
　　■→开发工具：Visual Studio 2005
　　■→数据库管理系统：SQL Server 2000
2．硬件环境
　　■→硬盘大小：20GB 以上磁盘空间
　　■→显示分辨率：800×600，建议 1024×768
　　■→具备 PentiumIV、512RAM 及以上配置的微型计算机一台

图3-110 修改项目符号后的效果

> **项目要求8：** 删除"二、系统设计相关介绍（一）ASP.NET 技术介绍"中的"分节符（下一页）"。

 **操作步骤**

【步骤1】 在"草稿"视图下，将鼠标指针移动到窗口左侧，当鼠标指针变为向右倾斜的箭头时，选中"分节符（下一页）"，如图3-111所示。

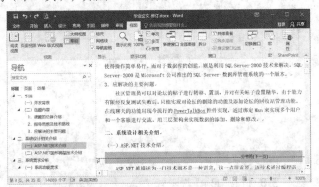

图3-111 选中"分节符（下一页）"

【步骤2】 按<Delete>键删除"分节符（下一页）"。

> 💡 **提示：** 在显示编辑标记的前提下，将光标定位在分节符的前面，按<Delete>键即可删除分节符。

> **项目要求9：** 在封面页面后（即从第2页开始）自动生成目录，在目录前加上标题"目录"，文本格式为"宋体、四号、加粗、居中"，整体目录内容格式为"宋体，小四，行距为固定值18磅"。

🛒 **知识储备**

（3）域的概念。

域是 Word 2016 中的一种特殊功能，它由花括号｛｝、域名（如 DATE 等）以及域开关构成。

域是 Word 2016 的精髓，它的应用非常广泛，Word 2016 中的插入对象、页码、目录、索引、表格公式计算等都使用到了域的功能。

（4）目录中的常见错误及解决方案。

① 未显示目录，却显示{TOC}。

目录是以域的形式插入到文档中的，如果看到的不是目录，而是类似{TOC}这样的代码，则说明显示的是域代码，而不是域结果。若要显示目录的内容，则可在该域代码上单击鼠标右键，在弹出的快捷菜单中选择"切换域代码"选项。

提示：也可使用<Shift+F9>快捷键完成域代码与显示内容的切换。

② 显示的是"错误! 未定义书签"，而不是页码。

在错误标记上单击鼠标右键，在弹出的快捷菜单中选择"更新域"选项，在弹出的"更新目录"对话框中选择更新的方式。

③ 目录中包含正文内容（图片）。

选中错误生成目录的正文内容（图片），重新设置其大纲级别为"正文文本"。

操作步骤

【步骤1】　将光标定位在当前第2页论文标题前，在"引用"选项卡的"目录"选项组中单击"目录"下拉按钮，在下拉列表中选择"自定义目录…"选项，在弹出的"目录"对话框中选择"目录"选项卡，如图3-112所示。

V3-11　长文档编辑
项目要求9、10

图3-112　"目录"选项卡

【步骤2】　在"目录"选项卡中可对是否显示页码、页码对齐方式及前导符、格式和显示级别进行设置，这里使用默认设置即可。

【步骤3】　单击"确定"按钮后得到目录，生成目录后的效果如图3-113所示。

图3-113　生成目录后的效果

【步骤4】　在目录前输入标题内容"目录"并设定相应格式，选定整体目录内容，根据要求设定格式。

计算机应用情境教学基础教程（Windows 7+Office 2016）（微课版）

项目要求 10：为文档添加页眉和页脚，页眉左侧为学校 Logo，右侧为文本"毕业设计说明书"，在页脚中插入页码，页码居中。

 **操作步骤**

【步骤 1】 在"插入"选项卡的"页眉和页脚"选项组中单击"▢（页眉）"下拉按钮，在下拉列表中选择"编辑页眉"选项。在页眉中插入图片，并输入相应文本。

【步骤 2】 将文本设置为右对齐；选中图片，在"布局选项"的"文字环绕"中选择"衬于文字下方"选项，设置完成后将图片移动到页眉的左侧。

提示：在页眉中插入图片的操作方法与在文档中插入图片的操作方法是一样的。

【步骤 3】 在页脚中插入"页面底端"中"普通数字 2"的页码。

【步骤 4】 完成后单击"关闭页眉和页脚"按钮。

项目要求 11：从论文标题开始另起一页，且从此页开始编写页码，起始页码为"1"。去除封面和目录的页眉和页脚中的所有内容。

 **知识储备**

（5）Word 2016 中的"节"。

节：文档的一部分，可在不同的节中更改页面设置或页眉和页脚的属性等。使用节时需在 Word 2016 文档中插入"分隔符"中的"分节符"。

分节符：用于表示节的结尾而插入的标记；分节符包含节的格式设置元素，如页边距、页面的方向、页眉和页脚以及页码的顺序；分节符将文档分成多节，可根据需要设置每节的格式。

具体操作：在"布局"选项卡的"页面设置"选项组中可选择"▯（分隔符）"下拉列表中不同类型的"分节符"，可选的"分节符"类型有 4 种，如图 3-114 所示。

① "下一页"：插入一个分节符，新节从下一页开始。

② "连续"：插入一个分节符，新节从同一页开始。

图 3-114 "分节符"类型

③ "偶数页"或"奇数页"：插入一个分节符，新节从下一个偶数页或奇数页开始。

节中可设置的格式类型有页边距、纸张大小或方向、打印机纸张来源、页面边框、垂直对齐方式、页眉和页脚、分栏、页码编排、行号、脚注和尾注。

提示：分节符用于控制其前面文字的格式。如果删除某个分节符，则其前面的文字将合并到后面的节中，并采用后者的格式设置。注意，文档的最后一个段落标记控制文档最后一节的格式（如果文档没有分节，则控制整个文档的格式）。

（6）删除页眉线。

插入页眉后，底部会加上一条页眉线，如果不需要，则可自行删除。具体操作：双击页眉部分，将页眉中的内容选中，单击"段落"选项组中的"边框和底纹…"按钮，弹出"边框和底纹"对话框，在"边框"选项卡的"设置"选项组中选择"无"选项，单击"确定"按钮即可。

 **操作步骤**

【步骤 1】 将光标定位在目录后的论文标题前，在"布局"选项卡的"页面设置"选项组中单

计算机应用情境教学基础教程（Windows 7+Office 2016）（微课版）

击"┝┥（分隔符）"下拉按钮，在下拉列表中选择"下一页"→"分节符"选项，文档在插入分节符的同时完成分页。

【步骤2】 整篇文档变为两节，封面和目录为第1节，从内容摘要页开始至文档结束为第2节。在第2节的页眉处双击，其效果如图3-115所示。

图3-115 "第2节"的页眉效果

V3-12 长文档编辑
项目要求11、12

【步骤3】 在"页眉和页脚工具-设计"选项卡中单击"（链接到前一条页眉）"按钮，可设置与第1节不同的页眉，如图3-116所示。

【步骤4】 在第2节的页脚中，使用与页眉相同的方法，断开与第1节页脚的链接。单击页脚中的"页码"按钮，在"（页码）"下拉列表中选择"设置页码格式..."选项，弹出"页码格式"对话框，在"页码编号"选项组中设置"起始页码"为"1"，如图3-117所示。

图3-116 取消"链接到前一条页眉"

图3-117 "页码格式"对话框

【步骤5】 选中第1节中的页眉和页脚中的所有内容（图片、文本和页码），按<Delete>键删除，完成后单击"关闭页眉和页脚"按钮。

项目要求12：使用组织结构图将论文中的"图7 系统功能结构图"重新绘制，并修正原图中的错误，删除多余的"发布新闻"。

 操作步骤

【步骤1】 将光标定位在原图后，在"插入"选项卡中单击"（SmartArt）"按钮，弹出"选择SmartArt图形"对话框，如图3-118所示。

图3-118 "选择SmartArt图形"对话框

【步骤2】 选择"层次结构"中的"组织结构图"选项，单击"确定"按钮，组织结构图即可生成，如图3-119所示。

【步骤3】 在"SmartArt工具-设计"选项卡的"SmartArt样式"选项组中单击"（更改颜色）"下拉按钮，在弹出的下拉列表中选择"主题颜色（主色）"中的第1个选项，如图3-120所示。

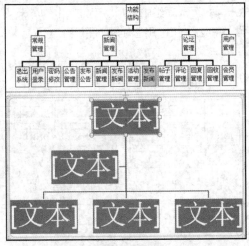

图 3-119 组织结构图

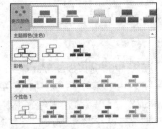

图 3-120 "更改颜色"下拉列表

【步骤 4】 选中"组织结构图"中第 2 层的对象，按<Delete>键删除第 2 层对象，删除第 2 层对象后的效果如图 3-121 所示。

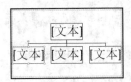

图 3-121 删除第 2 层对象后的效果

【步骤 5】 选中当前第 2 层的第 1 个对象，在"创建图形"选项组中单击"添加形状"下拉按钮，在下拉列表中选择"在后面添加形状"选项，如图 3-122 所示，"在后面添加形状"后的组织结构图如图 3-123 所示。

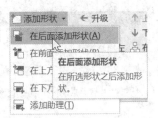

图 3-122 "添加形状"下拉列表

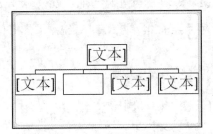

图 3-123 "在后面添加形状"后的组织结构图

【步骤 6】 选中当前第 2 层的第 1 个对象，在"创建图形"选项组中单击"添加形状"下拉按钮，在下拉列表中选择"在下方添加形状"选项，使用同样的方法为第 2 层中的其他对象添加形状，添加形状和输入文本后的组织结构图如图 3-124 所示。

【步骤 7】 选中组织结构图中第 2 层的对象，在"创建图形"选项组中单击"品（布局）"下拉按钮，在下拉列表中选择"两者"选项，如图 3-125 所示。

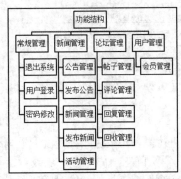

图 3-124 添加形状和输入文本后的组织结构图

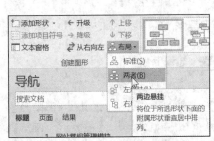

图 3-125 "布局"下拉列表

【步骤8】 选中组织结构图,在"SmartArt样式"选项组中选择"三维"中的"卡通"样式,如图3-126所示。调整组织结构图至合适大小,完成后的组织结构图如图3-127所示。

图3-126 选择SmartArt样式　　　　　　图3-127 完成后的组织结构图

提示:组织结构图的默认版式为嵌入型,与图片默认的版式一致。

【步骤9】 选择原来的"图7 系统功能结构图",按<Delete>键删除。

项目要求13:修改参考文献的格式,使其符合规范。

操作步骤

V3-13 长文档编辑
项目要求13~18

【步骤1】 将中文逗号更改为英文逗号。

【步骤2】 调整文本顺序,使其符合"作者.书名.出版社,年份:页数范围"的顺序。

【步骤3】 设置编号所在段落,将其悬挂缩进2字符。

项目要求14:将"三、系统需求分析(二)开发及运行环境"中的英文字母全部更改为大写。

操作步骤

【步骤1】 选中该文本,在"字体"选项组中单击"Aa▾(更改大小写)"下拉按钮,在弹出的下拉列表中选择"全部大写"选项,如图3-128所示。

【步骤2】 英文字母全部大写后的效果如图3-129所示。

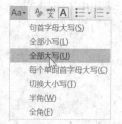

图3-128 "更改大小写"下拉列表

图3-129 英文字母全部大写后的效果

项目要求15:对全文使用"拼写和语法"功能进行自动检查。

知识储备

(7)键入时自动检查拼写和语法错误。

在默认情况下,Word 2016会在用户键入的同时自动进行拼写检查。用红色波形下画线表示可能存在的拼写问题,用蓝色波形下画线表示可能存在的语法问题。如需进一步设置,则可在"文件(文件)"选项卡中单击"选项"按钮,在"Word选项"对话框的"校对"选项卡中进行

计算机应用情境教学基础教程(Windows 7+Office 2016)(微课版)

详细设置，如图 3-130 所示。

在文档中输入内容时，在有红色或蓝色波形下画线的内容处单击鼠标右键，在弹出的快捷菜单中选择所需的选项或可选的拼写。

（8）集中检查拼写和语法错误。

在完成文档编辑后进行文档校对，具体操作：在"审阅"选项卡的"校对"选项组中单击"✅（拼写和语法）"按钮，弹出"语法"或"拼写检查"窗格，如图 3-131 所示。单击"更改"按钮可以修改为系统建议的正确内容，单击"忽略"或"全部忽略"按钮则不进行修改，单击"添加"按钮可把该内容添加到词典中，以后同样的内容就不会再提示为错误内容。

图 3-130 "校对"选项卡　　　　　　图 3-131 "拼写检查"窗格

 **操作步骤**

【步骤1】 选中整篇文档，在"审阅"选项卡的"校对"选项组中单击"✅（拼写和语法）"按钮，可让 Word 2016 自动进行拼写和语法的校对。

【步骤2】 修正"五、系统的详细设计（四）系统实现"中多处上、下引号用错的地方以及单词拼写错误。

提示："拼写和语法"对话框还可以按<F7>键快速打开。

【步骤3】 完成拼写和语法的检查后，会弹出信息框。

项目要求 16：在有疑问或内容需要修改的地方插入批注。给"二、系统设计相关介绍（一）ASP.NET 技术介绍"中的"UI，简称 USL"文本插入批注，批注内容为"此处写法有逻辑错误，需要修改"。

知识储备

（9）"审阅"选项卡。

批注是作者或审阅者为文档添加的注释，Word 2016 在文档的左、右页边距中显示批注。在编写文档时，利用批注可方便地修改审阅或添加注释。

① 显示。

在"审阅"选项卡的"批注"选项组中单击"（显示批注）"按钮，就能看到文档中的所有批注。反之，可以暂时关闭文档中的批注，也可显示/隐藏其他修订标记。

② 记录修订轨迹。

在对文档进行编辑时，单击"修订"选项组中的"（修订）"按钮可记录所有的编辑过程，并以各种修订标记显示在文档中，供接收文档的人查阅。

③ 接受或拒绝修订。

打开带有修订标记的文档时，可单击"更改"选项组中的"☑（接受）"或"☒（拒绝）"按钮，有选择地接受或拒绝其他用户的修订。

 提示：如果要退出"修订"状态，则只需在"修订"选项组中再次单击"📝（修订）"按钮，使其处于弹出状态即可。

 **操作步骤**

【步骤1】 在文档中"二、系统设计相关介绍 （一）ASP.NET 技术介绍"处，选中"UI，简称 USL"文本。

【步骤2】 在"审阅"选项卡的"批注"选项组中单击"📝（新建批注）"按钮，在弹出的批注框中输入内容"此处写法有逻辑错误，需要修改"，插入批注后的效果如图 3-132 所示。

访问层，下面对三层架构进行介绍：

用户表示层（UI，简称 USL）负责与用户交互，接收用户的输入并将服务器端传来的数据呈现给客户。

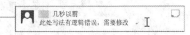

图 3-132　插入批注后的效果

 提示：若要删除单个批注，则可在该批注上单击鼠标右键，在弹出的快捷菜单中选择"删除批注"选项即可。

项目要求 17：文档格式编辑完成后，更新目录页码。

 **操作步骤**

【步骤1】 将光标定位在目录中并单击鼠标右键，在弹出的快捷菜单中选择"更新域"选项，如图 3-133 所示。

【步骤2】 在弹出的"更新目录"对话框中选中"只更新页码"单选按钮，单击"确定"按钮完成目录页码的自动更新，如图 3-134 所示。

图 3-133　选择"更新域"选项

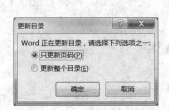

图 3-134　"更新目录"对话框

 提示：如果目录中的内容发生改变，则可选中"更新整个目录"单选按钮。

项目要求 18：同时打开"毕业论文-初稿.docx"和"毕业论文-修订.docx"两个文档，使用"并排查看"功能快速浏览完成的修订。

知识储备

（10）并排查看文档窗口。

打开两个或两个以上 Word 2016 文档，在当前的窗口中，在"视图"选项卡的"窗口"选项组中单击"▭▭（并排查看）"按钮，在弹出的"并排比较"对话框中，选择一个准备进行并排比较的 Word 2016 文档，单击"确定"按钮，如图 3-135 所示。

图 3-135　"并排比较"对话框

操作步骤

【步骤 1】　同时打开"毕业论文-初稿.docx"和"毕业论文-修订.docx"两个文档。

【步骤 2】　在"毕业论文-修订.docx"文档中，在"视图"选项卡的"窗口"选项组中单击"▭▭（并排查看）"按钮，在弹出的"并排比较"对话框中选择"毕业论文-初稿.docx"进行并排比较，单击"确定"按钮。

【步骤 3】　再次单击"▭▭（并排查看）"按钮，可退出并排查看状态。

提炼升华

1. 高级替换的使用

知识扩展

（1）高级替换。

在"查找和替换"对话框中单击"更多>>"按钮，可完成更复杂的高级替换功能。常用的"替换为"是"特殊格式"下拉列表中的"'剪贴板'内容"，如图 3-136 所示。

具体操作：为最终的替换结果设定一个效果，将此效果文本选中并单击鼠标右键，在弹出的快捷菜单中选择"复制"选项，此效果文本即自动保存到"剪贴板"中。在"编辑"选项组中单击"ab/ac（替换）"按钮，在"查找和替换"对话框的"查找内容"文本框中输入相应文本，单击"更多>>"按钮，将光标定位在"替换为"文本框中，单击"特殊格式"下拉按钮，在弹出的下拉列表中选择"'剪贴板'内容"选项，此时，"替换为"文本框中出现"^c"标记，如图 3-137 所示，单击"全部替换"按钮。

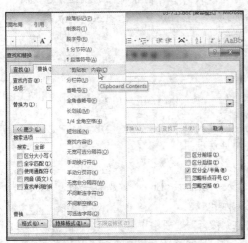

图 3-136　"特殊格式"下拉列表

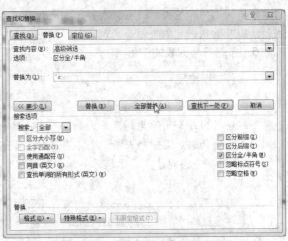

图 3-137　使用"剪贴板"内容进行替换

2. 样式的建立与使用

样式的建立与使用：见本节"项目要求 6"。

3. 目录的生成及更新

目录的生成：见本节"项目要求 9"。

目录的更新：见本节"项目要求 17"。

4. 制表位的设置

🎓 **知识扩展**

（2）制表位的设置。

制表位是页面中放置和对齐输入内容的定位标记，使用户能够向左、向右或居中对齐文本行，或者将文本与小数字符、竖线字符对齐。同时，也可在制表符前自动插入特定字符，如句号或画线等。

① 制表位类型。Word 2016 中有 5 种制表位类型：左对齐制表符 🗕——输入的文本以此位置左对齐；居中制表符 🗕——输入的文本以此位置居中对齐；右对齐制表符 🗕——输入的文本以此位置右对齐；小数点对齐制表符 🗕——小数点以此位置居中对齐；左竖线对齐制表符 🗕——不定位文本，它在制表符位置插入竖线。

② 设置制表位。在"视图"选项卡的"显示"选项组中选中"标尺"复选框，单击水平标尺左端的制表位，将它更改为所需的制表符类型，在水平标尺上单击要插入制表位的位置。

💡 **提示：** 若要设置精确的度量值，则可在"段落"对话框中单击"制表位…"按钮，在"制表位位置"中输入所需度量值，单击"设置"按钮。

③ 利用制表位输入内容。利用制表位可以输入类似于表格的内容，也可以把这些内容转变为表格。

制表位设置完成后，按<Tab>键，插入点跳到第 1 个制表符，输入第 1 列文字。再按<Tab>键，插入点跳到第 2 个制表符，输入第 2 列文字。以同样的方法输入其他列的内容，第 1 行输入完成后，按<Enter>键到断行，第 2 行和第 3 行以同样的方法进行输入。

④ 移动和删除制表位。在水平标尺上左、右拖动制表位标记即可移动该制表位。选定要删除或移动的制表位段落，将制表位标记向下拖离水平标尺即可删除该制表位。

⑤ 改变制表位。在"制表位"对话框的"制表位位置"选项组中，键入新制表符的位置，在"对齐方式"选项组中，选择在制表位键入文本的对齐方式。在"前导符"选项组中，选择所需前导符的选项，单击"设置"按钮，制表位即可添加到"制表位位置"选项组的列表框中，单击"清除"按钮，可删除添加的制表位，如图 3-138 所示。

5. 多级符号列表的使用

🎓 **知识扩展**

（3）多级符号列表。

多级符号列表是用于为列表或文档设置层次结构而创建的列表。一个文档中最多可以有 9 个级别。以不同的级别显示列表项，而不是只对一个级别进行缩进。

① 多级符号的创建。具体操作：单击"段落"选项组中的" 🔢 （多级列表）"下拉按钮，在下拉列表中选择一种列表格式，输入列表文本，每输入一项后按<Enter>键新建一行，多级符号会以同样的级别自动插入到每一行的行首，如图 3-139 所示。

若要将多级符号项目移动到合适的编号级别，则可在"段落"选项组中单击" 🔢 （增加缩进量）"按钮将项目降至较低的编号级别；单击" 🔢 （减少缩进量）"按钮将项目提升至较高的编号级别。

图 3-138 "制表位"对话框

图 3-139 "多级列表"下拉列表

 提示：按<Tab>键或<Shift+Tab>快捷键，也可以单击"增加缩进量"或"减少缩进量"按钮。

② 定义新的多级列表。具体操作：在"段落"选项组中单击" (多级列表)"下拉按钮，在下拉列表中选择"定义新的多级列表…"选项，在弹出的"定义新多级列表"对话框中单击"更多>>"按钮，选中"制表位添加位置"复选框，对不同的级别设定不同的编号格式、样式、起始编号、位置等，如图 3-140 所示。

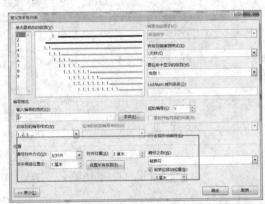

图 3-140 符号与文字的位置设置

③ 位置详解。

对齐位置：项目符号与页面左边的距离。

制表位位置：第 1 行文本开始处与页面左边的距离

提示：如果这个制表位位置的数字小于"对齐位置"或者太大，则 Word 2016 将会忽略此选择。

文本缩进位置：文本第 2 行的开始处与页面左边的距离。如果想让文本其他行都与第 1 行对齐，则可将此处的值与制表位位置设为相同大小，如图 3-140 所示。

④ 将级别链接到样式。每个级别的符号列表的格式均可与 Word 2016 中的样式进行链接。在"定义新多级列表"对话框的"将级别链接到样式"下拉列表中选择样式，即可将当前级别的符号与相应样式进行链接，如图 3-140 所示。

6. 组织结构图的使用

组织结构图：见本节"项目要求 12"。

7. 题注的使用

🎓 **知识扩展**

（4）题注。

题注是 Word 2016 给文档中的表格、图片、公式等添加的名称和编号。插入、删除或移动题注后，Word 会给题注重新编号。当文档中的图、表数量较多时，Word 2016 会自动添加这些序号，既省力又可杜绝错误发生。题注可手工插入和自动插入。

① 手工插入题注。

选中需要添加题注的图或表，在"引用"选项卡的"题注"选项组中单击"🖼（插入题注）"按钮，在弹出的"题注"对话框中设置题注的标签及编号格式，如图 3-141 所示。

💡 **提示：** "标签"也可使用"新建标签…"按钮来自定义。

② 自动插入题注。

在"题注"对话框中，单击"自动插入题注…"按钮，在弹出的"自动插入题注"对话框中选择自动添加题注的对象，如 Word 2016 表格，设定标签和位置，单击"确定"按钮，如图 3-142 所示。以后每次插入表格时都会在表格上方自动插入题注，并自动编号。

图 3-141 "题注"对话框

图 3-142 "自动插入题注"对话框

8. 批注的使用

批注的使用：见本节"项目要求 16"。

9. "审阅"选项卡的使用

"审阅"选项卡的使用：见本节"知识储备（9）'审阅'选项卡"。

10. "拼写和语法"工具的使用

"拼写和语法"工具的使用：见本节"项目要求 15"。

11. Word 2016 中的"节"

节：见本节"知识储备（5）Word 2016 中的'节'"。

12. Word 2016 中的"域"

域：见本节"知识储备（3）域的概念"。

13. 插入文件或超链接

🎓 **知识扩展**

（5）设置超链接。

超链接是指带有颜色和下画线的文字或图形，在单击后可以转向其他文件或网页。

提示: 自动生成的目录,按住<Ctrl>键即可到达该标题在 Word 文档中的位置,这就是 Word 2016 中的超链接。

具体操作:选中需要添加超链接的文本或图片并单击鼠标右键,在弹出的快捷菜单中选择"超链接…"选项,在"插入超链接"对话框中选择要链接的目标(本文档中的位置、其他文件或网址等),设置完成后,单击"确定"按钮即可,如图 3-143 所示。

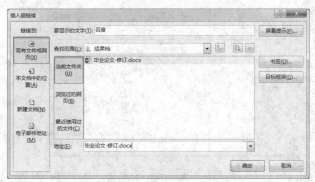

图 3-143 "插入超链接"对话框

打开超链接:超链接设置完成后,按住<Ctrl>键的同时将鼠标指针移动到有链接的文字或图片上,鼠标指针就会变成手的形状,单击即可跳转到指定位置。

删除超链接:在链接文本或图片上单击鼠标右键,在弹出的快捷菜单中选择"取消超链接"选项即可。

14. 文档的安全保护

知识扩展

(6)文档保护。

① 设置文档密码。为了保护 Word 文档免遭恶意攻击或者修改,可以对文档设置密码。

在" 文件 (文件)"选项卡的"信息"选项组中单击" (保护文档)"下拉按钮,在弹出的下拉列表中选择"用密码进行加密"选项,如图 3-144 所示。

为了防止非授权用户打开文档,可以在"加密文档"对话框中设置密码,如图 3-145 所示。

图 3-144 用密码进行加密

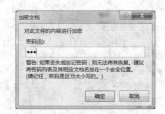

图 3-145 "加密文档"对话框

② 编辑限制。单击"保护文档"下拉按钮,在弹出的下拉列表中选择"限制编辑"选项,弹出"限制编辑"窗格。

在"限制编辑"窗格中可以设置格式限制和编辑限制,如图 3-146 所示。设定完成后,在"3.

启动强制保护"处单击"是，启动强制保护"按钮，在弹出的"启动强制保护"对话框中设定密码后，单击"确定"按钮，如图 3-147 所示。

图 3-146 "限制编辑"窗格　　　　　　　　　　图 3-147

15. 并排查看

并排查看文档窗口：见本节"项目要求 18"。

拓展练习

使用提供的文字和图片资料，完成产品说明书的制作。说明书中部分页面的效果如图 3-148 所示，最终效果见"产品说明书.pdf"。

图 3-148 说明书中部分页面的效果

3.5 Word 2016 综合应用

 项目情境

第一学年的学习生活即将结束，学院为了增进宿舍之间的学习生活交流，发起了以"舍友"为刊名的宿舍期刊制作活动。每个宿舍准备素材，分工合作，努力把最好的作品展现给大家。

完成"舍友"期刊的制作。总体要求：纸张大小为 A4，页数至少为 20 页。整体内容编排顺序为封面、日期和成员、卷首语、目录、期刊内容（围绕大学生活，每位宿舍成员至少完成 2 页内容的排版）和封底。

内容以原创为主，可适当在网上搜索素材进行补充，但必须注明出处。具体的版式及效果自行设计。示例期刊"莘莘学子"的部分效果如图 3-149（a）、图 3-149（b）、图 3-149（c）和图 3-149（d）所示，具体制作要求如表 3-4 所示。

表 3-4 具体制作要求

序号	具体制作要求
1	刊名为"舍友"，格式效果自行设计
2	宿舍成员信息真实，内容以原创为主
3	使用的网络素材需经过加工后再使用

序号	具体制作要求
4	期刊的制作需要用到图片、表格、艺术字、文本框、自选图形等
5	目录自动生成或使用制表位完成
6	色彩协调，标题醒目、突出，同级标题格式相对统一
7	版面设计合理，风格协调
8	图文并茂，文字字距、行距适中，且清晰易读
9	使用"节"，使页码从期刊内容处开始编码
10	页眉和页脚需根据不同版块设计不同的内容

— a great number of disciples —

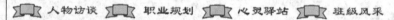

图 3-149（a） 期刊封面

　　两个月前在一次闲聊时，辅导员们提出要办一个属于机电工程系的学生期刊。数天后一份装订精美、结构完整、内容详实的策划书就交到了我的手中。经过近两个月的紧张筹备，《莘莘学子》终于与大家见面了。

　　从策划到筹备，从征稿到审稿，从排版到印刷。作为一名基层管理者，我感到很欣慰、很感动，在大家的关心和支持下，一份完全由机电工程系师生自己策划、编辑、发行的学生刊物面世了，它凝结了全系德育工作者和学生的心血。借此机会，向所有为《莘莘学子》付出过的朋友表示衷心的感谢！

　　当今世界风云激荡、瞬息万变，当代大学生思想更加开放、活跃，也更富有创新精神，但同时种种新的问题和矛盾也困惑着大学生。

　　我们深感"士不可以不弘毅，任重而道远"。我们急需一个大学生分享知识和经验，帮助大学生理性探讨并逐渐认知事物本源的平台。《莘莘学子》将通过《人物专访》《实习就业》《职业规划》《管理论坛》……多个栏目，用自己的声音去启发大学生，帮助他们从多个视角了解并审视每期主题，进而引导大学生积极思考并参与互动，使之拥有正确的价值观和远大的理想，成为善思进取、正直、有为的国之栋梁。

　　李开复先生在给学生的第四封信中写到"拥有了正确的价值观和远大的理想，他在面临困难和挑战时就必然会听从自己的真心、用冷静的心态权衡各种利弊，他也必然会在一次又一次或是成功、或是失败的抉择中不断积累经验完善自我……这样的人最能理解完整与均衡的真谛，这样的人最懂得使用自己的'选择'的权利来赢得真正的成功。"

　　希望《莘莘学子》能成为各位同学的精神家园，祝愿《莘莘学子》越办越好！

　　　　　　　　　　　　　　——吴玮

图3-149（b）　卷首语

计算机应用情境教学基础教程（Windows 7+Office 2016）（微课版）

莘莘学子

目　录

图3-149（c）目录

莘莘学子·心灵驿站

问题"。

　　现代大学生大多追求个性、独特的生活方式，他们对事情有着与众不同的看法，喜欢用独特的眼光看待问题。当然，这本无可厚非，但是有些学生是属于自我意识过于强烈的那种，他们在独特的家庭环境中长大，过度地以自我为中心，以至于对周围同学、朋友的评价过于敏感和关注，哪怕是随便的一句玩笑性调侃都会引起很大的情绪波动，有甚者，还会怀疑自己是不是真的存在某种问题，从而产生痛苦情绪。

　　相信类似的事情会经常在我们身边发生，或者也曾发生在自己的身上。面对这样的情况，我们应该如何自我察觉、分析以及自我处理呢？其实很简单，我认为：首先要正确地做好自我评价，认清自己的位置和身份，例如，你跟同学在一起，你们就是平等的，没有任何约束的，可以互相交流，互相学习的，互相取长补短的，说话可以开玩笑，可以打打闹闹，与此同时，还应该学会换位思考，站在别人的角度，看自己，这样就很容易接受别人的意见了，并且可以达到真正的效果，即改变自己的缺点。

　　另外，在大学生中还有一个既严重又普遍的问题，那就是大学生的意志过于单薄，心理耐挫能力差。

　　现在大多在校大学生在上大学之前都一直处在父母的"羽翼"之下，生活中面对的困难较少，可以说生活比较舒适。然而，进入大学后，我们要独自面对许多以前从未经历过的问题，例如情感方面上的，生活方面的，学习方面的，等等。在面对这些方面的问题时，最重要的就是我们摆正自己的心态，理智、平静地去处理，切忌浮躁。

　　无论生活在怎样的环境里，每个人都会遇到不顺心的事，从而会引起心理压抑，情绪低落，在此种情况下，我们除了要想办法解决掉难题，还要学会调节自己的情绪。通俗地说就是找个合适的途径发泄一下，将心中的压抑、不快全都释放出去。例如，当你心情不好时，你可以选择一个空气清新、四周安静、光线柔和的地方，坐下，躺着或站着，试着让自己放松，也可以适当地做些活动。当然，你也可以选择去睡觉，去逛街，去KTV，去吃小吃，等等。因人而异，不同的人有不同的喜好，找个适合自己的发泄途径，适当地发泄一下，千万别憋在心里，当心"积郁成疾"。

　　不管是生活、学习还是工作，我们的心态都扮演着很重要的角色。所以，摆正自己的心态，认清自己的身份，相信自己一定会成功！为自己加油吧！年轻就是资本！Come On！

心·理·的·距·离

机电09C3班　周洁

　　"爸爸妈妈希望我能乐观开朗地生活，即使有像米粒一样小的快乐发生在我的身边，我也要去发现它，让自己时时刻刻都开心，所以给我起名叫小米。"当那个明媚的夏

图3-149（d）　分栏

 重点内容档案

（1）Word 2016 的运行环境、Word 2016 的启动和退出。

Word 2016 的运行环境：见"3.1 编辑科技小论文"中的"知识储备（2）认识 Word 2016 的基本界面"。

Word 2016 的启动：见"3.1 编辑科技小论文"中的"知识储备（1）启动 Word 2016"。

Word 2016 的退出：见"3.1 编辑科技小论文"中的"知识储备（6）关闭 Word 2016"。

（2）文档的创建、打开和编辑（文本的选定、插入与删除、查找与替换等基本操作）。

文档的创建：见"3.1 编辑科技小论文"中的"热身练习 操作步骤 1"。

文档的打开：见"3.1 编辑科技小论文"中的"知识储备（7）打开文件"。

文本的选定：见"3.1 编辑科技小论文"中的"知识储备（9）选中文本的方法"。

文本的插入：见"3.1 编辑科技小论文"中的"知识扩展（2）文本的修改与插入"。

查找与替换：见"3.1 编辑科技小论文"中的"项目要求 6"。

高级替换：见"3.4 长文档编辑"中的"知识扩展（1）高级替换"。

（3）文档的保存、复制、删除、打印。

文档的保存：见"3.1 编辑科技小论文"中的"知识储备（3）文件的保存"。

文档的复制、删除：见"3.1 编辑科技小论文"中的"知识储备（11）文本的移动、复制及删除"。

文档的打印：见"3.3 小报制作"中的"知识扩展（7）打印文档"。

（4）字体、字号的设置，段落格式和页面格式的设置与打印预览。

字体、字号的设置：见"3.1 编辑科技小论文"中的"项目要求 3"。

段落格式：见"3.1 编辑科技小论文"中的"项目要求 4""项目要求 7"。

页面格式的设置：见"3.1 编辑科技小论文"中的"知识储备（10）页面设置"。

打印预览：见"3.3 小报制作"中的"知识扩展（6）打印预览"。

（5）Word 2016 中对象的插入和格式设置。

插入日期：见"3.1 编辑科技小论文"中的"热身练习【操作步骤 3】"。

插入特殊符号：见"3.3 小报制作"中的"项目要求 4"。

插入自选图形及格式设置：见"3.3 小报制作"中的"项目要求 3"。

插入图片及格式设置：见"3.3 小报制作"中的"项目要求 5"。

插入文本框及格式设置：见"3.3 小报制作"中的"项目要求 6"。

插入艺术字及格式设置：见"3.3 小报制作"中的"项目要求 7"。

中文版式的设置：见"3.3 小报制作"中的"知识扩展（4）中文版式的设置"。

页面背景及水印的设置：见"3.3 小报制作"中的"知识扩展（3）页面背景的设置"。

项目符号与编号的使用：见"3.1 编辑科技小论文"中的"知识储备（16）项目符号和编号"。

多级符号列表的使用：见"3.4 长文档编辑"中的"知识扩展（3）多级符号列表"。

样式的建立与应用：见"3.4 长文档编辑"中的"知识储备（2）样式和格式"。

目录的自动生成：见"3.4 长文档编辑"中的"项目要求 9"。

目录的更新：见"3.4 长文档编辑"中的"项目要求 17"。

插入页码：见"3.4 长文档编辑"中的"项目要求 11"。

插入分页符：见"3.4 长文档编辑"中的"项目要求 3"。

分节符的使用：见"3.4 长文档编辑"中的"知识储备（5）Word 2016 中的'节'"。

插入组织结构图：见"3.4 长文档编辑"中的"项目要求 12"。

页眉页脚的使用：见"3.1 编辑科技小论文"中的"项目要求 11"。

脚注和尾注的使用：见"3.1 编辑科技小论文"中的"知识储备（17）脚注和尾注"。

题注的使用：见"3.4 长文档编辑"中的"知识扩展（4）题注"。

插入文件：见"3.4 长文档编辑"中的"知识扩展（5）插入文件"。

超链接的使用：见"3.4 长文档编辑"中的"知识扩展（6）设置超链接"。

拼写和语法检查：见"3.4 长文档编辑"中的"项目要求 15"。

批注的使用：见"3.4 长文档编辑"中的"项目要求 16"。

（6）Word 2016 表格中数据的输入、排序和计算。

表格的制作：见"3.2 课程表&统计表"中的"知识储备（1）建立表格的方法"。

表格中数据的输入：见"3.2 课程表&统计表"中的"知识储备（6）在单元格中输入文本"。

数据的排序：见"3.2 课程表&统计表"中的"项目要求 8"。

数据的计算：见"3.2 课程表&统计表"中的"项目要求 6""项目要求 7"。

文本与表格的转换：见"3.2 课程表&统计表"中的"知识扩展（1）表格转换成文本和知识扩展（2）文本转换成表格"。

表格自动套用格式：见"3.2 课程表&统计表"中的"知识扩展（4）表格样式"。

 你学会了吗？

参考配套的电子资源。

第 4 幕
数据管理之 Excel 2016

4.1 产品销售表——编辑排版

 热身练习

为了响应团中央的号召，提高大学生综合素质，学校组织开展了暑期"文化、科技、卫生"三下乡社会实践活动。辅导员在暑假前要小 C 帮忙完成图 4-1 所示的假期三下乡活动名单，要求包含班级、姓名、性别、政治面貌、宿舍号、联系电话等信息并打印出来，请大家来帮帮他。

班级	姓名	性别	政治面貌	宿舍号	联系电话
电艺18C1	张　军	男	团员	1-201	13640691113
动漫18C1	赵　蔚	男	团员	1-303	13054061360
动漫18C2	张小梅	女	团员	2-402	13179730869
软件18C1	王永川	男	团员	1-210	15921595143
软件18C2	施利明	男	团员	1-215	13218669521
网络18C1	杨利蓉	女	团员	2-409	13809460904
网络18C1	王志强	男	团员	1-313	13935454981
信管18C1	郭　波	男	团员	1-316	13236229965
信管18C1	张　洁	男	团员	1-401	13478513507
信管18C2	张建军	男	团员	1-405	13607684958
信管18C2	韩　玲	女	团员	1-415	13952814848
信息18C1	孙淑萍	女	预备党员	2-411	15195326846
信息18C1	张　鹏	男	团员	1-410	13582649027
信息18C2	杨　云	女	团员	2-415	15053647869

图 4-1　假期三下乡活动名单

 操作步骤

【步骤 1】 启动 Excel 2016，单击快速访问工具栏中的"■（保存）"按钮，如图 4-2 所示。在弹出的"另存为"对话框中，设置保存位置为"文档"文件夹，文件名为"三下乡活动名单.xlsx"，如图 4-3 所示。

图 4-2　快速访问工具栏

图 4-3　"另存为"对话框

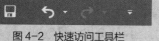 **知识储备**

（1）启动和退出 Excel 2016。

与启动 Word 2016 类似，有很多种方式可以启动 Excel。

① 使用"开始"菜单：单击"开始"按钮，选择"所有应用"→"Microsoft Office"→"Microsoft Excel 2016"选项，即可启动 Excel 2016。

② 使用桌面快捷方式图标：双击桌面上的"Microsoft Excel 2016"快捷方式图标，即可启动 Excel 2016。（在桌面上创建 Excel 2016 快捷方式图标的方法为单击"开始"按钮，在"所有应用"中 "Microsoft Office"中的"Microsoft Excel 2016"上单击鼠标右键，在弹出的快捷菜单中选择"发送到"→"桌面快捷方式"选项，即可在桌面上创建"Microsoft Excel 2016"的快捷方式图标。）

③ 双击 Excel 工作簿文件，如双击 要求与素材.xlsx 。

电子表格编辑完成后，可以通过多种方式关闭文档。

① 使用"关闭"按钮：直接单击电子表格窗口标题栏中的"关闭"按钮。

② 使用快捷菜单：在标题栏空白处单击鼠标右键，在弹出的快捷菜单中选择"关闭"选项。

③ 使用"Excel"按钮：在快速访问工具栏的左侧单击"Excel"按钮，在弹出的下拉列表中选择"关闭"选项。

（2）认识 Excel 2016 的基本界面。

在使用 Excel 2016 之前，首先要了解它的基本界面，如图 4-4 所示。

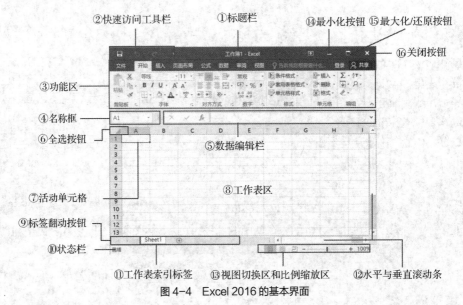

图 4-4 Excel 2016 的基本界面

① 标题栏：显示当前程序与文件的名称。

② 快速访问工具栏：显示 Excel 2016 中常用的功能按钮。

③ 功能区：用于放置常用的功能按钮。

④ 名称框：显示目前被用户选取单元格的行列号，图 4-4 所示的名称框内所显示的内容是被选取单元格的行列名"A1"。

⑤ 数据编辑栏：显示目前被选取单元格中的内容，用户除了可以直接在单元格内修改数据之外，也可以在数据编辑栏中修改数据。

⑥ 全选按钮：单击全选按钮，可以选中工作表中的所有单元格。

⑦ 活动单元格：单击工作表中某一单元格时，该单元格的周围会显示黑色粗边框，表示该单元格已被选取，称为"活动单元格"。

⑧ 工作表区：工作表区是由多个行和列组成的网状编辑区域，用户可以在这个区域中进行数据处理。

⑨ 标签翻动按钮：有时，一个工作簿中可能会因包含大量的工作表而使工作表索引标签的区域无法一次性显示所有的索引标签，此时就需要利用标签翻动按钮来帮助用户将显示区域以外的工作表索引标签翻动至显示区域内。

⑩ 状态栏：显示目前被选取单元格的状态，当用户正在单元格中输入内容时，状态栏中会显示"输入"两个字。

⑪ 工作表索引标签：每一个工作表索引标签都代表一张独立的工作表，用户可通过单击工作表索引标签来选取某一张工作表。

⑫ 水平与垂直滚动条：使用水平或垂直滚动条，可滚动整个文档。

⑬ 视图切换区和比例缩放区：方便用户选用合适的视图效果，可选用"普通""页面布局""分页预览"3种视图查看方式，也可选择视图比例。

⑭⑮⑯的内容在此不做过多讲述。

（3）工作簿、工作表和数据清单。

Excel 2016中，用户创建的表格是以工作簿文件的形式存储和管理的。"工作簿"是Excel 2016创建并存放在磁盘中的文件，扩展名为".xlsx"。启动Excel 2016时，Excel 2016会自动新建一个空白工作簿，并临时将其命名为"工作簿1"。

"工作表"是工作簿的一部分，一个工作簿最多可以容纳255张工作表。Excel 2016会默认设置3张工作表，默认名为"Sheet1""Sheet2""Sheet3"，工作表的标签名可以自由修改。正在被编辑的工作表称为"当前工作表"。一张工作表最多可以有65536行和256列，每行以正整数编码，分配一个数字来作为行号，每列分配1或2个字母作为列标。

行和列组成工作表的单位，称为"单元格"。单元格是存放数据的基本单位，它的名称由列标和行号组成，如A1单元格指的就是第1行和第A列相交部分的单元格。

数据清单是一种包含一行"列标题"和多行"数据"，且每行同列数据的类型和格式完全相同的Excel工作表。Excel 2016可以对数据清单执行数据管理和分析功能，包括查询、排序、筛选以及分类汇总等数据库基本操作。

为了使Excel 2016自动将数据清单当作数据库，构建数据清单的要求主要有列标志应位于数据清单的第一行；同一列中各行数据项的类型和格式应当完全相同；避免在数据清单中间放置空白的行或列，但当需将数据清单和其他数据隔开时，应在它们之间留出至少一个空白的行或列；尽量在一张工作表上建立一个数据清单。

 提示： 在打开多个工作簿窗口并需要比对工作簿内容时，可以在"视图"选项卡中单击"重排窗口"按钮，弹出"重排窗口"对话框，根据需要选择相应的排列方式，如图4-5所示。

图4-5 "重排窗口"对话框

【步骤2】 在"三下乡活动名单"工作簿的"Sheet1"工作表中，从A1开始的单元格中依次输入图4-1所示的文本。

提示： 在输入电话号码等数据时，系统默认其为数字，如果要把这些数字当作文本输入，则可以在英文输入状态下，先输入一个单引号，再输入数据。数字输入系统默认是右对齐，文本输入系统默认是左对齐，当输入的内容是字符和数字的混合时，系统也把它们当作文本处理，默认左对齐。后面介绍数据的录入知识点时会进一步讲解。

【步骤3】　选中有数据的单元格，在"开始"选项卡的"字体"选项组中设置字体格式为"宋体"，字号为"9"磅，单击"边框"下拉按钮，在下拉列表中选择"所有框线"选项⊞·，在"对齐方式"选项组中单击"居中"按钮▤，如图 4-6 所示。

图 4-6　设置字体、边框和对齐方式

【步骤4】　保持数据的选中状态，在"单元格"选项组中单击"格式"下拉按钮，在下拉列表中选择"自动调整列宽"选项，调整表格各列宽度。

【步骤5】　选中数据清单，即 A1 至 F15 单元格，在"开始"选项卡的"样式"选项组中单击"套用表格格式"下拉按钮，在下拉列表中选择"表样式中等深浅 2"选项，如图 4-7 所示。在弹出的"套用表格式"对话框中，确认表数据来源，选中"表包含标题"复选框，如图 4-8 所示，单击"确定"按钮。

图 4-7　"套用表格格式"下拉列表

图 4-8　"套用表格式"对话框

> 提示：套用表格格式之后，工作表会进入筛选状态，即各标题字段的右侧会出现下拉按钮，要取消这些下拉按钮，可以在"开始"选项卡的"编辑"选项组中单击"排序和筛选"下拉按钮，在下拉列表中选择"筛选"选项，或者在"表格工具-设计"选项卡的"表格样式选项"选项组中取消选中"筛选按钮"复选框。另外，在套用表格格式之后，也可以根据需要再对表格进行格式设置。

【步骤6】　单击快速访问工具栏中的"保存"按钮，对编辑好的文档进行保存。

🛒 知识储备

（4）打印工作表。

工作表或图表设计完成后，可通过打印机输出转变为纸张上的报表。除了使用快速访问工具栏中的"快速打印"按钮进行工作表的打印（快速访问工具栏中默认只有"Excel"按钮、"保存"按钮、"撤销"按钮和"恢复"按钮，要添加新的快速访问功能，可以通过单击快速访问工具栏最右侧的"▾（自定义快速访问工具栏）"按钮进行添加），也可以通过单击"文件"选项卡中的"打印"按钮完成打印操作。另外，在"页面布局"选项卡的"页面设置"选项组中单击"▪（对话框启动器）"按钮，弹出"页面设置"对话框，在该对话框中可以改变页面的格式，利用"打印预览"可以在屏幕上预先观看打印效果，直到调整到合适了，再使用"打印"功能打印输出。

① 工作表的分页。一张工作表最多允许存在 65536 行和 256 列，因此可以编辑很多数据。但是当一张工作表上的数据区域过大时，就会使打印范围超出打印纸张的边界。因此，在打印工作表之前要先解决工作表的分页。Excel 2016 既可以自动分页，也可以人工分页。

在"页面布局"选项卡的"工作表选项"选项组中选中"网格线"→"打印"复选框，可使工作表显示自动分页符，以当前纸张大小来自动进行分页，并以一条细的虚线来显示页的边界。

> 💡 **提示**：当工作表太大时，特别是在执行了与打印有关的命令后，如打印预览，Excel 2016 会自动分页并在工作表上以细虚线显示页的边界。

但有些时候，需要自行设置分页位置，这就要使用人工分页。选择一个单元格作为分页起始位置，即从此单元格开始后续在第二页上显示。在"页面布局"选项卡的"页面设置"选项组中单击"分隔符"下拉按钮，在下拉列表中选择"插入分页符"选项，便可从当前选定的单元格开始另起一页。

若要删除人工分页符，则可在分页符的下方或右侧选择一个单元格，在"页面布局"选项卡的"页面设置"选项组中单击"分隔符"下拉按钮，在下拉列表中选择"删除分页符"选项，可删除分页符。

② 页面设置。工作表在打印之前，除了进行数据区域的格式设置外，还要进行页面的设置。

在"文件"下拉列表中选择"打印"选项，单击"设置"选项组下方的"页面设置"按钮，或者在"页面布局"选项卡的"页面设置"选项组中单击"⌐（对话框启动器）"按钮，弹出"页面设置"对话框。

在"页面设置"对话框的"页面"选项卡中，在"缩放"选项组中，可以在 10%～400% 的范围内设置"缩放比例"，指定打印内容占用的页数，这样可以将要打印的数据强制打印在指定的页数范围内，如图 4-9 所示。

在"页面设置"对话框的"页边距"选项卡中，可以设定上、下、左、右边界值，还可指定页眉与页脚所占的宽度，在"居中方式"选项组中将水平方向与垂直方向都设为居中，这样可以让数据在纸张的中央位置显示，如图 4-10 所示。

图 4-9 "页面设置"对话框的"页面"选项卡

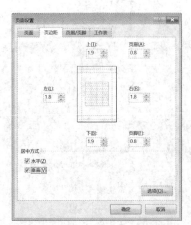

图 4-10 "页面设置"对话框的"页边距"选项卡

> 💡 **提示**：在打印预览状态中单击"页边距"按钮后，可以在当前屏幕上调整页边距及列宽。

在"页面设置"对话框的"页眉/页脚"选项卡中，通过"页眉"和"页脚"下拉列表设置简单的页眉和页脚，如图 4-11 所示。

如果需要设置更为复杂的页眉和页脚，可以单击"自定义页眉"按钮，弹出"页眉"对话框，如图 4-12 所示。"页眉"对话框中间的按钮从左到右分别是"格式文本""插入页码""插入页数""插入日期""插入时间""插入路径文件""插入文件名""插入数据表名称""插入图片"和"设置图片格式"。

计算机应用情境教学基础教程（Windows 7+Office 2016）（微课版）

图 4-11 "页面设置"对话框的"页眉/页脚"选项卡

图 4-12 "页眉"对话框

在"页面设置"对话框的"工作表"选项卡中，在"打印区域"文本框中可输入需要打印的单元格区域，还可以定义"顶端标题行""左端标题列"，是否打印网格线以及是否打印出行号和列标等信息，在"打印顺序"选项组中可以选中"先列后行"或"先行后列"单选按钮，其会影响到多页打印时的打印稿排列顺序，如图 4-13 所示。

全部设置完成后，单击"打印预览"按钮，在"打印预览"选项组中，Excel 2016 会缩小工作表及图表，以一页纸的形式显示工作表及图表。如果数据区域太大，需要多页打印时，页面底部会显示"◂ 1 共2页 ▸"，通过两侧的"上一页""下一页"按钮来预览其他页码中的内容。

③ 打印工作表。工作表制作完成，在"打印预览"选项组中查看打印效果并修改满意后，便可进行工作表的打印工作。设置打印机、打印范围、打印内容及打印份数，单击"打印"按钮进行打印，如图 4-14 所示。

图 4-13 "页面设置"对话框的"工作表"选项卡

图 4-14 设置打印选项

【步骤7】 在"文件"下拉列表中选择"打印"选项,在右侧的"打印预览"选项组中确认打印效果。如果对效果不满意,需要将表格水平居中打印,可通过单击"打印"选项组下方的"页面设置"按钮,弹出"页面设置"对话框,在"页边距"选项卡中设置"居中方式"为水平。确认后,再单击"打印"按钮进行打印。

> **提示:** 如果按默认设置进行打印,则可在快速访问工具栏中单击"快速打印"按钮,这样无须进行任何设置即可直接进行工作表的打印。建议选定打印的区域后,在"打印"选项组中设置打印内容为"选定区域",这样不容易出错。

通过以上的热身练习,我们已经掌握了 Excel 2016 的基本使用方法,下面以一个具体的项目巩固并提高 Excel 2016 的使用能力,先来看一下该项目的具体情境。

 项目情境

暑期,小 C 来到某饮料公司参加社会实践。该公司使用最多的就是 Excel 2016 办公软件,要经常制作产品库存情况、销售情况以及送货销量清单等。在市场营销部,小 C 负责制作每天各种饮料销售的数据记录表。

 项目分析

1. 用什么制表? Excel 2016 是办公软件 Microsoft Office 的组件之一,它不仅可以制作各种类型的表格,还可以对表格数据进行分析统计,根据表格数据制作图表等。企业生产中对产品数量的统计分析、在人事岗位上对职员工资结构的管理与分析、在教师岗位上对学生成绩的统计与分析都需要 Excel 2016 的帮助。此时,数据的输入、公式的计算、数据的管理与分析知识就能帮上大忙了,这些知识可以让用户使用尽量少的时间去管理庞大而又复杂的数据。

2. 数据怎么录入? 可以在工作表中直接输入数据,也可以通过复制粘贴的方式输入。不同的数据类型有不同的输入格式,要严格按照格式进行输入,特别是要掌握快速输入数据的小技巧。

3. 数据格式如何编辑? 选中要设置格式的数据所在的单元格,通过"设置单元格格式"对话框中的"数字""对齐"等选项卡,完成相关设置。

 技能目标

1. 熟悉 Excel 2016 的启动与退出方法及基本界面,理解工作簿、工作表等基本概念。

2. 学会对编辑对象的多种选定方法和复制、移动、删除等基本操作。

3. 能进行相关工作表的管理操作。

4. 学会对单元格进行基本的格式设置。

5. 在学习时能够和 Word 2016 有关内容进行对比学习，将各知识点融会贯通、学以致用。

6. 掌握自主学习的方法，如使用<F1>（帮助）键。

 重点集锦

某月碳酸饮料送货销量清单

序号	客户名称	送货地区	路线	渠道编号	碳酸饮料CSD																							
					600mL										1.5L					2.5L			355mL						
					百	七	美	青	柚	激	轻	葡	桃	合	百	七	美	青	合	百	七	合	百	七	美	青	激	西	轻	合
1	百顺超市	塑山	1/9	525043334567	16	1	1	2	1	2	1				3	3	3			20	10		5	1	1				
2	百汇超市	塑山	1/9	525043334567	12		2	2				1			2	5	5			15	5		5	1	1	1			
3	小平超市	塑山		523034567894					1											6	3								
4	农工联超市	东橘	1/9	525043334567	12	1	2	2		2					3	3				8	4		5	1	1				
5	供销社批发	东橘	1/9	511023456783																10	5								
6	上海发联超市	东橘	1/9	525043334567	16	1	1	2	2						3					2	2		8	1					
7	凯新小卖部	郑湖	2/9	523034567894	30																								
8	光明小卖部	郑湖		523034567894	10											5		5	5	5	5								
9	顺发批发	郑湖	2/9	511023456783	50															10	10		50						
10	海明朗食品	郑湖	2/9	511023456783	50																								

日期：2020年8月1日　单位：箱

 项目详解

> 项目要求1：在"4.1 要求与素材.xlsx"工作簿中的"素材"工作表后插入一张新的工作表，将其命名为"某月碳酸饮料送货销量清单"。

操作步骤

【步骤1】　打开"4.1 要求与素材.xlsx"工作簿。

【步骤2】　在"素材"工作表标签上单击鼠标右键，在弹出的快捷菜单中选择"插入"选项，弹出"插入"对话框，选择"常用"选项卡中的"工作表"选项，如图 4-15 所示，单击"确定"按钮，得到新的工作表。

【步骤3】　拖动新生成的工作表至"素材"工作表后。

【步骤4】　双击新工作表标签，将新建工作表重命名为"某月碳酸饮料送货销量清单"。

V4-1　产品销售表
——编辑排版项目
要求 1～3

图 4-15　使用"插入"对话框创建新的工作表

> 项目要求2：将"素材"工作表中的字段名行选择性粘贴（粘贴数值）到"某月碳酸饮料送货销量清单"工作表的 A1 单元格中。

知识储备

（5）数据的选取。

选取单元格是进行其他操作的基础，在进行其他操作之前必须熟悉和掌握选取单元格的操作。

计算机应用情境教学基础教程（Windows 7+Office 2016）（微课版）

提示：选定一个以上单元格区域后，被选定区域左上角的单元格是当前活动单元格，颜色为白色，其他单元格为淡蓝色。

① 连续单元格的选定：用空心十字形指针 "✛" 从单元格区域左上角向下、向右按住鼠标左键并拖曳鼠标到最后一个单元格，即可选择一块连续的单元格区域。

提示：如果需要选取的是较大的单元格区域，可以先单击第一个单元格，再按住<Shift>键不放，移动滚动条到所需的位置，并单击区域中的最后一个单元格。

② 选中一行或一列：直接单击行号或列号即可。

③ 选取不相邻的单元格：选定第一个单元格区域，按住<Ctrl>键不放，继续选择第 2 个单元格区域。

④ 选取全部单元格：单击工作表左上角的全选按钮，即可选中整个工作表。

提示：选取全部单元格也可以使用快捷键<Ctrl+A>。

（6）选择性粘贴。

选择性粘贴与平常所说的粘贴是有区别的。粘贴是把所有的东西都复制粘贴下来，包括数值、公式、格式、批注等；选择性粘贴是指把剪贴板中的内容按照一定的规则粘贴到工作表中，是有选择的粘贴，如只粘贴数值、格式或者批注等。

提示：利用"选择性粘贴"功能还可以完成工作表行列关系之间的交换，实现的方式是选中"选择性粘贴"对话框中的"转置"复选框。

操作步骤

【步骤 1】　单击"素材"工作表标签，选中第 1 至第 3 行并单击鼠标右键，在弹出的快捷菜单中选择"复制"选项。

【步骤 2】　单击"某月碳酸饮料送货销量清单"工作表标签，选中 A1 单元格并单击鼠标右键，在快捷菜单中选择"选择性粘贴"选项，弹出"选择性粘贴"对话框，如图 4-16 所示，选中"粘贴"选项组中的"数值"单选按钮，单击"确定"按钮。

项目要求3：将"素材"工作表中的前 10 条数据记录（从 A4 到 AC13 内的所有单元格）复制到"某月碳酸饮料送货销量清单"工作表从 A4 开始的单元格区域中，并清除复制后单元格的格式。

图 4-16　"选择性粘贴"对话框

知识储备

（7）单元格的清除。

输入数据时，除了输入数据本身之外，有时候还会输入数据的格式、批注等信息。清除单元格时，如果使用选定单元格后按<Delete>键或<Backspace>键的方式进行删除，只能删除单元格中的内容，单元格格式和批注等内容依然会保留下来。在需要删除特定的内容时，如要删除单元格格式、批注，或者要将单元格中的所有内容全部删除，需要在"开始"选项卡的"编辑"选项组中单击"清除"下拉按钮，在下拉列表中选择"清除"选项。

操作步骤

【**步骤1**】 单击"素材"工作表标签，选中 A4 单元格，按住<Shift>键不放，继续单击 AC13 单元格并单击鼠标右键，在弹出的快捷菜单中选择"复制"选项。

【**步骤2**】 单击"某月碳酸饮料送货销量清单"工作表标签，选中 A4 单元格并单击鼠标右键，在弹出的快捷菜单中选择"粘贴"选项。

【**步骤3**】 在新粘贴到工作表的数据保持选中的情况下，在"开始"选项卡的"编辑"选项组中单击"清除"下拉按钮，在下拉列表中选择"清除格式"选项，如图 4-17 所示，清除单元格格式。

图 4-17 "清除"下拉列表

项目要求4： 在"客户名称"列前插入一列，在 A1 单元格中输入"序号"，在 A4 到 A13 单元格内使用填充句柄功能自动填入序号"1，2…"。

🛒 **知识储备**

（8）填充序列和填充句柄。

在输入连续性的数据时，Excel 2016 提供了填充序列功能，可以快速输入数据，节省工作时间。能够通过填充完成的数据有等差数据序列（如1，2，3…或1，3，5…）、等比数据序列（如1，2，4…或1，4，16…），时间日期（如3：00、4：00、5：00…或6月1日、6月2日、6月3日等），同时 Excel 2016 提供了一些已经设置好的文本系列数据（如甲、乙、丙、丁…或子、丑、寅、卯等）。

只要输入数据序列中的数据，就可以从该数据开始填充序列。填充时需要使用"填充句柄"功能来完成。所谓"填充句柄"，是指位于当前活动单元格右下方的方块"▭"，当鼠标指针变为黑色的十字形"➕"时，可以按住鼠标左键并拖动填充句柄进行自动填充。

💡 **提示：** 使用鼠标拖动填充句柄的时候，向下和向右是按数据序列顺序填充的，如果是向上或向左方向拖动，就会进行倒序填充。如果拖动超出了所需位置，可以把填充句柄拖回到需要的位置，多余的部分就可以被擦除，或者选定有多余内容的单元格区域，按<Delete>键删除。如果数据序列的个数是事先规定好的，在填充的单元格数目超过序列规定个数时，便会反复填充同样的序列数据。若输入的第一个数据不是已有的序列，序列填充时就变成了复制，鼠标拖过的每一个单元格都与第一个单元格的数据相同。要对序列数据进行复制，可按住<Ctrl>键再进行填充，下面的操作中会做具体说明。除了使用系统内部的数据序列之外，用户也可以自定义自己的序列。实现方法是在"文件"选项卡中单击"选项"按钮，弹出"Excel选项"对话框，在"高级"选项卡中单击"编辑自定义列表"按钮，弹出"自定义序列"对话框，在"输入序列"列表框中输入自定义序列后，单击"添加"按钮，如图 4-18 所示；也可以从单元格直接导入，具体操作步骤在后面的项目操作步骤中会有详细介绍。

图 4-18 "自定义序列"对话框

操作步骤

【步骤1】 在"某月碳酸饮料送货销量清单"工作表中，选中 A 列并单击鼠标右键，在弹出的快捷菜单中选择"插入"选项，便可在"客户名称"列前插入一列。

提示： 在插入行或列的操作中，选择行或列的数量决定了在选定位置的上方或左侧插入行或列的数量。

【步骤2】 在 A1 单元格中输入"序号"，在 A4 单元格中输入起始值"1"，按住<Ctrl>键不放，拖动 A4 单元格右下角的填充句柄至 A13 单元格，得到等差数据序列，如图 4-19 所示。

图 4-19 拖动填充句柄进行自动填充

V4-2 产品销售表
——编辑排版项目
要求 4~6

提示： 除了以上提到的按住<Ctrl>键拖动填充句柄填充等差序列的方法之外，还可以在第一个单元格中输入数据序列的起始值，选中要填充的所有单元格，在"开始"选项卡的"编辑"选项组中单击"填充"按钮，在下拉列表中选择"序列"选项，弹出"序列"对话框，选择"类型"选项，输入"步长值"和"终止值"，来实现数据序列的填充。

项目要求 5： 在"联系电话"列前插入两列，字段名分别为"路线""渠道编号"，并分别输入对应的路线和渠道编号数值。

知识储备

（9）数据的录入。

在 Excel 2016 中，录入的数据可以是文字、数字、函数和日期等格式。

在默认状态下，所有文本在单元格中均为左对齐，数字为右对齐，但如果输入的数据大于或等于 12 位，数据的显示方式会变成科学记数法，如果不想以这种格式显示数据，则需要将数据转变为文本进行输入，实现的方法在热身练习中已经提到过，可以在数据前面输入英文状态下的单引号"'"，如 "'123456789123456789"。

提示： 如果在单元格内出现若干个"#"，则并不意味着该单元格中的数据已被破坏或丢失，只是表明单元格的宽度不够，以至于不能显示数据内容或公式结果。改变列的宽度后，就可以看到单元格的实际内容了。

日期的默认对齐方式为右对齐，输入时常用的日期格式有"2020-7-1""2020/7/1""20-7-1""20/7/1""7/1"等，以上输入方式除"7/1"以外在编辑框中都会以"2020-7-1"的形式呈现，"7/1"在单元格中显示内容为"7 月 1 日"。

操作步骤

【步骤1】 在"某月碳酸饮料送货销量清单"工作表中，选中 D 列并单击鼠标右键，在弹出的快捷菜单中选择"插入"选项，再重复该操作，即可在"联系电话"列前插入两列。

【步骤2】 在 D1 单元格中输入"路线"，在 D4 单元格中输入"0"、空格、"1/9"，按<Enter>

键得到线路编号，如图 4-20 所示，其他线路编号使用同样的方法输入。

【步骤3】　在 E1 单元格中输入"渠道编号"，在 E4 单元格中先输入英文状态下的单引号"'"，再输入 12 位渠道编号，如图 4-21 所示，其他渠道编号使用同样的方法输入。

| 0 1/9 | → | 1/9 | | '525043334567 | → | 525043334567 |

图 4-20　输入"0"、空格、"1/9"时　　　　图 4-21　输入英文状态下的单引号"'"后输入
得到的线路编号　　　　　　　　　　　　12 位渠道编号

项目要求6：删除字段名为"联系电话"的列。

操作步骤

【步骤1】　在工作表中选中 F 列。

【步骤2】　在选中区域内单击鼠标右键，在弹出的快捷菜单中选择"删除"选项。

项目要求7：在 A14 单元格中输入"日期："，在 B14 单元格中输入当前日期，并设置日期类型为"*2012 年 3 月 14 日"。在 C14 单元格中输入"单位："，在 D14 单元格中输入"箱"。

操作步骤

【步骤1】　在工作表中选中 A14 单元格，输入文字"日期："。

【步骤2】　选中 B14 单元格，输入当前日期，如"2020-8-1"，单击鼠标右键，在弹出的快捷菜单中选择"设置单元格格式"选项，弹出"设置单元格格式"对话框，在"数字"选项卡中"分类"的"日期"类型列表框中选择第 2 种，如图 4-22 所示，单击"确定"按钮。

V4-3　产品销售表
——编辑排版项目
要求 7～12

图 4-22　"设置单元格格式"对话框的"数字"选项卡

【步骤3】　适当调整 B 列的列宽，以显示 B14 单元格的全部内容。

提示：调整行高和列宽时，除了直接使用鼠标拖动行与行或列与列之间的分隔线之外，还可以使用对话框实现。在"开始"选项卡的"单元格"选项组中单击"格式"下拉按钮，在下拉列表中选择"行高"或"列宽"选项，弹出"行高"或"列宽"对话框，直接输入需要的行高或列宽值；也可以直接选择"格式"下拉列表中的"自动调整行高"或"自动调整列宽"选项进行设置。

【步骤4】　选中 C14 单元格，输入文字"单位："。

【步骤5】　选中 D14 单元格，输入文字"箱"。

项目要求 8：将工作表中所有的"卖场"替换为"超市"。

 操作步骤

【步骤 1】 在工作表中，在"开始"选项卡的"编辑"选项组中单击"查找和选择"下拉按钮，在下拉列表中选择"替换"选项，弹出"替换"对话框，在"查找内容"文本框中输入"卖场"，在"替换为"文本框中输入"超市"，单击"全部替换"按钮，在弹出的提示对话框中单击"确定"按钮，完成替换操作。

【步骤 2】 关闭"替换"对话框。

项目要求9：在第一行之前插入一行，将 A1 到 AE1 单元格格式设置为跨列居中，并输入标题"某月碳酸饮料送货销量清单"。

 操作步骤

【步骤 1】 在工作表中选中第一行并单击鼠标右键，在弹出的快捷菜单中选择"插入"选项。

【步骤 2】 选中 A1 到 AE1 之间的所有单元格并单击鼠标右键，在弹出的快捷菜单中选择"设置单元格格式"选项，弹出"设置单元格格式"对话框，在"对齐"选项卡中的"水平对齐"下拉列表中选择"跨列居中"选项，如图 4-23 所示，单击"确定"按钮。

【步骤 3】 选中 A1 单元格，输入标题"某月碳酸饮料送货销量清单"。

项目要求10：调整表头格式，使用文本控制和文本对齐方式合理设置字段名，并将表格中所有文本的对齐方式设置为居中对齐。

 操作步骤

【步骤 1】 选中 A2 至 A4 之间的单元格并单击鼠标右键，在弹出的快捷菜单中选择"设置单元格格式"选项，弹出"设置单元格格式"对话框，在"对齐"选项卡中设置文本控制方式为"合并单元格"，文本水平对齐和垂直对齐方式均为"居中"，如图 4-24 所示，单击"确定"按钮。

图 4-23 设置单元格格式为"跨列居中"　　图 4-24 设置文本水平对齐和垂直对齐方式均为"居中"

提示："合并单元格"与"居中"一起使用，等同于在"开始"选项卡的"对齐方式"选项组中单击"合并后居中"下拉按钮，在下拉列表中选择"合并后居中"选项。

【步骤2】 使用同样的方法处理其他字段名，各字段名对应的单元格区间如下："客户名称"对应 B2:B4；"送货地区"对应 C2:C4；"路线"对应 D2:D4；"渠道"对应 E2:E4；"碳酸饮料 CSD"对应 F2:AE2；"600mL"对应 F3:O3；"1.5L"对应 P3:T3；"2.5L"对应 U3:W3；"355mL"对应 X3:AE3。其中，"送货地区"中间使用快捷键<Alt+Enter>换行，将该字段名分两行显示。

> 提示：在 Excel 2016 的单元格中换行需要使用<Alt+Enter>快捷键，直接按<Enter>键是确认数据输入结束，此时活动单元格的位置会下移一行，在新行中继续输入数据。

【步骤3】 选中 A2 至 AE15 之间的单元格，在"开始"选项卡的"对齐方式"选项组中单击"▇（居中）"按钮。

项目要求11：将标题文字格式设置为"仿宋、11 磅、蓝色"；将字段名行的文字格式设置为"宋体、9 磅、加粗"；将记录行和表格说明文字的格式设置为"宋体、9 磅"。

操作步骤

【步骤1】 选中 A1 单元格的标题并单击鼠标右键，在弹出的快捷菜单中选择"设置单元格格式"选项，弹出"设置单元格格式"对话框，在"字体"选项卡中设置字体为"仿宋"，字号为"11"，颜色为"蓝色"，单击"确定"按钮。

【步骤2】 选中 A2 至 AE4 之间的字段名并单击鼠标右键，在弹出的快捷菜单中选择"设置单元格格式"选项，弹出"设置单元格格式"对话框，在"字体"选项卡中设置字体为"宋体"，字号为"9"，字形为"加粗"，单击"确定"按钮。

【步骤3】 选中 A5 至 AE15 之间的记录行及表格说明文字并单击鼠标右键，在弹出的快捷菜单中选择"设置单元格格式"选项，弹出"设置单元格格式"对话框，在"字体"选项卡中设置字体为"宋体"，字号为"9"，单击"确定"按钮。

项目要求12：将该表的所有行和列设置为适合的行高和列宽。

操作步骤

【步骤1】 选中整张工作表，在"开始"选项卡的"单元格"选项组中单击"格式"下拉按钮，在下拉列表中选择"自动调整行高"选项，如图 4-25 所示。

【步骤2】 保持数据的选中状态，在"开始"选项卡的"单元格"选项组中单击"格式"下拉列表中"自动调整列宽"选项。

> 提示：当改变单元格内的字体或字号时，单元格的行高会根据具体设置的情况发生变化。

项目要求13：将工作表中除第 1 行和第 15 行外的数据区域设置边框格式为外边框粗实线，内边框实线。

操作步骤

【步骤】 选中 A2 到 AE14 的所有单元格并单击鼠标右键，在弹出的快捷菜单中选择"设置单元格格式"选项，弹出"设置单元格格式"对话框，在"边框"选项卡中选择线条样式为"粗实线"，单击"预置"选项组中的"外边框"按钮，继续选择线条样式为"实线"，单击"预置"
选项组中的"内部"按钮，如图 4-26 所示，单击"确定"按钮。

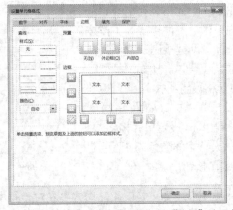

V4-4 产品销售表
——编辑排版项目
要求 13～18

图 4-25 "自动调整
行高"选项

图 4-26 "设置单元格格式"对话框的"边框"选项卡

💡 提示："开始"选项卡的"字体"选项组中也有一个边框按钮"⊞"，单击该下拉按钮，
在下拉列表中会显示 13 种边框样式，可以快速设置边框效果。

项目要求14：将工作表中字段名部分 A2 到 E4 数据区域设置边框格式为外边框粗实线，内
边框粗实线。将工作表字段名部分 F3 至 AE4 数据区域设置边框格式为外边框粗实线。将工作表
中记录行部分 A5 到 E14 数据区域设置边框格式为内边框垂直线条（粗实线）。

操作步骤

【步骤 1】 选中 A2 到 E4 的所有单元格并单击鼠标右键，在弹出的快捷菜单中选择"设置
单元格格式"选项，弹出"设置单元格格式"对话框，在"边框"选项卡中选择线条样式为"粗
实线"，单击"预置"选项组中的"外边框"按钮和"内部"按钮，单击"确定"按钮。

【步骤 2】 选中 F3 到 AE4 的所有单元格并单击鼠标右键，在弹出的快捷菜单中选择"设置
单元格格式"选项，弹出"设置单元格格式"对话框，在"边框"选项卡中选择线条样式为"粗
实线"，单击"预置"选项组中的"外边框"按钮，单击"确定"按钮。

【步骤 3】 选中 A5 到 E14 的所有单元格并单击鼠标右键，在弹出的快捷菜单中选择"设置
单元格格式"选项，弹出"设置单元格格式"对话框，在"边框"选项卡中选择线条样式为"粗
实线"，单击边框预览图中间的垂直线条，单击"确定"按钮。

项目要求 15：将工作表中 F3 到 O14 数据区域和 U3 到 W14 数据区域设置背景颜色为"80%
蓝色"（第 2 行、第 5 列）。

操作步骤

【步骤】 选中 F3 到 O14 数据区域中的所有单元格，按住<Ctrl>键不放，继续选中 U3 到
W14 数据区域中的所有单元格，单击鼠标右键，在弹出的快捷菜单中选择"设置单元格格式"选
项，弹出"设置单元格格式"对话框，在"填充"选项卡中的"背景色"选项组中，设置颜色为
"80%蓝色"（第 2 行、第 5 列），单击"确定"按钮。

项目要求16：设置所有销量大于 15 箱的单元格格式字体颜色为"蓝色"，字形为"加粗"。

操作步骤

【步骤】 选中 F5 到 AE14 单元格，在"开始"选项卡的"样式"选项组中单击"条件格式"下拉按钮，在弹出的下拉列表中选择"新建规则"选项，弹出"新建格式规则"对话框，设置"选择规则类型"为"只为包含以下内容的单元格设置格式"，编辑规则说明内容为"单元格值""大于""15"，如图 4-27 所示，单击"格式"按钮，在弹出的"设置单元格格式"对话框的"字体"选项卡中，设置字体颜色为"蓝色"，字形为"加粗"，单击"确定"按钮。

图 4-27 "新建格式规则"对话框

💡 提示：如果有多个条件格式要一起设置，则需要在对话框中一次性完成设置，不能多次设置，否则后面的格式设置会把前面已经设置好的格式结果替换掉。

项目要求 17：在 B17 单元格中输入"产品销售额累计"，并超链接至"产品销售额累计.xlsx"文档。

操作步骤

【步骤】 选中 B17 单元格，输入"产品销售额累计"，按<Enter>键确认，重新选中该单元格，在"插入"选项卡的"链接"选项组中单击"超链接"按钮，在弹出的"插入超链接"对话框中选择"产品销售额累计.xlsx"文件后，单击"确定"按钮，完成超链接的设置。

项目要求18：复制"某月碳酸饮料送货销量清单"工作表，将新工作表重命名为"某月碳酸饮料送货销量清单备份"。

操作步骤

【步骤】 在"某月碳酸饮料送货销量清单"工作表标签上单击鼠标右键，在弹出的快捷菜单中选择"移动或复制工作表"选项，弹出"移动或复制工作表"对话框，选择"移动到最后"选项，选中"建立副本"复选框，单击"确定"按钮。将复制的工作表重命名为"某月碳酸饮料送货销量清单备份"。

提炼升华

1. Excel 2016 用户环境，见本节"知识储备（2）认识 Excel 2016 的基本界面"。
2. 工作簿/工作表/单元格的概念，见本节"知识储备（3）工作簿、工作表和数据清单"。
3. 工作簿的新建/打开/保存/打印/查看/保护方法。工作簿的打开见本节"知识储备（1）启动和退出 Excel"，工作簿的打印见本节"知识储备（4）打印工作表"。

🎓 知识扩展

（1）工作簿的新建。

启动 Excel 2016 时，Excel 2016 会自动新建一个空白工作簿，并临时取名为"工作簿1"，与 Word 2016 相同，工作簿也有其他的新建方式。

① 在快速访问工具栏中单击"□（新建）"按钮，可以得到一个新的空白工作簿，在已有"工作簿1"的基础上，临时取名为"工作簿2"，以此类推。

② 在"文件"选项卡中单击"新建"按钮，在"可用模板"列表框中选择"空白工作簿"选项，单击"创建"按钮，如图 4-28 所示。如果需要根据模板创建工作簿，可以在"可用模板"列表框中选择合适的创建选项，单击"下载"按钮。下载后的模板既可打开使用，又可根据自身需要进行编辑。另外，当做好的表格想要进行重复使用时，可以考虑把表格做成模板，保存类型设置为"Excel97-2003 模板"，选择合适的文件夹进行保存，下次使用时可以直接在"我的模板"中快速找到。

③ 直接在 Windows 中创建工作簿。在需要创建工作簿的目标文件夹中，在窗口空白处单击鼠标右键，在弹出的快捷菜单中选择"新建"→"Microsoft Excel 工作表"选项。

（2）工作簿的保存。

新建的工作簿只是打开了一个临时的工作簿文件，要真正实现工作簿的建立，需要对临时工作簿文件进行保存。单击快速访问工具栏中的"保存"按钮，在"另存为"对话框中设置"保存路径""文件名"，单击"保存"按钮，如图 4-29 所示。

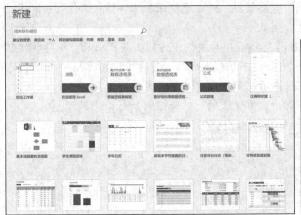

图 4-28　新建工作簿

图 4-29　"另存为"对话框

提示： 对已经保存过的工作簿文件进行保存时，可以直接单击快速访问工具栏中的"保存"按钮或使用快捷键<Ctrl+S>。如果要将文件存储到其他位置，则需要选择"文件"下拉列表中的"另存为"选项。使用 Excel 2016 提供的自动保存功能，可以在断电或死机的情况下最大限度地减少损失。自动保存时，可以在"文件"下拉列表中选择"选项"选项，弹出"Excel 选项"对话框，在"保存"选项卡中进行设置。

（3）工作簿的查看。

① 冻结窗口。对于一些数据清单较少的工作表，可以很容易地看到整个工作表的内容，但是对于一个大型表格来说，要想在同一窗口中同时查看整个表格的数据内容是很费力的，此时可使用拆分窗口和冻结窗口的功能来简化操作。

设置冻结窗口可以通过在"视图"选项卡的"窗口"选项组中单击"冻结窗口"下拉按钮，在下拉列表中选择相关选项来进行设置。

提示： 冻结窗口主要有 3 种形式，即冻结首行、冻结首列和冻结拆分窗格。冻结首行是指滚动工作表其他部分时保持首行不动；冻结首列是指滚动工作表其他部分时保持首列不动；冻结拆分窗格是指滚动工作表其他部分时，同时保持行和列不动。

② 拆分窗口。拆分窗口可以将当前活动的工作表拆分成多个窗格，并且在每个被拆分的窗

格中都可以通过滚动条来显示整个工作表的各个部分。

选定拆分分界位置的单元格，在"视图"选项卡的"窗口"选项组中单击"拆分"按钮，在选定单元格的左上角，系统将工作表窗口拆分成 4 个不同的窗格。利用工作表右侧及下方的 4 个滚动条，可以清楚地在每个部分中查看整个工作表的内容。

> **提示：** 拆分窗口可以通过先选定单元格，再在"视图"选项卡的"窗口"选项组中单击"拆分"按钮来实现，系统会将工作表窗口拆分成 4 个不同的窗格。如果要拆分成上、下两个窗格，应当先选中要拆分位置下面的相邻行；如果要拆分成左、右两个窗格，应当先选中拆分位置右侧的相邻列；如果要拆分成 4 个窗格，应当先选中要拆分位置右下方的单元格。
>
> 若要调整拆分位置，可以将鼠标指针指向拆分框，当鼠标指针变为双向箭头后，可上、下、左、右拖动拆分框来改变每个窗格的大小。
>
> 要撤销拆分，可以通过单击"视图"选项卡的"窗口"选项组中的"拆分"按钮使它处于非选中状态来实现，或者通过鼠标左键在拆分框上双击来实现。

（4）工作簿的保护。

要防止他人偶然或恶意更改、移动或删除重要数据，可以通过保护工作簿或工作表来实现，单元格的保护要与工作表的保护结合使用才会生效。

① 保护工作簿：对工作簿文件的各项操作完成后，单击快速访问工具栏中的"保存"按钮（如果是已保存过的工作簿文件，则可选择"文件"下拉列表中的"另存为"选项），弹出"另存为"对话框，选择好要保存的文件位置和文件名后，单击该对话框下方的"工具"下拉按钮，在弹出的下拉列表中选择"常规选项"选项，弹出"常规选项"对话框，如图 4-30 所示。

图 4-30 "常规选项"对话框

在该对话框中可以给工作簿设置打开密码和修改密码，单击"确定"按钮后，系统会弹出"确认密码"对话框，再输入一次密码并单击"确定"按钮，文件保存完毕（已保存过的文件会提示"文件已存在，要替换它吗？"，单击"是"按钮）。当下次要打开或修改这个工作簿时，系统就会提示要输入密码，如果密码不对，则不能打开或修改工作簿。

> **提示：** 在图 4-30 所示的"常规选项"对话框中，删除密码框中的所有"*"即可删除密码，撤销工作簿的保护。

② 保护单元格：全选工作表并单击鼠标右键，在弹出的快捷菜单中选择"设置单元格格式"选项，弹出"设置单元格格式"对话框，选择"保护"选项卡，取消选中"锁定"复选框，单击"确定"按钮。选中需要保护的数据区域，重新选中"保护"选项卡中的"锁定"复选框，单击"确定"按钮。再执行下面的工作表保护功能，即可实现对单元格的保护。

> **提示：** 如果要隐藏任何不希望在单元格中显示的公式，则可选中"保护"选项卡中的"隐藏"复选框。

③ 保护工作表：选择要进行保护的工作表"Sheet1"，单击"审阅"选项卡的"保护"选项组中的"保护工作表"按钮，弹出"保护工作表"对话框，如图 4-31 所示。在该对话框中设置保

计算机应用情境教学基础教程（Windows 7+Office 2016）（微课版）

护密码，选择保护内容，以及允许其他用户进行修改的内容，单击"确定"按钮。

工作表被保护后，当在被锁定的区域内输入内容时，系统会弹出图 4-32 所示的警告框，提示无密码的用户无法输入内容。

图 4-31　"保护工作表"对话框 　　　　图 4-32　试图修改被保护单元格内容警告框

 提示：密码是可选的，如果没有密码，任何用户都可取消对工作表的保护并更改被保护的内容；如果设置了密码，要确保记住设置好的密码，因为密码丢失后无法继续访问工作表中被保护的内容。

在保护工作表中设置可编辑数据区域：选定允许编辑区域，单击"审阅"选项卡的"保护"选项组中的"允许用户编辑区域"按钮，弹出图 4-33 所示的"允许用户编辑区域"对话框。

单击"新建"按钮，在图 4-34 所示的"新区域"对话框中可以设置单元格区域及密码。单击"权限"按钮，可以设置各用户权限。单击"确定"按钮，再单击"保护工作表"按钮，便可进行工作表保护。

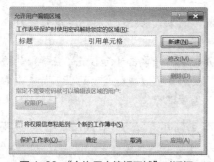

图 4-33　"允许用户编辑区域"对话框 　　　　图 4-34　"新区域"对话框

④ 工作簿的隐藏与保护：选定工作表后，单击"视图"选项卡的"窗口"选项组中的"隐藏"按钮，即可把该工作簿隐藏起来。工作簿被隐藏后，工作表标签就看不见了，但工作簿内的数据仍然可以使用。单击"视图"选项卡的"窗口"选项组中的"取消隐藏"按钮，即可取消对该工作簿的隐藏。

4. 工作表数据的录入（时间、分数等）/修改/选取/移动/复制等操作。工作表数据的录入见本节"知识储备（9）数据的录入"，工作表数据的选取见本节"知识储备（5）数据的选取"。

知识扩展

（5）工作表数据的修改。

输入数据后，若发现错误或者需要修改单元格内容，可以先单击单元格，再在数据编辑栏中进行修改；或先双击单元格，再将光标定位到单元格内相应的修改位置处进行修改。

（6）工作表数据的移动。

在工作表中移动数据时，可以先选定待移动的单元格区域，将鼠标指针指向选定区域的黑色边框，按住鼠标左键将选定区域拖动到粘贴区域，松开鼠标左键，Excel 2016将用选定区域替换粘贴区域中的任意现有数据。

（7）工作表数据的复制。

复制工作表中的数据时，应先选定需复制的单元格区域，将鼠标指针指向选定区域的黑色边框，按住<Ctrl>键，同时按住鼠标左键将选定区域拖动到粘贴区域的左上角单元格，松开鼠标指针，完成数据的复制。

 提示： 移动操作和复制操作也可以分别使用快捷键<Ctrl+X>配合<Ctrl+V>，以及<Ctrl+C>配合<Ctrl+V>来完成。

5. 数据的查找与替换，见本节"项目要求8"。

6. 单元格的清除，见本节"知识储备（7）单元格的清除"。

 知识扩展

（8）单元格的删除。

删除单元格与清除单元格是不同的。删除单元格不但删除了单元格中的内容、格式和批注，还删除了单元格本身。

具体执行删除操作时，可先选定要删除的单元格、行或列并单击鼠标右键，在弹出的快捷菜单中选择"删除"选项，弹出"删除"对话框，如图4-35所示，可以选择对"单元格"，或者是工作表中的"行"或"列"进行删除。

图4-35 "删除"对话框

（9）行和列的隐藏。

如果有些行或列不需要参与操作，则可以使用隐藏的方式来处理，隐藏后数据还在，只是不参与操作，需要再次使用时，只要取消隐藏即可。

具体执行隐藏行或列操作时，可以先选定对应的行或列并单击鼠标右键，在弹出的快捷菜单中选择"隐藏"选项；要显示被隐藏的行或列时，只要选择被隐藏行或列的上下行或左右列并单击鼠标右键，在弹出的快捷菜单中选择"取消隐藏"选项即可。

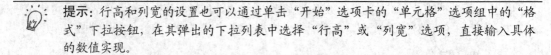 **提示：** 如果被隐藏的是第1行或第A列，在取消选择时，需要按住鼠标左键从第2行向上方拖动或从第B列向左侧拖动，超过全选框时松开鼠标左键，方可取消对第1行或第A列的隐藏。

7. 单元格格式设置（数字/对齐/字体/边框/填充……），见本节"项目要求7""项目要求9""项目要求10""项目要求11""项目要求13""项目要求14""项目要求15"。

8. 行高/列宽的设置，见本节"项目要求12"。

 提示： 行高和列宽的设置也可以通过单击"开始"选项卡的"单元格"选项组中的"格式"下拉按钮，在其弹出的下拉列表中选择"行高"或"列宽"选项，直接输入具体的数值实现。

9. 套用表格样式的应用，见本节"热身练习 操作步骤5"。

10. 工作表的复制、移动、重命名、删除等基本操作，见本节"项目要求18"。

11. 填充句柄的应用、自定义序列，见本节"知识储备（8）填充序列和填充句柄"。

12. 条件格式的使用，见本节"项目要求16"。

计算机应用情境教学基础教程（Windows 7+Office 2016）（微课版）

拓展练习

完成图 4-36 所示的员工基本信息表。

编号	姓名	性别	民族	籍贯	身份证号码	学历	毕业院校	部门	现任职务	专业技术职务	基本工资
					市场营销部员工基本信息表						
1	张军	男	汉	淮安	321082196510280342	研究生	东南大学	市场营销部	经理	营销师	¥8,000.00
2	郭波	男	汉	武进	321478197103010720	研究生	苏州大学	市场营销部	营销人员	助理营销师	¥2,000.00
3	赵蔚	女	汉	镇江	320014197105200961	研究生	西南交通大学	市场营销部	营销人员	助理营销师	¥2,000.00
4	张浩	男	汉	常州	329434195305121140	大专	南京大学	市场营销部	营销人员	营销师	¥2,000.00
部门性别比例：（女/男）	1/3										
									制表日期：		2020年11月20日

图 4-36　员工基本信息表

4.2　产品销售表——公式函数

项目情境

　　小 C 认真完成了主管交代的数据整理工作，得到了肯定。下个月初，主管让他对当月的销售数据进行汇总统计，进一步了解当月实际销售情况。

下个月初，主管要求小C对当月的销售数据进行汇总统计，进一步了解当月实际销售情况……

项目分析

1. 从 Word 2016 表格中的公式函数过渡到 Excel 2016 中的相关内容。
2. Excel 2016 公式与函数的具体应用。

技能目标

1. 学会 Excel 2016 中公式的编辑与使用。
2. 了解 Excel 2016 中绝对地址、二维地址、三维地址的应用。
3. 学会在多张不同的工作表中引用数据。
4. 学会利用公式处理具体问题。

重点集锦

1. 绝对地址和二维地址的应用

AF	AG	AH	AI	AJ	A
销售额合计	折后价格	上月累计	本月累计	每月平均	
=O4*产品价格表!$D$3+T4*产品价格表!$D$4+W4*产品价格表!$D$5+AE4*产品价格表!$D$6					
¥364	¥364	¥6,799	¥7,163	¥1,023	

2. 三维地址的应用

AF	AG	AH	AI	AJ
销售额合计	折后价格	上月累计	本月累计	每月平均
¥2,643	¥2,114	=[产品销售额累计.xlsx]产品销售额!F4		
¥1,994	¥1,795	¥8,667	¥10,462	¥1,495

3. IF 函数的应用

AF	AG	AH	AI	AJ
销售额合计	折后价格	上月累计	本月累计	每月平均
¥2,643	=IF(AF4>=2000,AF4*0.8,IF(AF4>=1000,AF4*0.9,AF4))			
¥1,994	IF(**logical_test**, [value_if_true], [value_if_false])			
¥364	¥364	¥6,799	¥7,163	¥1,023

 项目详解

项目要求1：在"某月碳酸饮料送货销量清单"工作表中的淡蓝色背景区域内计算本月内 30 位客户购买 600mL、1.5L、2.5L、355mL 这 4 种不同规格的饮料箱数的总和。

 知识储备

（1）单元格位置引用。

进行公式计算时，要用到单元格的地址，也就是位置引用。

单元格的位置引用分为以下几种。

① 相对地址引用：单元格引用地址会随着公式所在单元格的变化而发生变化。

② 绝对地址引用：当公式复制到不同的单元格中时，公式中的单元格引用始终不变，这种引用叫作绝对地址引用。它的表示方式是在列标及行号前加"$"符号，如"$A$1"。

③ 混合地址引用：如果在单元格的地址引用中，既有绝对地址又有相对地址，则称该引用地址为混合地址，如"A$1"。

提示：在做好单元格地址引用后，通过按<F4>功能键，可在相对地址、绝对地址和混合地址中进行切换。

（2）函数的使用。

函数是系统内部预先定义好的公式，通过函数可以实现对工作表数据的加、减、乘、除基本运算和各种类型的计算，与公式运算相比较，函数使用起来更方便快捷。

Excel 2016 有 200 多个内部函数，通常分为财务函数、逻辑函数、文本函数、日期和时间函数、查找与引用函数、数学和三角函数等。

在日常工作中，经常用到的函数有求和函数 SUM、求平均值函数 AVERAGE、求最大值函数 MAX、求最小值函数 MIN、条件函数 IF、计数函数 COUNT、条件计数函数 COUNTIF、取整函数 INT、四舍五入函数 ROUND 和排位函数 RANK 等。

① SUM（number1, number2 … ）：计算所有参数数值的和。参数 number1、number2 …代表需要计算的值，可以是具体的数值、引用的单元格（区域）、逻辑值等，总数不超过 30 个。

② AVERAGE（number1, number2 … ）：计算参数的平均值。参数使用同上。

③ MAX（number1, number2 … ）：求出一组数中的最大值。参数使用同上。

④ MIN（number1, number2 … ）：求出一组数中的最小值。参数使用同上。

⑤ IF（logical_test, value_if_true, value_if_false）：对指定的条件 logical_test 进行真假逻辑判断，如果为真，返回 value_if_true 的内容；如果为假，返回 value_if_false 的内容。

⑥ COUNT（value1, value2 … ）：计算参数中包含数字的单元格的个数。参数可以是单个的值或单元格区域，最多为 30 个。文本、逻辑值、错误值和空白单元格将被忽略。

⑦ COUNTIF（range, criteria）：对区域中满足单个指定条件的单元格进行计数。参数 range 是指需要计算其中满足条件的单元格数目的单元格区域；criteria 用于定义对哪些单元格进行计数，它的形式可以是数字、表达式、单元格引用或文本字符串。

⑧ INT（number）：将数字向下舍入到最接近的整数。

⑨ ROUND（number, num_digits）：按指定的位数对数值进行四舍五入。参数 number 是指用于进行四舍五入的数字，参数 num_digits 是指位数，按此位数进行四舍五入，位数不能省略。

⑩ RANK（number, ref, order）：返回一个数字在数字列表中的排位。参数 number 是需要计算其排位的一个数字；参数 ref 是包含一组数字的数组或引用（其中的非数值型值将被忽略）；参数 order 是一个数字，指明了数字排位的方式。如果 order 为 0 或省略，Excel 对数字的排位将按降序排列；如果 order 不为 0，Excel 对数字的排位将按升序排列。

⑪ SUMIF（range, criteria, sum_range）：返回某个区域内满足给定条件的所有单元格数值的和。参数 range 为条件区域，用于条件判断的单元格区域；参数 criteria 是满足条件，由数字、逻辑表达式等组成的判定条件；参数 sum_range 为实际求和区域，需要求和的单元格、区域或引用，当省略第三个参数时，条件区域就是实际求和区域。criteria 参数中可以使用通配符（包括问号 "?" 和星号 "★"），问号用于匹配任意单字符，星号用于匹配任意一串字符，如果要查找实际的问号或星号，则需要在该字符前键入波形符 "~"。

⑫ AVERAGEIF（range, criteria, [average_range]）：返回某个区域内满足给定条件的所有单元格的平均值（算术平均值）。其前两个参数同上；参数 average_range 为计算平均值的实际区域，如果省略，则使用 range 的区域。

提示： 在使用函数处理数据时，如果不知道使用什么函数比较合适，可以使用 Excel 2016 的 "搜索函数" 功能来帮助缩小范围，直到挑选出合适的函数。单击 "公式" 选项卡的 "函数库" 选项组中的 "插入函数" 按钮，弹出 "插入函数" 对话框，在 "搜索函数" 文本框中输入要求，如 "计数"，单击 "转到" 按钮，系统会将把 "计数" 有关的函数挑选出来，并显示在 "选择函数" 列表框中，如图 4-37 所示。再结合查看相关的帮助文档，即可快速确定所需要的函数。

图 4-37　使用 "搜索函数" 功能来帮助缩小函数的选择范围

计算机应用情境教学基础教程（Windows 7+Office 2016）（微课版）

 操作步骤

V4-5 产品销售表
——公式函数项目
要求1、2

【步骤1】 双击打开"4.2 要求与素材.xlsx"工作簿。

【步骤2】 单击"某月碳酸饮料送货销量清单"工作表标签，选中O4单元格，输入"="，单击F4单元格，继续输入"+"，单击G4单元格，继续输入"+"，单击H4单元格，继续输入"+"，重复此操作至N4单元格，如图4-38所示，按<Enter>键确认，得到1号客户600mL规格饮料的购买箱数。

| 16 | 1 | 1 | 2 | 1 | 2 | 1 | 2 | 1 |=F4+G4+H4+I4+J4+K4+L4+M4+N4|

图4-38 输入计算公式

【步骤3】 选中O4单元格，将鼠标指针移动到单元格的右下角，按住左键拖动填充句柄至O33单元格，得到所有客户600mL规格饮料的购买箱数。

> **提示：** 公式可以在单元格内输入，也可以在数据编辑栏内输入，如果公式内容较长，则建议在数据编辑栏中输入。

【步骤4】 选中T4单元格，单击"公式"选项卡的"函数库"选项组中的"Σ 自动求和（自动求和）"按钮，选中P4至S4单元格，按<Enter>键确认，得到1号客户1.5L规格饮料的购买箱数。

【步骤5】 选中T4单元格，将鼠标指针移动到单元格的右下角，按住左键拖动填充句柄至T33单元格，得到所有客户1.5L规格饮料的购买箱数。

【步骤6】 选中W4单元格，单击"公式"选项卡的"函数库"选项组中的"插入函数"按钮，弹出"插入函数"对话框，如图4-39所示。在"选择函数"列表框中选择"SUM"函数，单击"确定"按钮，弹出"函数参数"对话框，如图4-40所示，设置"Number1"参数的数据内容为"U4：V4"单元格，即用鼠标指针直接选取U4至V4单元格区域，单击"确定"按钮，得到1号客户2.5L规格饮料的购买箱数。

图4-39 "插入函数"对话框

图4-40 "函数参数"对话框

> **提示：** 除了使用"公式"选项卡的"函数库"选项组中的"插入函数"按钮弹出"插入函数"对话框之外，也可以通过单击"函数库"选项组中的"自动求和"下拉按钮，选择下拉列表中的"其他函数"选项，以及通过单击"函数库"选项组中的各种函数分类下拉按钮，选择下拉列表中的"插入函数"选项来弹出"插入函数"对话框。

【步骤7】 选中W4单元格，将鼠标指针移动到单元格的右下角，按住左键拖动填充句柄至W33单元格，得到所有客户2.5L规格饮料的购买箱数。

【步骤8】 使用以上3种方法中自己认为最适合的一种，计算所有客户355mL规格饮料的购买箱数。

项目要求 2：在"某月碳酸饮料送货销量清单"工作表中的"销售额合计"列中计算所有客户本月销售额合计，销售额的计算方法为不同规格产品销售箱数乘以对应价格的总和，不同规格产品的价格在"产品价格表"工作表内。

操作步骤

【步骤 1】　单击"某月碳酸饮料送货销量清单"工作表标签，单击 AF4 单元格，输入"="，单击 O4 单元格，输入"*"；单击"产品价格表"工作表标签，单击 D3 单元格，输入"+"；单击"某月碳酸饮料送货销量清单"工作表标签，单击 T4 单元格，输入"*"；单击"产品价格表"工作表标签，单击 D4 单元格，输入"+"；单击"某月碳酸饮料送货销量清单"工作表标签，单击 W4 单元格，输入"*"；单击"产品价格表"工作表标签，单击 D5 单元格，输入"+"；单击"某月碳酸饮料送货销量清单"工作表标签，单击 AE4 单元格，输入"*"；单击"产品价格表"工作表标签，单击 D6 单元格，按<Enter>键确认，得到 1 号客户的本月销售额合计。

【步骤 2】　选中 AF4 单元格，在数据编辑栏中，将光标定位在 D3 之间，按<F4>功能键，将相对地址"D3"转换为绝对地址"$D$3"。使用同样的方法，将 D4、D5、D6 均转换为绝对地址，如图 4-41 所示，按<Enter>键确认。

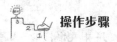 =O4*产品价格表!$D$3+T4*产品价格表!$D$4+W4*产品价格表!$D$5+AE4*产品价格表!$D$6

图 4-41　将相对地址转换为绝对地址

【步骤 3】　拖动填充句柄至 AF33 单元格，得到所有客户的本月销售额合计。

项目要求 3：根据用户销售额在 2000 元以上（含 2000 元）享受八折优惠、1000 元以上（含 1000 元）享受九折优惠的规定，在"某月碳酸饮料送货销量清单"工作表的"折后价格"列中计算所有客户本月销售额的折后价格。

V4-6　产品销售表
——公式函数项目
要求 3

操作步骤

【步骤 1】　单击"某月碳酸饮料送货销量清单"工作表标签，单击 AG4 单元格，输入"=IF(AF4>=2000,AF4*0.8,IF(AF4>=1000,AF4*0.9,AF4))"，按<Enter>键确认，得到 1 号客户本月销售额的折后价格。

> 提示：IF（Logical_test, Value_if_true, Value_if_false）函数对指定的条件 Logical_test 进行真假逻辑判断，如果为真，返回 Value_if_true 的内容；如果为假，返回 Value_if_false 的内容。Logical_test 代表逻辑判断条件的表达式；Value_if_true 表示当判断条件为逻辑"真（True）"时的显示内容，如果忽略则返回"True"；Value_if_false 表示当判断条件为逻辑"假（False）"时的显示内容，如果忽略则返回"False"。
>
> 将 IF 函数的第 3 个数据变成另一个 IF 函数，以此类推，每一次可以将一个 IF 函数作为上一个基本函数的第 3 个数据，这样就形成了 IF 函数的嵌套，IF 函数最多可嵌套 7 层。
>
> 如果对于函数的格式较熟悉，则可以不用函数对话框实现，直接输入公式的方式更加快捷。

【步骤 2】　拖动填充句柄至 AG33 单元格，得到所有客户的本月销售额的折后价格。

项目要求 4：在"某月碳酸饮料送货销量清单"工作表的"上月累计"列中填入"产品销售额累计"工作簿的"产品销售额"工作表的"上月累计"列中的数据。

知识储备

（3）三维地址引用。

如果是在不同的工作簿中引用单元格地址，系统会提示所引用的单元格地址是哪个工作簿文件中的哪张工作表，数据编辑框中显示的三维地址格式为"[工作簿名称]工作表名! 单元格地址"。

操作步骤

【步骤1】 双击打开"产品销售额累计"工作簿。

【步骤2】 单击"某月碳酸饮料送货销量清单"工作表标签，选中 AH4 单元格，输入"="，单击"产品销售额累计"工作簿中的"产品销售额"工作表标签，单击 F4 单元格，按<Enter>键确认，得到 1 号客户的上月销售额累计。

【步骤3】 选中"4.2 要求与素材"工作簿中的"某月碳酸饮料送货销量清单"中的 AH4 单元格，将光标定位在"[产品销售额累计.xlsx] 产品销售额!$F$4"中的"$F$4"之间，按<F4>功能键，将绝对地址"$F$4"转换为相对地址"F4"，如图 4-42 所示。

V4-7 产品销售表
——公式函数项目
要求 4、5

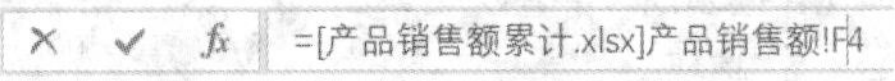

> ✕ ✓ *fx* =[产品销售额累计.xlsx]产品销售额!F4

图 4-42 将绝对地址转换为相对地址

> 💡 提示：三维地址的单元格引用会直接使用绝对地址，在需要的时候要将绝对地址转换为相对地址。

【步骤4】 拖动填充句柄至 AH33 单元格，得到所有客户的上月销售额累计。

项目要求 5：在"某月碳酸饮料送货销量清单"工作表的"本月累计"列中计算截至本月所有客户的销售额总和。

操作步骤

【步骤1】 单击"某月碳酸饮料送货销量清单"工作表标签，选中 AI4 单元格，输入"="，单击 AG4 单元格，继续输入"+"，再单击 AH4 单元格，按<Enter>键确认，得到 1 号客户截至本月的销售额总和。

【步骤2】 拖动填充句柄至 AI33 单元格，得到所有客户截至本月的销售额总和。

项目要求 6：在"某月碳酸饮料送货销量清单"工作表的"每月平均"列中计算本年度前 7 个月所有客户的销售额平均值。

操作步骤

【步骤1】 单击"某月碳酸饮料送货销量清单"工作表标签，选中 AJ4 单元格，输入"="，单击 AI4 单元格，继续输入"/"，以及数字"7"，按<Enter>键确认，得到 1 号客户本年度前 7 个月销售额平均值。

V4-8 产品销售表
——公式函数项目
要求 6~8

【步骤2】 拖动填充句柄至 AJ33 单元格，得到所有客户本年度前 7 个月的销售额平均值。

项目要求 7：将"销售额合计""折后价格""上月累计""本月累计""每月平均"所在列的文本格式设置为保留小数点后 0 位，并加上人民币"￥"符号。

操作步骤

【步骤】 选中"销售额合计""折后价格""上月累计""本月累计""每月平均"所在列的单元格，即 AF4:AJ33 单元格区域，单击鼠标右键，在弹出的快捷菜单中选择"设置单元格格式"选项，弹出"设置单元格格式"对话框，在"数字"选项卡中选择"分类"中的"货币"选项，设置小数位数为"0"，货币符号选择人民币符号"￥"，单击"确定"按钮。

项目要求8：在"每月平均"列最下方计算前 7 个月平均销售额大于 1000 元的客户数量。

操作步骤

【步骤1】 单击"某月碳酸饮料送货销量清单"工作表标签，选中 AF34 单元格，输入"前7 个月平均销售额大于 1000 元的客户数量为"。

【步骤2】 选中 AJ34 单元格，单击"公式"选项卡的"函数库"选项组中的"插入函数"按钮，弹出"插入函数"对话框。在"选择函数"列表框中选择"COUNTIF"函数，单击"确定"按钮，弹出"函数参数"对话框，设置"range"参数的数据内容为 AJ4 至 AJ33 区域的所有单元格，设置"criteria"参数的内容为">1000"，单击"确定"按钮，即可得到前 7 个月平均销售额大于 1000 元的客户数量。

提炼升华

1. Excel 2016 工作表中公式的输入、复制和填充的方法，见本节"项目要求 1"；函数的输入、复制和填充的方法，见本节"知识储备（2）函数的使用"。

知识扩展

（1）公式中的运算符。

在 Excel 2016 中，有算术、文本、比较和引用共 4 类运算符。其中常用的是算术运算符，其他运算符可以简单了解。

① 算术运算符：+（加号）、-（减号或负号）、*（乘号）、/（除号）、%（百分号）、^（乘方号，如 2^2 表示 2 的平方）。

② 比较运算符：=（等号）、>（大于号）、<（小于号）、>=（大于等于号）、<=（小于等于号）、<>（不等于号）。

③ 文本运算符：&，文本运算符可以将两个文本连接起来生成一串新文本，如在 A1 单元格中输入"公式"，在 B1 单元格中输入"=A1&'函数'"（常量用双引号括起来）。按〈Enter〉键后，B1 单元格内容显示为公式函数。

④ 引用运算符：区域运算符":"，SUM(A1:D4)表示对 A1 到 D4 共 16 个单元格的数值进行求和；联合运算符"，"，SUM(A1,D4)表示对 A1 和 D4 共 2 个单元格的数值进行求和；交叉运算符"␣"（空格），SUM(A1:D4 B2:E5)表示对 B2 到 D4 共 9 个单元格的数值进行求和。

（2）公式中的错误信息。

在 Excel 2016 中输入或编辑公式时，一旦公式因为各种原因不能正确计算出结果，系统就会提示错误信息。下面介绍几种在 Excel 2016 中常常出现的错误信息，对引起错误的原因进行分析，并提供纠正这些错误的方法。

① ＃＃＃：表示输入单元格中的数据太长或单元格公式所产生的结果太大，在单元格中显示不下，可以通过调整列宽来改变。Excel 2016 中的日期和时间必须为正值，如果日期或时间

产生了负值，则会在单元格中显示"＃＃＃＃"，如果要显示这个数值，则可在"设置单元格"格式"对话框的"数字"选项卡中，选定一个不是日期或时间的格式。

② ＃DIV/0!：输入的公式中包含除数0，或在公式中除数使用了空单元格（当运算区域是空白单元格时，Excel 2016默认将其当作零），或包含零值的单元格被引用。解决办法是修改单元格引用，或者在除数的单元格中输入不为零的值。

③ ＃VALUE!：在使用不正确的参数或运算符，或者在执行自动更正公式功能时不能更正公式时，都将产生错误信息＃VALUE!。在需要数字或逻辑值时输入了文本，Excel 2016不能将文本转换为正确的数据类型时，也会显示这种错误信息。此时，应确认公式或函数所需的运算符或参数是否正确，公式引用的单元格中是否包含有效的数值。

④ ＃NAME?：在公式中使用了 Excel 2016 所不能识别的文本时将产生错误信息＃NAME?，可以从以下几方面进行检查纠正错误。如果是名称或者函数拼写错误，则应修改拼写错误；检查公式中使用的所有区域引用是否都使用了冒号（：），公式中的文本是否都括在双引号中。

⑤ ＃NUM!：当公式或函数中使用了不正确的数字时会产生错误信息＃NUM!。首先，要确认函数中使用的参数类型是否正确；其次，可能是因为公式产生的数字太大或太小，系统不能表示，如果是这种情况，则要修改公式，使其结果在$-1×10^{307}$到$1×10^{307}$之间。

⑥ ＃N/A：这是在函数或公式中没有可用数值时产生的错误信息。如果某些单元格暂时没有数值，则可以在这些单元格中输入"＃N/A"。这样，公式在引用这些单元格时便不进行数值计算，而是返回"＃N/A"。

⑦ ＃REF!：这是该单元格引用无效的结果。例如，删除了有其他公式引用的单元格，或者把移动单元格粘贴到了其他公式引用的单元格中。

⑧ ＃NULL!：这是试图为两个并不相交的区域指定交叉点时产生的错误。例如，使用了不正确的区域运算符或不正确的单元格引用等。

2. 掌握相对地址与绝对地址的概念及其在公式、函数中的应用，相对地址与绝对地址的概念见本节"知识储备（1）单元格位置引用"；相对地址与绝对地址在公式、函数中的应用，见本节"项目要求1""项目要求2""项目要求3""项目要求5"和"项目要求6"。

3. 掌握三维地址的具体应用，三维地址的具体应用见本节"知识储备（3）三维地址引用"和"项目要求4"。

4. 掌握一些常用函数的使用方法，如SUM、AVERAGE、MAX、MIN、IF、COUNTIF等，见本节"项目要求1""项目要求3""项目要求5""项目要求7"和"项目要求8"。

 拓展练习

完成拓展练习工作簿中与员工工资的相关的公式及函数的计算，掌握 IF、MAX 等常用函数的使用。

4.3 产品销售表——数据分析

 项目情境

主管对小C在两次任务中的表现非常满意，想再好好考验他一下，于是要求小C对销售数据作进一步的深入分析，小C决心好好迎接挑战。

项目分析

1. 怎么排序？排序的方式有简单排序、复杂排序、自定义排序。在数据输入时一般按照数据的自动顺序排序，在数据分析时可以根据某些项目值对工作表进行重新排序。

2. 怎么找到符合条件的记录？使用筛选功能。数据筛选就是将那些满足条件的记录显示出来，而将不满足条件的记录隐藏起来。

3. 怎么按类型进行统计？使用数据分类汇总功能。当想要对不同类别的对象分别进行统计时，就可以使用数据的分类汇总来完成。

技能目标

1. 学会自定义序列排序。
2. 掌握使用筛选的方法查询数据。
3. 学会使用分类汇总。
4. 能综合应用数据分析的 3 种工具。

重点集锦

1. 复杂排序

序号	客户名称	送货地区		销售额合计	折后价格
9	顺发批发	郑湖		¥4,220	¥3,376
27	美食餐厅	郑湖		¥1,820	¥1,638
10	海明副食品	郑湖		¥2,000	¥1,600
8	光明小卖部	郑湖		¥1,165	¥1,049
7	凯新小卖部	郑湖		¥1,200	¥1,080
19	上海联众超市	郑湖		¥240	¥240
18	上海如海超市	郑湖		¥0	¥0
20	永中鹤文化用品	郑湖		¥0	¥0
29	宏源	郑湖		¥0	¥0
17	时代大超市	郑湖		¥0	¥0
28	学生平价超市	郑湖		¥0	¥0
30	朋友小卖部	郑湖		¥0	¥0
22	红心副食品	望山		¥3,561	¥2,849
1	百顺超市	望山		¥2,643	¥2,114
2	百汇超市	望山	……	¥1,994	¥1,795
12	新旺副食品	望山		¥1,800	¥1,620
13	上海联华超市	望山		¥1,124	¥1,012
11	新亚副食品	望山		¥1,200	¥1,080
3	小平超市	望山		¥364	¥364
21	望亭餐厅	望山		¥180	¥180
23	晨光文化用品	望山		¥0	¥0
24	项路餐厅	东橘		¥1,978	¥1,780
4	农工联超市	东橘		¥1,594	¥1,435
6	上海发联超市	东橘		¥1,375	¥1,238
26	顺天餐厅	东橘		¥1,100	¥990
5	供销社批发	东橘		¥540	¥540
14	童冠批发	东橘		¥296	¥296
16	好义佳超市	东橘		¥0	¥0
25	浪海沙餐厅	东橘		¥0	¥0
15	鑫鑫超市	东橘		¥0	¥0

2. 高级筛选

筛选条件：

600ML合	1.5L合	2.5L合	355ML合
≥=5	≥=5	≥=5	≥=5

筛选结果：

序号	客户名称	送货地区	渠道编号		销售额合计	折后价格
1	百顺超市	望山	525043334587	……	￥2,643	￥2,114
2	百汇超市	望山	525043334587		￥1,994	￥1,795
4	农工联超市	东楷	525043334587		￥1,594	￥1,435

高活跃率客户数：　　　3

3. 分类汇总

序号	客户名称		渠道名称		销售额合计	折后价格
5	供销社批发		二批/零兼批		￥540	￥540
9	顺发批发		二批/零兼批		￥4,220	￥3,376
10	海明副食品		二批/零兼批		￥2,000	￥1,600
11	新亚岗食品	……	二批/零兼批	……	￥1,200	￥1,080
12	新旺岗食品		二批/零兼批		￥1,800	￥1,620
14	董记批发		二批/零兼批		￥296	￥296
			二批/零兼批　汇总			￥8,512
			非规模OT超市　汇总			￥7,833
3	小平超市		零售商店		￥364	￥364
7	凯新小卖部		零售商店		￥1,200	￥1,080
8	光明小卖部		零售商店		￥1,165	￥1,049
20	水中鹏文化用品		零售商店		￥0	￥0
22	红心副食品		零售商店		￥3,561	￥2,849
23	晨光文化用品		零售商店		￥0	￥0
30	朋友小卖部		零售商店		￥0	￥0
			零售商店　汇总			￥5,341
21	望亭餐厅	……	餐厅	……	￥180	￥180
24	项路餐厅		餐厅		￥1,978	￥1,780
25	浪淘沙餐厅		餐厅		￥0	￥0
26	顺大餐厅		餐厅		￥1,100	￥990
27	美食餐厅		餐厅		￥1,820	￥1,638
			餐厅　汇总			￥4,588
			总计			￥26,274

 项目详解

项目要求1：将"某月碳酸饮料送货销量清单"工作表中的数据区域按照"销售额合计"的降序重新排列。

 **知识储备**

（1）数据排序。

排序是数据分析的基本功能之一，为了方便数据查找，往往需要对数据进行排序。排序是指将工作表中的数据按照要求的次序重新排列。数据排序主要包括简单排序、复杂排序和自定义排序3种。在排序过程中，每个关键字均可按"升序"（即递增方式）或"降序"（即递减方式）进行排序。以升序为例，介绍 Excel 2016 的排序规则：数字，从最小的负数到最大的正数进行排序；字母，按 A～Z 的字母顺序进行排序；空格，在升序与降序中始终排在最后。

操作步骤

【步骤1】　双击打开"4.3 要求与素材.xlsx"工作簿。

【步骤2】　单击"某月碳酸饮料送货销量清单"工作表标签，选中 K 列中任意一个有数据的单元格，单击"数据"选项卡的"排序和筛选"选项组中的" （降序）"按钮。

V4-9　产品销售表
——数据分析项目
要求1～3

 提示：在排序之前，数据的选定要么选定一个有数据的单元格，要么选定所有的数据单元格。如果在排序中只选定某一列或某几列，那么排序的结果可能只有这一列或这几列中的数据在发生变化，导致各行中的数据错位。

项目要求2：将该工作表重命名为"简单排序"，复制该工作表，将得到的新工作表重命名为"复杂排序"。

操作步骤

【步骤1】 在"某月碳酸饮料送货销量清单"工作表标签上单击鼠标右键，在弹出的快捷菜单中选择"重命名"选项，将该工作表重命名为"简单排序"。

【步骤2】 在"简单排序"工作表标签上单击鼠标右键，在弹出的快捷菜单中选择"移动或复制工作表"选项，选择"移动到最后"选项，选中"建立副本"复选框，单击"确定"按钮。

【步骤3】 在得到的新工作表的工作表标签复选框，在弹出的快捷菜单中选择"重命名"选项，将新工作表重命名为"复杂排序"。

项目要求3：在"复杂排序"工作表中，将数据区域以"送货地区"为第一关键字，按照郑湖、望山、东楮的升序，"销售额合计"为第二关键字的降序，"客户名称"为第三关键字的笔画升序的方式进行排列。

操作步骤

【步骤1】 单击"数据"选项卡的"排序和筛选"选项组中的"📊（排序）"按钮，弹出"排序"对话框，在第一个排序条件中的"次序"下拉列表中选择"自定义序列"选项，如图4-43所示。弹出"自定义序列"对话框，在"自定义序列"列表框中选择"新序列"选项，在"输入序列"文本框中输入"郑湖、望山、东楮"（中间用回车符或英文半角状态下的逗号隔开），单击"添加"按钮，新定义的"郑湖、望山、东楮"就添加到了"自定义序列"列表框中，如图4-44所示，单击"确定"按钮。

图4-43　在"排序"对话框中选择"自定义序列"选项

图4-44　在"自定义序列"对话框中添加自定义序列

【步骤2】 选中整个数据清单，单击"数据"选项卡的"排序和筛选"选项组中的"排序"按钮，在主要关键字中选择"送货区域"选项，按升序排序，在排序条件的"次序"下拉列表中选择刚刚定义好的序列，如图4-45所示。单击"添加条件"按钮，在新增的次要关键字中选择"销售额合计"选项，按降序排序，继续单击"添加条件"按钮，在新增的次要关键字中选择"客户名称"选项，按升序排序，单击"选项"按钮，在弹出的"排序顺序"对话框的"方法"选项组中选中"笔画排序"单选按钮，如图4-45所示，单击"排序选项"对话框中的"确定"按钮，再单击"排序"对话框中的"确定"按钮。

图4-45 按照"自定义序列"和"笔画排序"进行排序

项目要求4：复制"复杂排序"工作表，将复制得到的新工作表重命名为"筛选"，在此工作表内统计本月无效客户数，即销售量合计为0的客户数。

🛒 **知识储备**

（2）数据筛选。

筛选是通过操作把满足条件的记录显示出来，同时将不满足条件的记录暂时隐藏起来。使用筛选功能可以从大量的数据记录中检索到所需的信息，其实现的方法是使用"自动筛选"或"高级筛选"功能。其中，"自动筛选"功能是进行简单条件的筛选；"高级筛选"功能是针对复杂的条件进行筛选。

操作步骤

【步骤1】 在"复杂排序"工作表标签上单击鼠标右键，在弹出的快捷菜单中选择"移动或复制工作表"选项，选择"移动到最后"选项，选中"建立副本"复选框，单击"确定"按钮。

【步骤2】 在复制得到的新工作表标签上单击鼠标右键，在弹出的快捷菜单中选择"重命名"选项，将该工作表重命名为"筛选"。

【步骤3】 单击"筛选"工作表标签，选中整个数据清单，单击"数据"选项卡的"排序和筛选"选项组中的"🔽（筛选）"按钮。

V4-10 产品销售表——数据分析项目要求4~6

【步骤4】 单击"销售量合计"字段名所在单元格的下拉按钮，仅使"¥0"处于选中状态。

💡 **提示**：对数据进行"自动筛选"时，单击字段名的下拉按钮，除了"升序排列"和"降序排列"选项和具体的记录项之外，文本类型和数字类型的数据还分别设置了"文本筛选"和"数字筛选"两类选项。"文本筛选"下拉列表中包括"等于""不等于""开头是""结尾是""包含""不包含""自定义筛选"；"数字筛选"下拉列表中包括"等于""不等于""大于""大于或等于""小于""小于或等于""介于""10个最大的值""高于平均值""低于平均值""自定义筛选"。其中，"10个最大的值"用于显示前n项或百分比最大或最小的记录，n并不限于10个；"自定义筛选"用于显示满足自定义筛选条件的记录，选中后会弹出"自定义自动筛选方式"对话框，其中的"与"单选按钮表示两个条件必须同时满足，"或"单选按钮表示只要满足其中的一个条件即可，通配符"*"和"?"用来辅助查询满足部分相同的记录。

项目要求5：在B33单元格内输入"本月无效客户数："，在C33单元格内输入符合筛选条件的记录数。

操作步骤

【步骤1】 在"筛选"工作表中选中B33单元格，输入"本月无效客户数："。

【步骤 2】 选中 C33 单元格，输入“=”，在数据编辑栏左侧选择 COUNT()函数，按住<Ctrl>键不放，选择符合筛选条件记录中有数字的列的记录行，如 J 列或 K 列中的有效数据，如图 4-46 所示，单击“确定”按钮。选择 COUNT()函数的目的是示范该函数的使用方法（针对具体情境，此处选用 4.2 产品销售表——公式函数中的项目要求 8 操作步骤中提到的 COUNTIF()函数会更为简便合理），设置“range”参数的数据内容为 A8 至 J31 区域的所有单元格，设置“criteria”参数的内容为“=0”。

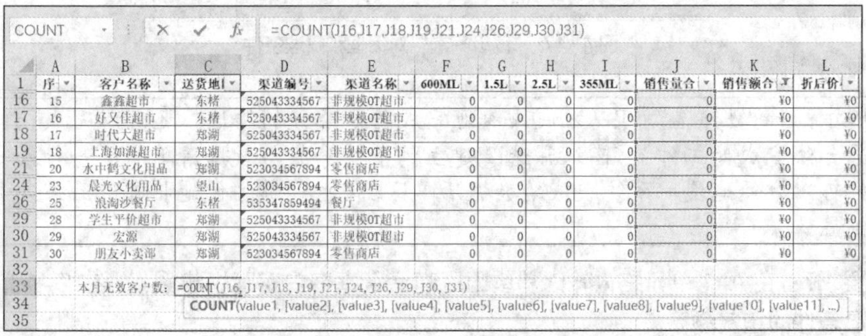
COUNT | × ✓ fx | =COUNT(J16,J17,J18,J19,J21,J24,J26,J29,J30,J31)

	A	B	C	D	E	F	G	H	I	J	K	L
1	序	客户名称	送货地[	渠道编号	渠道名称	600ML	1.5L	2.5L	355ML	销售量合	销售额合	折后价
16	15	鑫鑫超市	东楮	525043334567	非规模OT超市	0	0	0	0	0	¥0	¥0
17	16	好又佳超市	东楮	525043334567	非规模OT超市	0	0	0	0	0	¥0	¥0
18	17	时代大超市	郑湖	525043334567	非规模OT超市	0	0	0	0	0	¥0	¥0
19	18	上海如海超市	郑湖	525043334567	非规模OT超市	0	0	0	0	0	¥0	¥0
21	20	水中鹤文化用品	郑湖	523034567894	零售商店	0	0	0	0	0	¥0	¥0
24	23	晨光文化用品	望山	523034567894	零售商店	0	0	0	0	0	¥0	¥0
26	25	浪淘沙餐厅	东楮	535347859494	餐厅	0	0	0	0	0	¥0	¥0
29	28	学生平价超市	郑湖	525043334567	非规模OT超市	0	0	0	0	0	¥0	¥0
30	29	宏源	郑湖	525043334567	非规模OT超市	0	0	0	0	0	¥0	¥0
31	30	朋友小卖部	郑湖	523034567894	零售商店	0	0	0	0	0	¥0	¥0
32												
33		本月无效客户数：	=COUNT(J16, J17, J18, J19, J21, J24, J26, J29, J30, J31)									
34			COUNT(value1, [value2], [value3], [value4], [value5], [value6], [value7], [value8], [value9], [value10], [value11], ...)									
35												

图 4-46 使用 COUNT()函数统计记录数

项目要求6：复制“筛选”工作表，将复制得到的新工作表重命名为“高级筛选”，并使其显示全部记录。筛选出本月高活跃率客户，即表格中本月购买的 4 种产品均在 5 箱以上（含 5 箱）的客户，最后将筛选出的结果复制至 A36 单元格中。

操作步骤

【步骤 1】 在“筛选”工作表标签上单击鼠标右键，在弹出的快捷菜单中选择“移动或复制工作表”选项，选择“移动到最后”选项，选中“建立副本”复选框，单击“确定”按钮。

【步骤 2】 在复制得到的新工作表标签上单击鼠标右键，在弹出的快捷菜单中选择“重命名”选项，将该工作表重命名为“高级筛选”。

【步骤 3】 单击“数据”选项卡的“排序和筛选”选项组中的“清除（清除）”按钮和“筛选（筛选）”按钮，取消筛选并显示全部数据。

提示： 单击“清除”按钮只是把数据全部显示出来，但字段名后的下拉按钮不会去掉，即没有退出筛选状态；而单击“筛选”按钮，可以同时显示全部数据和退出筛选。所以上述步骤可以简化为直接单击“筛选”按钮。

【步骤 4】 选中 F1 至 I1 单元格区域，分别复制“600mL 合”字段名、“1.5L 合”字段名、“2.5L 合”字段名、“355mL 合”字段名至 F33 单元格、G33 单元格、H33 单元格、I33 单元格中。选中 F34 至 I34 单元格区域，输入“>=5”，按快捷键<Ctrl+Enter>，将要输入的内容填入 F34:I34 数据区域内，完成筛选条件的建立，如图 4-47 所示。

提示： 同时按<Ctrl>键和<Enter>键，工作表中被选定的单元格中就会显示刚才输入的全部内容。

【步骤 5】 选中整个数据清单，单击“数据”选项卡的“排序和筛选”选项组中的“高级”按钮，在弹出“高级筛选”对话框中设置“方式”为“将筛选结果复制到其他位置”，列表区域为数据清单区域，条件区域为 F33 到 I34，将其复制到 A36 到 L36 中，如图 4-47 所示，单击“确定”按钮。

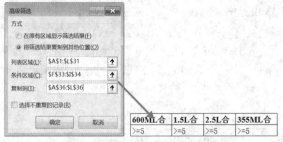

图 4-47　"高级筛选"对话框和筛选条件

600ML合	1.5L合	2.5L合	355ML合
>=5	>=5	>=5	>=5

　**提示**："高级筛选"可以方便快速地完成多个条件的筛选，还可以完成一些自动筛选无法完成的工作。"高级筛选"建立的条件一般与数据清单间隔一行或一列，这样可以方便地使用系统默认的数据清单区域，也能够方便地将筛选结果复制到其他位置。

项目要求7： 在 A41 单元格内输入"望山区高活跃率客户实际销售额："，在 D41 单元格内输入符合筛选条件的销售额。

操作步骤

V4-11　产品销售表
——数据分析项目
要求 7～10

【步骤 1】 在"高级筛选"工作表中选中 A41 单元格，输入"望山区高活跃率客户实际销售额："。

【步骤 2】 选中 D41 单元格，输入"="，在数据编辑栏左侧选择 SUMIF() 函数，单击"公式"选项卡的"函数库"选项组中的"插入函数"按钮，弹出"插入函数"对话框。在"选择函数"列表框中选择"SUMIF"函数，单击"确定"按钮，弹出"函数参数"对话框，设置"range"参数的数据内容为 C37 至 C39 区域的单元格，设置"criteria"参数的内容为"=望山"，设置"Sum_range"参数的数据内容为 L37 至 L39 区域的单元格，单击"确定"按钮，即可得到望山地区高活跃率客户的实际销售额。

项目要求8： 复制"简单排序"工作表，将得到的新工作表重命名为"分类汇总"，在该工作表中统计不同渠道的折后价格总额。

知识储备

（3）分类汇总。

分类汇总是对数据清单中的数据按类别分别进行求和、求平均等汇总的一种基本数据分析方法。它不需要建立公式，因为系统会自动创建公式、插入分类汇总与总计行，并自动分级显示数据。分类汇总分为两部分内容：一部分是对要汇总的字段进行排序，把相同类别的数据放在一起，即完成一个分类的操作；另一部分内容就是把已经分好类的数据按照要求分别求出各类数据的总和、平均值等。

提示：在执行分类汇总功能之前，必须先对数据清单中要进行汇总的项进行排序。

（4）分类汇总的分级显示。

进行分类汇总后，在数据清单左侧上方会出现带有"1""2""3"数字的按钮，其下方又会出现带有"+""-"符号的按钮，如图 4-48 所示，这些都是用来分级显示汇总结果的。

	序号	客户名称	送货地区	渠道编号	渠道名称	600ML合	1.5L合	2.5L合	355ML合	销售量合计	销售额合计	折后价格
2	5	供销社批发	东栅	511023456783	二批/零兼批	0	0	15	0	15	¥540	¥540
3	9	顺发批发	郑潭	511023456783	二批/零兼批	50	0	20	50	120	¥4,220	¥3,376
4	10	海明副食品	郑潭	511023456783	二批/零兼批	50	0	0	0	50	¥2,000	¥1,600
5	11	新亚副食品	望山	511023456783	二批/零兼批	30	0	0	0	30	¥1,200	¥1,080
6	12	新旺副食品	望山	511023456783	二批/零兼批	30	0	0	20	50	¥1,800	¥1,620
7	14	董记批发	东栅	511023456783	二批/零兼批	2	0	6	0	8	¥296	¥296
8					二批/零兼批 汇总							¥8,512
21					非规模OT超市 汇总							¥7,833
22	3	小平超市	望山	523034567894	零售商店	1	0	9	0	10	¥364	¥364
23	7	凯新小卖部	郑潭	523034567894	零售商店	30	0	0	0	30	¥1,200	¥1,080
24	8	光明小卖部	郑潭	523034567894	零售商店	10	15	10	0	35	¥1,165	¥1,049
25	20	水中鸭文化用品	郑潭	523034567894	零售商店	0	0	0	0	0	¥0	¥0
26	22	红心副食品	望山	523034567894	零售商店	60	3	5	30	98	¥3,561	¥2,849
27	23	晨光文化用品	望山	523034567894	零售商店	0	0	0	0	0	¥0	¥0
28	30	朋友小卖部	郑潭	523034567894	零售商店	0	0	0	0	0	¥0	¥0
29					零售商店 汇总							¥5,341
30	21	望亭餐厅	望山	535347859494	餐厅	0	0	0	5	5	¥180	¥180
31	24	项峰餐厅	郑潭	535347859494	餐厅	40	6	6	0	52	¥1,978	¥1,780
32	25	浪沟河餐厅	东栅	535347859494	餐厅	0	0	0	0	0	¥1,100	¥990
33	26	顺天餐厅	东栅	535347859494	餐厅	0	0	0	10	30	¥1,100	¥990
34	27	美食餐厅	郑潭	535347859494	餐厅	20	0	20	10	50	¥1,820	¥1,638
35					餐厅 汇总							¥4,588
36					总计							¥26,274

图 4-48　分级显示汇总结果

① 单击 "1" 按钮，只显示总计数据。

② 单击 "2" 按钮，显示各类别的汇总数据和总计数据。

③ 单击 "3" 按钮，显示明细数据、各类别的汇总数据和总计数据。

④ 单击在数据清单的左侧出现的 "+" "-" 按钮也可以实现分级显示，还可以选择显示一部分明细和一部分汇总。

操作步骤

【步骤 1】　在 "简单排序" 工作表标签上单击鼠标右键，在弹出的快捷菜单中选择 "移动或复制工作表" 选项，选择 "移动到最后" 选项，选中 "建立副本" 复选框，单击 "确定" 按钮。

【步骤 2】　在复制得到的新工作表标签上单击鼠标右键，在弹出的快捷菜单中选择 "重命名" 选项，将该工作表重命名为 "分类汇总"。

【步骤 3】　选中 "渠道名称" 列的任意一个有数据的单元格，单击 "数据" 选项卡的 "排序和筛选" 选项组中的排序按钮（升序、降序按钮均可）。

【步骤 4】　单击 "数据" 选项卡的 "分级显示" 选项组中的 "分类汇总" 按钮，在弹出的 "分类汇总" 对话框中设置分类字段为 "渠道名称"，汇总方式为 "求和"，选定汇总项为 "折后价格"，并取消其他汇总项的选中，如图 4-49 所示，单击 "确定" 按钮。

图 4-49　"分类汇总" 对话框

提示：选择好汇总项目后应该通过滚动条进行查看，因为系统会默认选定一些汇总项目，如果不需要，则取消选中这些项目。

项目要求9：复制 "简单排序" 工作表，将得到的新工作表重命名为 "数据透视表"，在该工作表中统计各送货地区中不同渠道的销售量总和以及实际销售价格总和。

知识储备

（5）数据透视表。

排序可以将数据重新排列分类，筛选能将符合条件的数据查询出来，分类汇总能对数据有一个总的分析，这 3 项工作都是从不同的角度来对数据进行分析的。而数据透视表能一次完成以上 3 项工作，它是一种交互的、交叉制表的 Excel 报表，是基于一个已有的数据清单（或外部数据库）按照不同角度进行数据分析而生成的报表。数据透视表是交互式报表，可快速合并和比较大量数据。旋转它的行和列可以看到源数据的不同汇总，还可以显示区域的明细数据。如果要分析相关的汇总值，尤其是统计数据较为庞大的 Excel 表，并对其中的数字进行多种比较，则可以使用数据透视表。

操作步骤

【步骤1】 在"简单排序"工作表标签上单击鼠标右键，在弹出的快捷菜单中选择"移动或复制工作表"选项，选择"移动到最后"选项，选中"建立副本"复选框，单击"确定"按钮。

【步骤2】 在复制得到的新工作表标签上单击鼠标右键，在弹出的快捷菜单中选择"重命名"选项，将该工作表重命名为"数据透视表"。

【步骤3】 单击数据区域内的任意单元格，单击"插入"选项卡的"表格"选项组中的"数据透视表"下拉按钮，在下拉列表中选择"数据透视表"选项，弹出"创建数据透视表"对话框，如图 4-50 所示。

【步骤4】 在"请选择要分析的数据"选项组中设置"表/区域"的内容为系统默认的整张工作表数据区域，也可以自行选择数据区域的单元格区域引用。

【步骤5】 以"现有工作表"作为数据透视表的显示位置，并将显示区域设置为"数据透视表"工作表中的 A33 单元格，单击"完成"按钮，在"数据透视表"工作表中会生成一个"数据透视表"框架，同时弹出的还有"数据透视表字段"窗格，如图 4-51 所示。

图 4-50 "创建数据透视表"对话框

图 4-51 "数据透视表"框架和"数据透视表字段"窗格

【步骤6】 拖动"送货地区"字段按钮到框架的"行标签"区域，拖动"渠道名称"字段按钮到框架的"列标签"区域，拖动"销售量合计"和"折后价格"字段按钮到"数值"区域，并设置透视表内的字体大小为 9 磅，设置列宽为自动调整列宽，数据透视表生成后的效果如图 4-52 所示。

图 4-52 数据透视表生成后的效果

204

计算机应用情境教学基础教程（Windows 7+Office 2016）（微课版）

提示：通过单击"数据透视表工具-选项"选项卡的"工具"选项组中的"数据透视图"按钮可以直接生成数据透视图，也可以通过单击"插入"选项卡的"表格"选项组中的"数据透视表"下拉按钮，在下拉列表中选择"数据透视图"选项实现。

项目要求 10：复制"简单排序"工作表，将得到的新工作表重命名为"数据合并"，在该工作表中统计各送货地区的销售量和实际销售价格的平均值。

知识储备

（6）数据合并。

在 Excel 2016 中，经常需要将一些相关数据合并在一起，将某个工作表中的多个数据合并在一起，或者将多个工作表的数据汇总到一个工作表中，并对这些数据进行求和或者其他运算，这些操作需要使用合并计算功能。

 操作步骤

【步骤 1】 在"简单排序"工作表标签上单击鼠标右键，在弹出的快捷菜单中选择"移动或复制工作表"选项，选择"移动到最后"选项，选中"建立副本"复选框，单击"确定"按钮。

【步骤 2】 在复制得到的新工作表标签上单击鼠标右键，在弹出的快捷菜单中选择"重命名"选项，将该工作表重命名为"数据合并"。

【步骤 3】 删除除字段"送货地区""销售量合计""折后价格"之外的其他列，单击 A33 单元格，输入"各送货地区的销售量和实际销售价格的平均值"，单击 A34 单元格，单击"数据"选项卡的"数据工具"选项组中的"合并计算"按钮，弹出"合并计算"对话框。

【步骤 4】 在"函数"下拉列表中选择"平均值"选项，在"引用位置"中选择 A1 至 C31 区域内的数据，按<Enter>键后单击"添加"按钮，将其添加至"所有引用位置"文本框中，在"标签位置"选项组中选中"首行"和"最左列"复选框，单击"确定"按钮，得到各送货地区的销售量和实际销售价格的平均值。

【步骤 5】 在 A34 单元格内输入"送货地区"，因为合并计算放置结果区域左上角字段是空白的，需要手动补齐。

 提示：多个工作表数据的合并可以在"合并计算"对话框中通过添加"所有引用位置"来实现，多工作表合并计算不需要左侧名称顺序完全相同。合并计算的内容除了本例中的求"平均值"之外，还包括"求和""计数""最大值""最小值""乘积""数值计数"和"标准偏差"等内容，在合适的时候选用合并计算进行数据分析，比使用函数、分类汇总或数据透视表等方法更简便和迅捷。

提炼升华

Excel 2016 提供了强大的数据管理功能，可以对工作表中的数据进行排序、筛选、汇总等操作。

1. 数据排序

数据排序中的简单排序即单字段排序，可以参与排序的内容包括数值、文字（拼音排序、笔画排序、自定义序列排序）；数据排序中的复杂排序是包括 2 或 3 个字段的排序和 3 个以上字段的排序。简单排序见本节"知识储备（1）数据排序""项目要求 1"，复杂排序见本节"项目要求 3"。

2. 数据筛选

数据筛选分为自动筛选和高级筛选，前者能进行自定义自动筛选方式的设置，区分"与""或"条件关系；后者能够设置复杂条件进行筛选。自动筛选见本节"知识储备（2）数据筛选""项目要求5"，高级筛选见本节"知识储备（2）数据筛选""项目要求6"。

3. 数据分类汇总

分类汇总前必须对分类字段进行排序，见本节"知识储备（3）分类汇总""知识储备（4）分类汇总的分级显示""项目要求8"。

4. 建立数据透视表

建立数据透视表见本节"知识储备（5）数据透视表""项目要求9"。

5. 数据合并

对数据进行合并计算见本节"知识储备（6）数据合并""项目要求10"。

🎓 知识扩展

（1）"分类汇总"对话框中的其他选项。

在"分类汇总"对话框中，还有一些选项设置。

① 选中"替换当前分类汇总"复选框会在进行第二次分类汇总时，把第一次的分类汇总替换掉。

② 选中"每组数据分页"复选框会把汇总后的每一类数据放在不同页中。

③ 选中"汇总结果显示在数据下方"复选框会把汇总后的每一类的汇总数据结果放在该类的最后一个记录后面。

④ "全部删除"按钮用来删除分类汇总的结果。

（2）数据透视图。

数据透视图是提供交互式数据分析的图表，与数据透视表类似，可以更改数据的视图，查看不同级别的明细数据，或通过拖动字段、显示或隐藏字段中的项目来重新组织图表的布局，数据透视图也可以像图表一样进行修改。

（3）数据透视表中的其他操作。

① 隐藏与显示数据。在完成的透视表中可以看到"行标签"和"列标签"字段名旁边各有一个下拉按钮。它们是用来决定哪些分类值将被隐蔽，而哪些分类值将要显示在表中的。例如，单击"行标签"下拉按钮，取消选中"郑湖"复选框，数据透视表中就不会再出现郑湖地区的汇总数据。

② 改变字段排列。在"数据透视表字段"窗格中，通过拖动这些字段按钮到相应的位置，可以改变数据透视表中的字段排列。当透视表中某个字段不需要时，可以把该字段拖出数据透视表。

③ 改变数据的汇总方式。选定表中的字段，单击"数据透视表工具-分析"选项卡的"活动字段"选项组中的"字段设置"按钮，系统弹出"值字段设置"对话框，如图4-53所示。通过该对话框，可以改变数据的汇总方式，如平均值、最大值和最小值等。

④ 数据透视表的排序。选定要排序的字段后，单击"数据透视表工具-选项"选项卡的"排序和筛选"选项组中的"升序"与"降序"按钮。

⑤ 删除数据透视表。单击数据透视表，单击"数据透视表工具-选项"选项卡的"操作"选项组中的"清除"下拉按钮，在下拉列表中选择"全部清除"选项。

图4-53 "值字段设置"对话框

提示：删除数据透视表，将会冻结与其相关的数据透视图，不可再对其进行更改。

 拓展练习

完成拓展练习工作簿中与员工信息相关的数据分析，掌握排序、筛选、分类汇总等常用数据分析方法。

4.4 产品销售表——图表分析

 项目情境

在完成任务的过程中，小 C 认识到了 Excel 2016 在数据处理方面的强大功能。通过进一步的学习，他发现 Excel 2016 的图表作用很大，于是动手学着制作了两张 Excel 图表，以更形象的方式对销售情况进行了说明。

 项目分析

1. 图表在商业沟通中扮演了重要的角色，与文字表述相比较，图表提供的视觉概念可以更加形象地表达意图，因而在进行各类沟通时，会经常看到图表的身影。

2. 图表的作用：图表可以迅速传达信息，让观众直接关注到重点，明确地显示对象之间的相互关系，使信息的表达更加鲜明生动。

3. 成功的图表具有的关键要素：每张图表都能传达一个明确的信息；图表与标题应相辅相成；内容少而精，清晰易读；格式简单明了且前后连贯。

4. 图表类型（饼图、条形图、柱形图、折线图等）：根据要展示的内容选择图表类型，例如，进行数据的比较可选择柱形图、曲线图；展示数据的比例构成可选择饼图；寻找数据之间的关联可选择散点图、气泡图等。

5. 如何成功设计一个图表。

（1）分析数据并确定要表达的信息。

（2）确定图表类型。

（3）创建图表。

（4）针对细节部分，对图表进行相关编辑。

6. 图表应遵循的标准格式如下。

（1）信息标题表达图表所传达的信息。

（2）图表标题表达图表的主题。

（3）图例部分对系列进行说明（可选项）。

 技能目标

1. 了解图表在不同的数据分析中的作用。

2. 学会创建普通数据区域的图表的方法。

3. 学会利用数据管理的分析结果进行图表创建。

4. 学会组合图表的创建。

5. 能较熟练地对图表进行各种编辑修改和格式设置。

 重点集锦

1. 各销售渠道所占销售份额

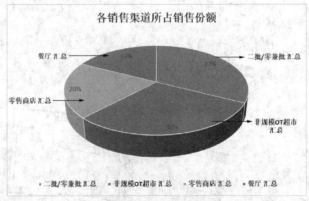

2. 各地区对 600mL 和 2.5L 两种容量产品的需求比较

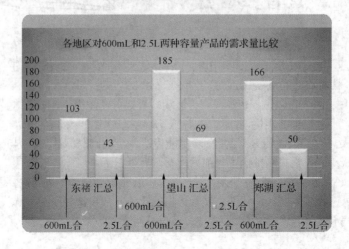

 **项目详解**

 知识储备

（1）图表类型。

Excel 2016提供了11种不同的图表类型，在选用图表类型的时候要根据图表所要表达的意思而选择合适的图表类型，以最有效的方式展现出工作表的数据。

使用较多的基本图表类型有饼图、折线图、柱形图、条形图等。

"饼图"常用来表示各项条目在总额中的分布比例，如表示磁盘空间中已用空间和可用空间的分布情况；"折线图"常用于显示数据在一段时间内的趋势走向，如显示股票价格走向；"柱形图"常用来表示分散的各项数据，并比较各项的大小，如比较城市各季度的用电量的大小；"条形图"常用于项目较多的数据比较，如对不同观点的投票率的统计。"线形"和"柱形"图表有时候也会混用，但"线形"主要强调的是变化趋势，而"柱形"则强调大小的比较。

（2）数据源的选取。

图表数据源的选择要注意选择数据表中的"有效数据"，千万不要看到数据就选择，而要通过分析选择"有效数据"。

（3）嵌入式图表与独立式图表。

嵌入式图表是将图表看作一个图形对象插入到工作表中，它可以与工作表数据一起显示或打印。独立式图表是将创建好的图表放在一张独立的工作表中，它与数据分开显示在不同的工作表中。

💡 **提示：** 独立式图表不可以改变图表区的位置和大小。

（4）图表的编辑。

生成的图表可以根据用户的需要进行修改与调整，将鼠标指针移动到图表的对应位置时，会弹出提示框以解释对应的内容。

如果对默认的图表格式不满意，可以进行修改。在需要修改的图表对象上单击鼠标右键，在弹出的快捷菜单中选择不同对象对应的"格式"选项，弹出该对象对应的格式设置对话框，在其中进行修改；也可以在"图表工具–设计""图表工具–布局""图表工具–格式"选项卡中进行调整。

操作步骤

【步骤1】 双击打开"4.4 要求与素材.xlsx"工作簿。

【步骤2】 在"素材"工作表标签上单击鼠标右键，在弹出的快捷菜单中选择"移动或复制工作表"选项，选择"移动到最后"选项，选中"建立副本"复选框，单击"确定"按钮。

【步骤3】 在复制得到的新工作表标签上单击鼠标右键，在弹出的快捷菜单中选择"重命名"选项，将该工作表重命名为"各销售渠道所占销售份额"。

【步骤4】 选中"渠道名称"列的任意一个有数据的单元格，单击"数据"选项卡的"排序和筛选"选项组中的"升序"按钮。

【步骤5】 单击"数据"选项卡的"分级显示"选项组中的"分类汇总"按钮，在弹出的"分类汇总"对话框中设置分类字段为"渠道名称"，汇总方式为"求和"，在该对话框的选定汇总项中选中"折后价格"复选框，并取消

V4-12 产品销售表
——图表分析项目
要求1

选中其他汇总项，单击"确定"按钮。单击左侧的"2"按钮，显示各类别的汇总数据和总计数据。

【步骤6】 按住<Ctrl>键不放，依次选中 E8、E21、E29、E35、L8、L21、L29、L35 单元格，如图 4-54 所示。

	A	B	C	D	E	F	G	H	I	J	K	L	M
1	序号	客户名称	送货地区	渠道编号	渠道名称	600ML合	1.5L合	2.5L合	355ML合	销售量合计	销售额合计	折后价格	
8					二批/零兼批 汇总							¥8,512	
21					非规模OT超市 汇总							¥7,833	
29					零售商店 汇总							¥5,341	
35					餐厅 汇总							¥4,588	
36					总计							¥26,274	
37													

图 4-54 在工作表中选中有效数据区域

【步骤7】 单击"插入"选项卡的"图表"选项组中的"饼图"下拉按钮，在弹出的下拉列表中选择"三维饼图"选项，完成基本图表的创建，如图 4-55 所示。

【步骤8】 在"图表标题"区域中修改图表标题为"各销售渠道所占销售份额"。

【步骤9】 在图表数据系列区域中单击鼠标右键，在弹出的快捷菜单中选择"添加数据标签"→"添加数据标签"选项，图表系列会显示数据标签，如图 4-56 所示。继续单击鼠标右键，在弹出的快捷菜单中选择"设置数据标签格式"选项，弹出"设置数据标签格式"窗格，在"标签选项"选项组中选中"百分比"复选框，如图 4-57 所示。

【步骤10】 在图例区域中单击鼠标右键，在弹出的快捷菜单中选择"设置图例格式"选项，弹出"设置图例格式"窗格，在图例选项中设置图例位置，这里保持默认的"靠下"位置，如图 4-58 所示。

图 4-55 完成基本图表的创建

图 4-56 为图表系列添加数据标签

图 4-57 "设置数据标签格式"窗格

图 4-58 "设置图例格式"窗格

【步骤 11】 选中图表，按住鼠标左键将图表拖曳至合适的位置，用鼠标调整图表控点""，将图表调整至合适大小，并将图表标题和图例文字设置为黑色、加粗，提高图表的可读性，如图 4-59 所示。

图 4-59　合理调整图表大小和位置

> 提示：选中用于建立图表的数据区域，再按快捷键<F11>可以快速生成独立式图表，Excel 2016 会把它插入到工作簿中当前工作表的左侧。
>
> 如果对快捷键生成的图表类型不满意，可以进行修改。在图表上单击鼠标右键，在弹出的快捷菜单中选择"更改系列图表类型"选项，弹出"更改图表类型"对话框，在该对话框中选择所需要的图表类型，单击"确定"按钮。
>
> 如果生成图表的数据区域出错，可在图表区上单击鼠标右键，在弹出的快捷菜单中选择"选择数据"选项，弹出"选择数据源"对话框，在该对话框中删除图表数据区域中的单元格引用，重新选择正确的数据区域。

项目要求2：利用提供的数据，选择合适的图表类型来表达"各地区对 600mL 和 2.5L 两种容量产品的需求比较"。

操作步骤

【步骤 1】 双击打开 "4.4 要求与素材.xlsx" 工作簿。

【步骤 2】 在"素材"工作表标签上单击鼠标右键，在弹出的快捷菜单中选择"移动或复制工作表"选项，选择"移动到最后"选项，选中"建立副本"复选框，单击"确定"按钮。

【步骤 3】 在复制得到的新工作表标签上单击鼠标右键，在弹出的快捷菜单中选择"重命名"选项，将该工作表重命名为"各地区对 600mL 和 2.5L 两种容量产品的需求量比较"。

【步骤 4】 选中"送货地区"列的任意一个有数据的单元格，单击"数据"选项卡的"排序和筛选"选项组中的"升序"按钮。

【步骤 5】 单击"数据"选项卡的"分级显示"选项组中的"分类汇总"按钮，在弹出的"分类汇总"对话框中设置分类字段为"送货地区"，汇总方式为"求和"，在该对话框的选定汇总项中选中"600mL 合"和"2.5L 合"复选框，并取消选中其他汇总项，单击"确定"按钮。单击左侧的"2"按钮，显示各类别的汇总数据和总计数据。

V4-13　产品销售表
——图表分析项目
要求 2

【步骤 6】 按住<Ctrl>键不放，依次选中 C1、C11、C21、C34、F1、F11、F21、F34、H1、H11、H21、H34 单元格，如图 4-60 所示。

	A	B	C	D	E	F	G	H	I	J	K	L
1	序号	客户名称	送货地区	渠道编号	渠道名称	600ML合	1.5L合	2.5L合	355ML合	销售量合计	销售额合计	折后价格
11			东莞 汇总			103		43				
21			梁山 汇总			185		69				
34			郑翔 汇总			166		50				
35			总计			454		162				

图 4-60　在工作表中选中有效数据区域

【**步骤7**】 单击"插入"选项卡的"图表"选项组中的"柱形图"下拉按钮,在弹出的下拉列表中选择"二维柱形图"→"簇状柱形图"选项,完成基本图表的创建,如图 4-61 所示。

【**步骤8**】 分别在两个图表数据系列区域内单击鼠标右键,在弹出的快捷菜单中都选择"添加数据标签"选项,使两个图表系列都显示出数据标签。

【**步骤9**】 选中图表,按住鼠标左键将图表拖曳至合适的位置,用鼠标调整图表控点"◇",将图表调整至合适大小,如图 4-62 所示。

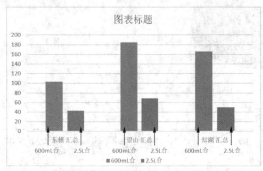

图 4-61 完成基本图表的创建　　　　图 4-62 合理调整图表大小和位置

【**步骤 10**】 选中创建的图表,单击"图表工具-设计"选项卡"图表样式"选项组中的"样式 8"按钮,将选中的图表样式应用到图表中,如图 4-63 所示。

【**步骤 11**】 单击"插入"选项卡的"插图"选项组中的"形状"下拉按钮,在弹出的下拉列表中选择"圆角矩形"选项,用鼠标拖动绘制一个圆角矩形,并将其线条颜色设置为"无",填充色设置为"黑色"。在圆角矩形上单击鼠标右键,调整其叠放次序为"置于底层",如图 4-64 所示。

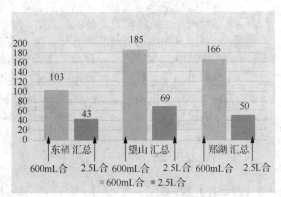

图 4-63 应用图表样式

【**步骤 12**】 将图表标题重命名为"各地区对 600mL 和 2.5L 两种容量产品的需求量比较",并设置标题的文本字体为"微软雅黑",不加粗,字号为 11 磅,如图 4-65 所示。

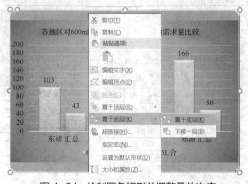

图 4-64 绘制圆角矩形并调整叠放次序

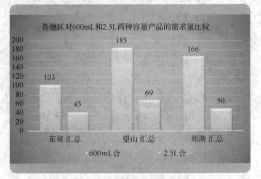

图 4-65 修改图表标题并设置文本格式

 提示: 与 Word 2016 一样,在 Excel 2016 中直接使用上、下、左、右方向键来调整对象位置移动的距离会比较大,配合<Ctrl>键可以实现微移。

【步骤13】 按住<Ctrl>键不放，依次选择所有图表对象并单击鼠标右键，在弹出的快捷菜单中选择"组合"→"组合"选项，如图4-66所示。

【步骤14】 图表最终效果如图4-67所示。

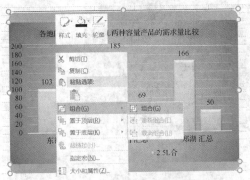

图4-66 将组成图表的所有对象进行组合

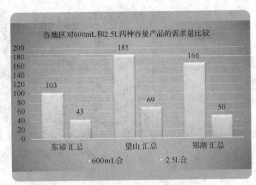

图4-67 图表最终效果

 提示： 在实际创建和修饰图表时，不必拘泥于某一种标准形式，应围绕基本图表的创建，做到有意识地表达图表主题，有创意地美化图表外观。

提炼升华

1. 选择图表类型

图表类型的选择，见本节"知识储备（1）图表类型""项目要求1""项目要求2"。

2. 选择数据源

根据不同信息需求选择合适的数据源，见本节"知识储备（2）数据源的选取""项目要求1""项目要求2"。

3. 区分嵌入式与独立式图表

嵌入式与独立式图表的区分，见本节"知识储备（3）嵌入式图表与独立式图表"。

4. 编辑图表

图表的编辑，见本节"知识储备（4）图表的编辑""项目要求1""项目要求2"。

知识扩展

（1）其他的图表编辑技巧。

① 使用图片替代图表区和绘图区。除了在 Excel 2016 中通过绘图工具来辅助绘制图表区域外，也可以直接使用背景图片替代图表区和绘图区，此时相关的图表区和绘图区的边框和区域颜色要设置为透明，如图4-68左侧所示。

② 用矩形框或线条绘图对象来自制图例。与图表提供的默认图例相比，自行绘制的图例无论是在样式上还是在位置上都更为自由，如图4-68右侧两图所示。

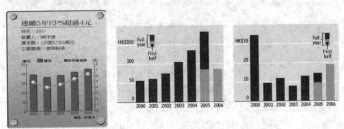

图4-68 使用背景图片和自制图例来美化图表

（2）美化图表的基本原则。

图表的表现应尽可能简洁有力，可以省略一些不必要的元素，避免形式大于内容，如图4-69所示，左侧图表修饰过度，反而弱化了图表的表现力。

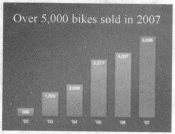

图4-69　修饰过度的图表与普通图表的对比

 拓展练习

利用提供的数据，采用图表的方式来表示相关信息。

1. 产品在一定时间内的销售增长情况，如图4-70所示。

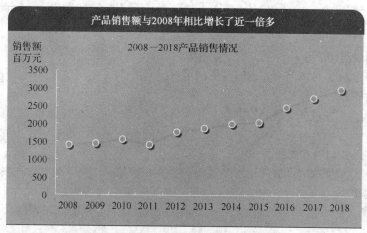

图4-70　产品在一定时间内的销售增长情况

2. 产品销售方在一定时间内市场份额的变化，如图4-71所示。

图4-71　产品销售方在一定时间内市场份额的变化

3. 出生人数与产品销售的关系，如图 4-72 所示。

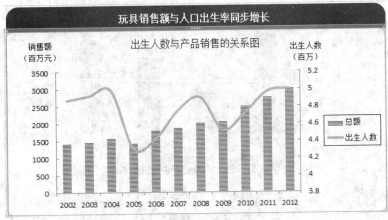

图 4-72　出生人数与产品销售的关系

4.5　Excel 综合应用

项目情境

　　小 C 完成社会实践返校后，碰巧遇上系内专业调研的数据处于整理阶段，小 C 觉得自己在公司学习到的知识正好可以派上用场，就自告奋勇地协助老师完成毕业生信息分析工作。

　　根据以下步骤，完成图 4-73 所示的"2020 年度毕业生江浙沪地区薪资比较"图表，请根据自己的理解设置图表外观，不需要与示例一致。

　　1. 复制此工作簿文件（4.5 综合应用要求与素材.xlsx）中的"素材"工作表，并将得到的新工作表命名为"2020 年度毕业生江浙沪地区薪资比较"。

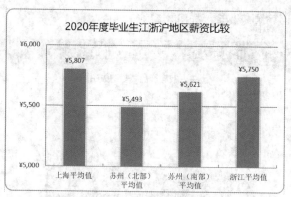

图 4-73 "2020 年度毕业生江浙沪地区薪资比较"图表

2. 将"薪资情况"字段的数据按照以下标准把薪资范围替换为具体的值：①<5000 替换为 4800，②≥5000 且<6000 替换为 5500，③≥6000 且≤7000 替换为 6500，④>7000 替换为 7500。

3. 根据要统计的项对数据区域进行排序和分类汇总。

4. 制作图表。

5. 对图表进行格式编辑。

 重点内容档案

（1）电子表格 Excel 2016 的启动和退出、工作界面、基本概念。

电子表格 Excel 2016 的启动和退出：见"4.1 产品销售表——编辑排版"中的"知识储备（1）启动和退出 Excel 2016"。

电子表格 Excel 2016 的工作界面：见"4.1 产品销售表——编辑排版"中的"知识储备（2）认识 Excel 的基本界面"。

电子表格 Excel 2016 的基本概念：见"4.1 产品销售表——编辑排版"中的"知识储备（3）工作簿、工作表和数据清单"。

（2）工作簿和工作表的创建、保存，数据输入和编辑，工作表和单元格的选定、插入、删除、复制、移动，工作表的重命名和工作表窗口的拆分及冻结等基本操作。

工作簿的创建：见"4.1 产品销售表——编辑排版"中的"知识扩展（1）工作簿的新建"。

工作表的创建：见"4.1 产品销售表——编辑排版"中的"项目要求 1"。

工作簿的保存：见"4.1 产品销售表——编辑排版"中的"知识扩展（2）工作簿的保存"。

数据输入和编辑：见"4.1 产品销售表——编辑排版"中的"知识储备（9）数据的录入"。

工作表和单元格的选定、插入、删除、复制、移动：见"4.1 产品销售表——编辑排版"中的"知识扩展（5）工作表数据的修改""知识扩展（6）工作表数据的移动""知识扩展（7）工作表数据的复制""知识扩展（8）单元格的删除""项目要求 9""项目要求 10""项目要求 11""项目要求 12""项目要求 13""项目要求 14""项目要求 15""项目要求 16""项目要求 18"。

工作表的重命名：见"4.1 产品销售表——编辑排版"中的"项目要求 1"。

工作表窗口的拆分和冻结：见"4.1 产品销售表——编辑排版"中的"知识扩展（3）工作簿的查看"。

（3）工作表的格式化，包括设置单元格格式、设置列宽和行高、设置条件格式、使用样式、自动套用格式和使用模板等。

设置单元格格式：见"4.1 产品销售表——编辑排版"中的"热身练习 操作步骤 3""项目情境"中的"项目要求 10""项目要求 11""项目要求 13""项目要求 14""项目要求 15"。

设置列宽和行高：见"4.1产品销售表——编辑排版"中的"项目要求12"。

设置条件格式：见"4.1产品销售表——编辑排版"中的"项目要求16"。

使用样式、自动套用格式：见"4.1产品销售表——编辑排版"中的"热身练习 操作步骤5"。

使用模板：见"4.1产品销售表——编辑排版"中的"知识扩展（1）工作簿的新建"。

（4）单元格绝对地址和相对地址的概念，工作表中公式的输入和复制，常用函数的使用。

单元格绝对地址和相对地址的概念：见"4.2产品销售表——公式函数"中的"知识储备（1）单元格位置引用"。

工作表中公式的输入和复制：见4.2产品销售表——公式函数中的"项目要求1""项目要求2""项目要求4""项目要求5""项目要求6"。

工作表中常用函数的使用：见"4.2产品销售表——公式函数"中的"知识储备（2）函数的使用""项目要求1""项目要求3"。

（5）数据清单的概念，数据清单的建立，数据清单内容的排序、筛选和分类汇总，数据合并，数据透视表的建立。

数据清单的概念和建立：见"4.1产品销售表——编辑排版"中的"知识储备（3）工作簿、工作表和数据清单"。

数据清单内容的排序：见"4.3产品销售表——数据分析"中的"知识储备（1）数据排序""项目要求1""项目要求3"。

数据清单内容的筛选：见"4.3产品销售表——数据分析"中的"知识储备（2）数据筛选""项目要求4""项目要求6"。

数据清单内容的分类汇总：见"4.3产品销售表——数据分析"中的"知识储备（3）分类汇总""知识储备（4）分类汇总的分级显示""项目要求8"。

数据清单内容的数据合并：见"4.3产品销售表——数据分析"中的"知识储备（6）数据合并""项目要求10"。

数据清单内容的数据透视表：见"4.3产品销售表——数据分析"中的"知识储备（5）数据透视表""项目要求9"。

（6）Excel图表的建立、编辑、修改和修饰。

Excel图表的建立、编辑、修改和修饰：见"4.4产品销售表——图表分析"中的"知识储备（1）图表类型""知识储备（2）数据源的选取""知识储备（3）嵌入式图表与独立式图表""知识储备（4）图表的编辑""项目要求1""项目要求2""知识扩展（1）其他的图表编辑技巧""知识扩展（2）美化图表的基本原则"。

（7）工作表的页面设置、打印预览和打印，工作表中链接的建立。

工作表的页面设置、打印预览和打印：见"4.1产品销售表——编辑排版"中的"知识储备（4）打印工作表"。

工作表中链接的建立：见"4.1产品销售表——编辑排版"中的"项目要求17"。

（8）保护和隐藏工作簿及工作表

保护和隐藏工作簿及工作表：见"4.1产品销售表——编辑排版"中的"知识扩展（4）工作簿的保护"。

你学会了吗?

参考配套的电子资源。

PART 5

演示文稿之 **PowerPoint** 2016

计算机应用情境教学基础教程（Windows 7+Office 2016）（微课版）

 项目情境

很快，小 C 到了实习阶段，他来到一家服务外包公司工作。在工作中，领导发现他的组织能力较强，就交给他一项任务：为一家电子企业新研发的产品举行发布会，提高新产品的影响力。于是小 C 开始做各项准备，其中最关键的问题是新产品的推荐。

项目分析

1. 用什么样的形式进行发布？可以使用 PowerPoint 2016。PowerPoint 2016 是 Microsoft Office 的组件之一，是基于 Windows 平台的演示文稿制作系统，其最终目的是为用户提供一种不用编写程序就能制作出集声音、影片、图像、图形、文字于一体的演示文稿系统。PowerPoint 2016 是人们进行思想交流、学术探讨、发布信息和产品介绍强有力的工具。

2. 文本怎么输入？图形、表格、图表等对象又该怎么插入？通过在幻灯片的占位符中输入或插入文本、图表、表格和图片等对象（也可以复制粘贴）的方式来实现。

3. 文本和对象如何编辑？其操作方法与 Word 2016 中文本的编辑操作方法相同。

4. 如何控制演示文稿的外观？可以通过改变幻灯片版式、背景、设计模板、母版及配色方案等方法来实现。

5. 如何添加切换效果和动画方案？本着合理方便的原则，利用"幻灯片放映"选项卡添加动画和幻灯片的切换效果，以丰富播放效果。

6. 如何自如进行幻灯片跳转？利用"插入"选项卡中的超链接建立相关幻灯片之间的链接，使幻灯片之间的跳转更为方便。

7. 如何创建幻灯片放映并播放幻灯片？创建幻灯片放映只需创建幻灯片并保存演示文稿，使用幻灯片浏览视图可以按顺序看到所有的幻灯片。按快捷键<F5>是播放幻灯片的最快方法，还可以利用选项卡中的按钮播放幻灯片。

 技能目标

1. 熟悉 PowerPoint 2016 软件的启动、退出及基本界面，理解幻灯片、演示文稿的基本概念。

2. 掌握 PowerPoint 2016 中视图的概念及用途。

3. 学会演示文稿的几种创建方法。

4. 学会在幻灯片中插入文本、图片、艺术字、表格等对象。

5. 学会对幻灯片中的文本、图片、艺术字、表格等对象进行格式设置。

6. 学会对演示文稿的版式、背景、主题、母版及配色方案等进行格式设置。

7. 合理地为幻灯片添加切换效果和动画方案。

8. 根据要求建立相关幻灯片之间的超链接。

9. 学习上要有举一反三的能力。

10. 学会自主学习的方法，如使用<F1>键；具有对比学习的能力。

 重点集锦

1. 插入艺术字，如图 5-1 所示。

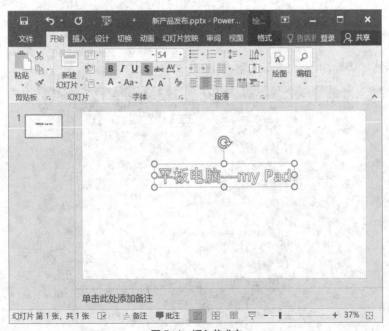

图 5-1　插入艺术字

2. 插入图片、自绘图形，如图 5-2 所示。

图 5-2　插入图片、自绘图形

3. 插入 SmartArt 图形，如图 5-3 所示。

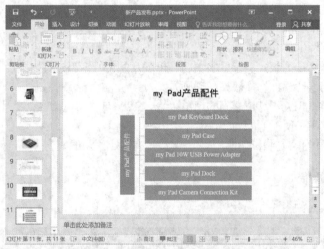

图 5-3　插入 SmartArt 图形

4. 修改母版，如图 5-4 所示。

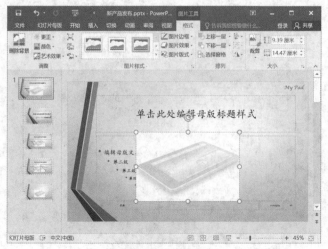

图 5-4　修改母版

5. 添加自定义动画，如图 5-5 所示。

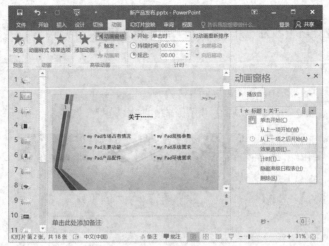

图 5-5　添加自定义动画

6. 超链接的设置，如图 5-6 所示。

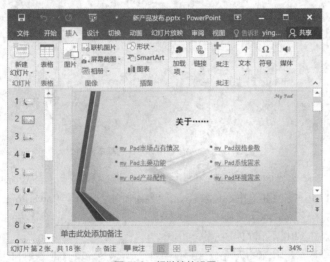

图 5-6　超链接的设置

7. 绘图笔的使用，如图 5-7 所示。

图 5-7　绘图笔的使用

 **项目详解**

项目要求1：创建一个名为"新产品发布"的演示文稿。

知识储备

（1）认识 PowerPoint 2016 的基本界面。

在使用 PowerPoint 2016 之前，首先要了解它的基本界面，如图 5-8 所示。

图 5-8　PowerPoint 2016 的基本界面

PowerPoint 2016 基本界面中的快速访问工具栏、标题栏和功能区与 Word 2016、Excel 2016 的基本类似，它们的使用方法在这里不再赘言。需要指出的是，对于 PowerPoint 2016 的新建文档，系统建立时的临时文档名为"演示文稿1""演示文稿2""演示文稿3"等。另外，PowerPoint 2016 与 Word 2016 和 Excel 2016 不同的 3 个部分如下。

① 编辑区：居于屏幕中部的大部分区域，是对演示文稿进行编辑和处理的区域。在演示文稿的建立和修改活动中，所有操作都应该是面向当前工作区中的当前幻灯片的。

② 视图区：界面的左侧是信息浏览区，其作用主要是浏览页面的文字内容，也称"大纲"区域，它显示的是各个页面的标题内容（主要是文字标题）。可以通过此区域浏览多个页面的文字内容，也可以通过此区域快速地把某一页面调到当前页面，以便进行编辑。

③ 备注区：用来记录编辑幻灯片时的一些备注文本。

（2）演示文稿和幻灯片的概念。

① 演示文稿。演示文稿就是用来演示的稿件。使用 PowerPoint 2016 制作演示文稿时，首先要创建演示文稿的底稿。底稿由一张或若干张幻灯片组成，上面有预先设置好的色彩和图案。通常所说的创建演示文稿就是创建演示文稿的底稿。

② 幻灯片。幻灯片是用来体现演示文稿内容的版式。在制作演示文稿时，先将需要演示的内容输入到一张张幻灯片中，再对幻灯片进行适当的修改处理，配以必要的图片、动画和声音等，这样就可以制作成一份完整的演示文稿了，最后通过多媒体计算机直接播放或连接投影仪演示播放即可。

（3）PowerPoint 2016 中视图的概念及用途。

在编辑演示文稿时，PowerPoint 2016 的"视图"选项卡提供了 5 种视图方式，如图 5-9 所示。

图 5-9　PowerPoint 2016 的视图方式

① 普通视图。普通视图如图 5-10 所示，是 PowerPoint 2016 的默认视图，它将工作区分为 3 个窗格，最大的窗格显示了一张单独的幻灯片，可以在此编辑幻灯片的内容；左边的窗格显示了所有幻灯片的滚动列表和文本的大纲；靠近底部的窗格采用了简单的文字处理方式，可输入演讲者的备注。所有的窗格都可以通过选中边线并拖动边框来调整其大小。

图 5-10　普通视图

② 大纲视图。大纲视图如图 5-11 所示，含有大纲窗格、幻灯片缩图窗格和幻灯片备注页窗格。大纲窗格中可显示演示文稿的文本内容和组织结构，不显示图形、图像、图表等对象。在大纲视图中编辑演示文稿，可以调整各幻灯片的前后顺序；在一张幻灯片内可以调整标题的层次级别和前后次序，可以将某幻灯片的文本复制或移动到其他幻灯片中。

图 5-11　大纲视图

③ 幻灯片浏览视图。幻灯片浏览视图如图 5-12 所示，在幻灯片浏览视图中，用户可查看到按次序排列的各张幻灯片，了解演示文稿的整体效果，并可轻松地调整各幻灯片的先后次序，增加或删除幻灯片，设置每张幻灯片的放映方式和时间。如果设置了切换效果，在幻灯片的下方会出现带有相应切换效果的图标和符号。

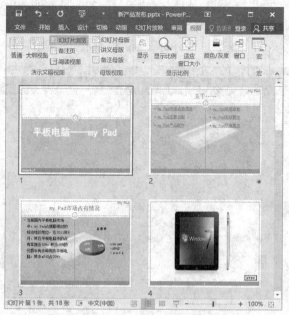

图 5-12　幻灯片浏览视图

④ 备注页视图。备注页视图显示了一幅带有编辑演讲者备注的打印预览页，如图 5-13 所示。PowerPoint 2016 用幻灯片的副本和备注文本为每张幻灯片创建了一幅独立的备注页。根据需要可以移动备注页中的幻灯片和文本框，也可以添加更多的文本框和图形，但是不能改变该视图中幻灯片的内容。

图 5-13　备注页视图

⑤ 阅读视图。阅读视图如图 5-14 所示，可用于预览演示文稿的实际效果。

图 5-14　阅读视图

（4）PowerPoint 2016 演示文稿的创建方法。

一般情况下，启动 PowerPoint 2016 时会自动创建一个空白演示文稿，如图 5-8 所示。

在演示文稿窗口中，单击"文件"选项卡中的"新建"按钮，可以在右侧窗格的"新建"列表中选择"空白演示文稿""Office 主题""丝状"等多种新建演示文稿的模板和主题，如图 5-15所示。

图 5-15　新建演示文稿

操作步骤

【步骤1】 单击任务栏中的 ![]按钮，选择"PowerPoint 2016"选项，启动 PowerPoint 2016，打开演示文稿窗口，如图 5-8 所示。

【步骤2】 单击"文件"选项卡中的"保存"按钮，将文件以"新产品发布"命名并保存在指定路径中。

V5-1 演示文稿的制作项目要求1、2

项目要求2：在幻灯片中插入相关文字、图片、艺术字、SmartArt 图形和表格等对象，并对它们进行基本格式设置，美化幻灯片。

知识储备

（5）占位符的概念。

占位符是带有虚线或影线标记边框的框，在绝大部分幻灯片版式中都能见到它，这些框能容纳标题和正文，以及图表、表格和图片等对象，如图 5-16 所示。

在插入对象之前，占位符中是一些提示性的文字，单击占位符内的任意位置，占位符将显示虚线框，用户可直接在框内输入文本内容或插入对象。若想在占位符以外的位置输入文本，则须先插入一个文本框，再在文本框中输入内容，插入的文本框将随输入文本的增加而自动向下扩

图 5-16 带有占位符的幻灯片

展；若想在占位符以外的位置插入图片、艺术字等对象，则可以直接利用"插入"选项卡插入，并利用鼠标拖动来调整位置。

单击占位符后出现的虚线框，其大小和位置与插入的文本框一样，都可以改变。

（6）幻灯片的插入、移动与删除方法。

在创建演示文稿的过程中，可以调整幻灯片的先后顺序，也可以插入幻灯片或删除不需要的幻灯片。这些操作若是在幻灯片浏览视图方式中进行的，将非常方便和直观。

① 选定幻灯片。在幻灯片浏览视图中，单击某幻灯片可以选定该张幻灯片。选定某幻灯片后，按住<Shift>键的同时再单击另一张幻灯片，可选定连续的若干张幻灯片；按住<Ctrl>键的同时再依次单击各幻灯片，可选取不连续的若干张幻灯片。

② 移动幻灯片。按住鼠标左键直接拖动选定的幻灯片到指定位置，即可完成对幻灯片的移动操作，如图 5-17 所示。

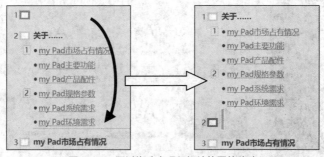

图 5-17 通过拖动实现幻灯片位置的移动

③ 插入幻灯片。先选定插入位置，再单击"开始"选项卡的"幻灯片"选项组中的"新建幻灯片"按钮，插入新幻灯片，插入后可以单击"版式"按钮，选择合适的幻灯片版式。也

可以通过在视图区中单击鼠标右键，在弹出的快捷菜单中选择"新建幻灯片"选项来插入新幻灯片。

④ 删除幻灯片。先选定要删除的幻灯片，再按<Delete>键即可。

操作步骤

【**步骤1**】 选中第1张幻灯片，删除占位符，单击"插入"选项卡的"文本"选项组中的"艺术字"下拉按钮，在弹出的下拉列表中选择第1行第3列的选项"填充-白色，投影"，即可在幻灯片中插入一个艺术字文本框，如图5-18所示。

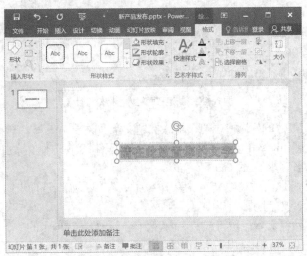

图5-18 在幻灯片中插入艺术字

【**步骤2**】 在"请在此放置您的文字"文本框中输入"平板电脑—my Pad"，在"开始"选项卡的"字体"选项组中设置文字字体格式为"黑体"，字号为"60"。

【**步骤3**】 将设置好的艺术字调整到幻灯片合适的位置，如图5-19所示。

图5-19 调整艺术字的位置

【**步骤4**】 单击"开始"选项卡"幻灯片"选项组中的"新建幻灯片"下拉按钮，在弹出的下拉列表中选择"两栏内容"选项，建立幻灯片，如图5-20所示。

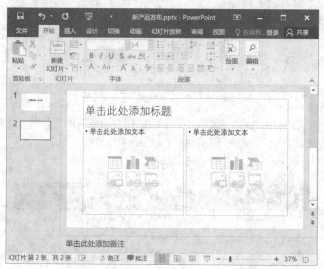

图 5-20　新建"两栏内容"幻灯片

【**步骤 5**】　在幻灯片的标题占位符中输入标题文字"关于……",在左侧文本占位符中输入 "my Pad 市场占有情况、my Pad 主要功能、my Pad 产品配件",在右侧文本占位符中输入"my Pad 规格参数、my Pad 系统需求、my Pad 环境需求"。

【**步骤 6**】　选中标题占位符或文字"关于……",在"开始"选项卡的"字体"选项组中设 置字体为黑体、36 磅、文字阴影、居中。

【**步骤 7**】　选中两栏文本占位符或文本内容,在"开始"选项卡的"字体"选项组中设置字 体为黑体、28 磅、黑色;再单击"段落"选项组中的" ▣ ｜(对话框启动器)"按钮,弹出"段落" 对话框,选择"缩进和间距"选项卡,在"间距"选项组中设置 1.3 倍行距,段前 12 磅,段后 0 磅,其他选项保持默认,如图 5-21 所示。

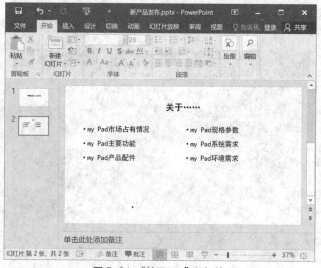

图 5-21　"关于……"幻灯片

【**步骤 8**】　在"开始"选项卡的"幻灯片"选项组中单击"新建幻灯片"下拉按钮,在弹出 的下拉列表中选择"两栏内容"选项,建立幻灯片。

【**步骤 9**】　在幻灯片的标题占位符中输入标题文字"my Pad 市场占有情况",在左侧文本占 位符中输入相应文本内容。

【步骤10】　选中标题占位符或文字"my Pad 市场占有情况"，在"开始"选项卡的"字体"选项组中设置字体为黑体、36 磅、文字阴影、居中。

【步骤11】　选中左侧文本占位符或文本内容，在"开始"选项卡的"字体"选项组中设置字体为宋体、24 磅、黑色；再单击"段落"选项组中的"□（对话框启动器）"按钮，弹出"段落"对话框，选择"缩进和间距"选项卡，在"间距"选项组中设置 1.5 倍行距，其他选项保持默认。

【步骤12】　单击右侧文本占位符中的"▊▊（图表）"标识，在弹出的对话框中选择图表的类型，即【饼图】/【三维饼图】，单击【确定】按钮，在弹出的 Excel 工作表内输入数据后，幻灯片上出现相应的图表，随后可以设置图表格式，美化图表。若对默认图表格式不满意，可选中图表某部分，双击或者单击鼠标右键，在弹出的快捷菜单中选择修改项进行修改，其最终效果如图 5-22 所示。

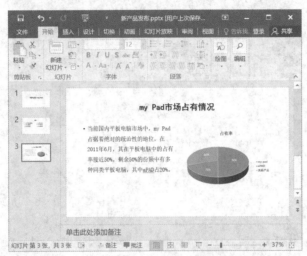

图 5-22　"my Pad 市场占有情况"幻灯片最终效果

【步骤13】　单击"开始"选项卡的"幻灯片"选项组中的"新建幻灯片"下拉按钮，在弹出的下拉列表中选择"空白"选项，建立幻灯片。

【步骤14】　单击"插入"选项卡的"图像"选项组中的"图片"按钮，在弹出的"插入图片"对话框中选择要插入的图片"图片 1"，并适当调整图片在幻灯片中的位置，如图 5-23 所示。

图 5-23　插入"图片 1"

【**步骤 15**】 单击"开始"选项卡的"幻灯片"选项组中的"新建幻灯片"下拉按钮，在弹出的下拉列表中选择"标题和内容"选项，建立幻灯片。

【**步骤 16**】 在幻灯片的标题占位符中输入标题文字"my Pad 主要功能"，在正文文本占位符中输入相应文本内容。

【**步骤 17**】 选中标题占位符或文字"my Pad 主要功能"，在"开始"选项卡的"字体"选项组中设置字体为黑体、36 磅、文字阴影、居中。

【**步骤 18**】 选中正文文本占位符或文本内容，在"开始"选项卡的"字体"选项组中设置字体格式为宋体、24 磅、黑色；再单击"段落"选项组中的"┌┐（对话框启动器）"按钮，弹出"段落"对话框，选择"缩进和间距"选项卡，在"间距"选项组中设置 1.5 倍行距，段前 12 磅，段后 0 磅，其他选项保持默认，如图 5-24 所示。

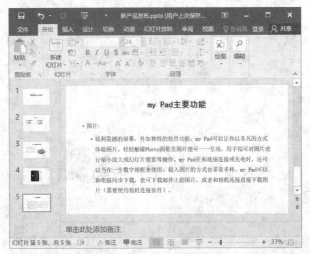

图 5-24 "my Pad 主要功能"幻灯片

【**步骤 19**】 单击"开始"选项卡的"幻灯片"选项组中的"新建幻灯片"下拉按钮，在弹出的下拉列表中选择"空白"选项，建立幻灯片。

【**步骤 20**】 单击"插入"选项卡的"图像"选项组中的"图片"按钮，在弹出的"插入图片"对话框中选择要插入的图片"图片 2"，并适当调整图片在幻灯片中的位置，如图 5-25 所示。

图 5-25 插入"图片 2"

【步骤 21】 重复步骤 15～步骤 20，制作第 7～10 张幻灯片，如图 5-26 所示。

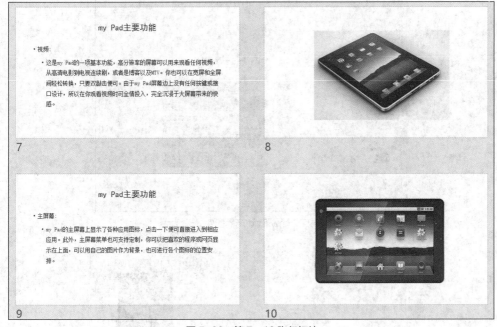

图 5-26 第 7～10 张幻灯片

【步骤 22】 单击"开始"选项卡的"幻灯片"选项组中的"新建幻灯片"下拉按钮，在弹出的下拉列表中选择"标题和内容"选项，建立幻灯片。

【步骤 23】 在幻灯片的标题占位符中输入标题文字"my Pad 产品配件"，并选中标题占位符或文字"my Pad 产品配件"，在"开始"选项卡的"字体"选项组中设置字体为黑体、36 磅、文字阴影、居中。

【步骤 24】 单击文本占位符中的"（插入 SmartArt）"按钮，弹出"选择 SmartArt 图形"对话框，在左侧列表中选择"层次结构"选项，在中间列表中选择"水平多层层次结构"选项，单击"确定"按钮。

【步骤 25】 在幻灯片的"水平多层层次结构"中输入相应文本，选中 SmartArt 图形中的文本内容，单击"开始"选项卡的"字体"选项组中的"（对话框启动器）"按钮，弹出"字体"对话框，在"字体"选项卡中设置"西文字体"为"Times New Roman"，"中文字体"为"宋体"，"大小"为"24"，其他选项保持默认。

提示： 默认情况下，层次结构给出的层数和每层的文本框数不多，若在实际应用中不够，可进行层数或每层文本框数的添加，操作方法是选中某文本框并单击鼠标右键，在弹出的快捷菜单中选择"添加形状"选项，根据需要选择即可。

【步骤 26】 选中 SmartArt 图形，单击"SmartArt 工具-设计"选项卡的"SmartArt 样式"选项组中的"更改颜色"下拉按钮，在弹出的下拉列表中选择"彩色-个性色"选项，如图 5-27 所示。

【步骤 27】 重复步骤 15～步骤 20，制作第 12～15 张幻灯片，如图 5-28 所示。

【步骤 28】 单击"开始"选项卡的"幻灯片"选项组中的"新建幻灯片"下拉按钮，在弹出的下拉列表中选择"标题和内容"选项，建立幻灯片。

【步骤 29】 在幻灯片的标题占位符中输入标题文字"my Pad 规格参数"，并选中标题占位符或文字"my Pad 规格参数"，在"开始"选项卡的"字体"选项组中设置字体为黑体、36 磅、文字阴影、居中。

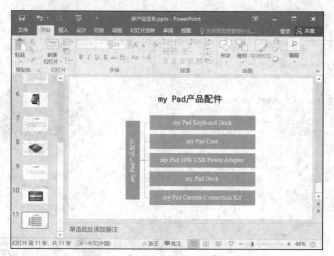

图 5-27　"my Pad 产品配件"幻灯片

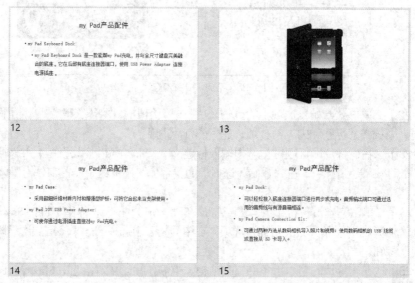

图 5-28　第 12~15 张幻灯片

【步骤 30】 单击文本占位符中的" （插入表格）"按钮，弹出"插入表格"对话框，设置"列数"为"2"，"行数"为"10"，单击"确定"按钮。

【步骤 31】 选中表格，单击"表格工具-设计"选项卡的"表格样式"选项组中的"其他"下拉按钮，在弹出的下拉列表中选择"无样式，网格型"选项。

【步骤 32】 选中表格第 1 列，单击"表格工具-设计"选项卡的"表格样式"选项组中单击"底纹"下拉按钮，在弹出的下拉列表中选择"其他填充颜色…"选项，此时弹出"颜色"对话框。选择"自定义"选项卡，设置颜色模式为 RGB，值为（224，240，253），再选中第 2 列，使用相同的方法设置底纹颜色模式为 RGB，值为（238，248，255）。

【步骤 33】 在表格的单元格中输入相应文本。选中表格，在"开始"选项卡的"字体"选项组中设置字体为宋体、16 磅、黑色、加粗。

【步骤 34】 选中表格，单击"表格工具-布局"选项卡的"对齐方式"选项组中的"垂直居中"按钮，将文本设置为垂直居中。

【步骤 35】 根据表格内容调整表格的大小、位置、行高及列宽，如图 5-29 所示。

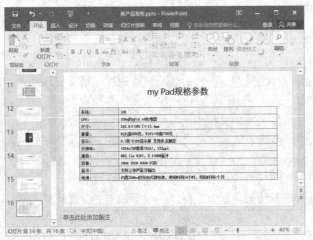

图 5-29 "my Pad 规格参数"幻灯片

【步骤 36】 重复步骤 28～步骤 35，完成后面两张幻灯片的制作。

提示：对幻灯片中已输入文本和插入对象的编辑操作，与 Word 2016 中对文本和对象的编辑操作方法相同。另外，文本的输入和编辑在大纲视图或普通视图中进行更方便。

项目要求 3：为演示文稿"新产品发布"重新选择主题，并适当修改演示文稿的母版，达到理想效果。

知识储备

（7）主题。

PowerPoint 2016 演示文稿的主题是由专业设计人员精心设计的，每个主题都包含一种配色方案和一组母版。同一个演示文稿，如果选择另一个主题，将会带来一种全新的感觉。

如果要对演示文稿应用其他主题，可以按照下述步骤进行操作。

打开指定的演示文稿，单击"设计"选项卡的"主题"选项组中的"主题"下拉按钮，在弹出的下拉列表中选择适合的演示文稿主题，如图 5-30 所示。选择适合的主题后，即可为所有的幻灯片添加选定的主题。

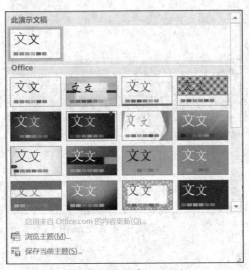

图 5-30 "主题"下拉列表

提示： 如果在 "Office" 部分没有适合的主题，可选择列表下方的 "浏览主题" 选项，选择本地机上的其他主题。

（8）认识母版。

母版同样决定着幻灯片的外观，一般分为幻灯片母版、讲义母版和备注母版。其中，幻灯片母版是最常用的一种。

幻灯片母版主要用于控制演示文稿中所有幻灯片的外观。在幻灯片母版中可调整各占位符的位置，设置各占位符中内容的字体、字号、颜色，改变项目符号的样式，插入文字、图片、图形、动画和艺术字，改变背景色等。修改完毕后单击 "幻灯片母版" 选项卡中的 "关闭母版视图" 按钮，便可查看到相应版式的幻灯片都已按照母版进行了修改。

当通过幻灯片母版修改背景颜色时，窗口右侧将弹出 "设置背景格式" 窗格，如图 5-31 所示。在修改完成后，若用户单击 "✕（关闭）" 按钮，则新设置的背景颜色只作用于当前修改的幻灯片；若用户单击 "全部应用" 按钮，则新设置的背景颜色作用于全部幻灯片。

操作步骤

【步骤1】 打开 "新产品发布" 演示文稿。

【步骤2】 单击 "设计" 选项卡的 "主题" 选项组中的 "主题" 下拉按钮，在弹出的下拉列表中显示了两部分内容——"此演示文稿" 和 "Office"。

【步骤3】 在 "Office" 部分选择 "视差" 主题，单击即可将所选主题应用到所有幻灯片中，应用主题后的效果如图 5-32 所示。

图 5-31 "设置背景格式" 窗格

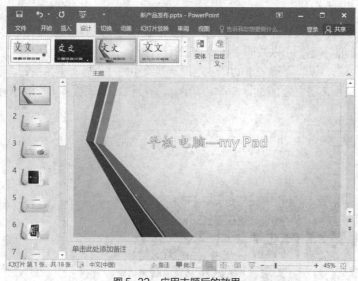

图 5-32 应用主题后的效果

V5-2 演示文稿的
制作项目要求 3～5

提示： 如果想为某张幻灯片应用一个单独的主题，可在将要应用的主题上单击鼠标右键，弹出的快捷菜单如图 5-33 所示，选择其中的 "应用于选定幻灯片" 选项即可将主题应用到单独的幻灯片中。

图 5-33 快捷菜单

【步骤 4】 单击"视图"选项卡的"母版视图"选项组中的"幻灯片母版"按钮，系统自动切换到"幻灯片母版"选项卡，如图 5-34 所示。

图 5-34 "幻灯片母版"选项卡

【步骤 5】 在幻灯片母版视图的左窗格中，最上方显示了一个母版，当鼠标指针移动到母版中时出现提示文字"视差幻灯片母版：由幻灯片 H8 使用"，在其下方又分了多个版式，鼠标指针移动到版式上时也会出现提示文字，显示使用该版式的幻灯片编号，当提示文字中显示"任何幻灯片都不使用"的版式时，在该版式上单击鼠标右键，在弹出的快捷菜单中选择"删除版式"选项。

【步骤 6】 选择"标题幻灯片版式"选项，单击"插入"选项卡的"文本"选项组中的"文本框"下拉按钮，在弹出的下拉列表中选择"横排文本框"选项，在编辑区的左下角按住鼠标左键绘制一个横排文本框，输入文字"2020 年 5 月"，并进行简单格式设置。

【步骤 7】 选择"视差幻灯片母版"选项，单击"插入"选项卡的"文本"选项组中的"文本框"下拉按钮，在弹出的下拉列表中选择"横排文本框"选项，在编辑区的右上方插入一个横排文本框，输入文字"my Pad"，并进行简单格式设置。

【步骤 8】 选择"视差幻灯片母版"选项，单击"插入"选项卡的"文本"选项组中的"幻灯片编号"按钮，弹出"页眉和页脚"对话框，选择"幻灯片"选项卡，选中"幻灯片编号"复选框，如图 5-35 所示，并单击"全部应用"按钮。

图 5-35 设置幻灯片编号

【**步骤 9**】 选中"视差幻灯片母版"，单击"插入"选项卡的"图像"选项组中的"图片"按钮，在弹出的"插入图片"对话框中选择要插入的图片"图片 6"，并适当调整图片的位置，如图 5-36 所示。

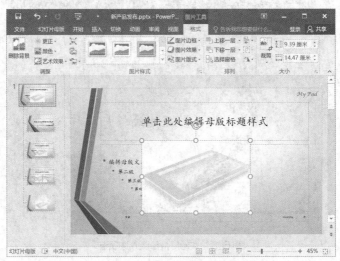

图 5-36 在幻灯片母版中插入图片

【**步骤 10**】 双击该图片，单击"图片工具-格式"选项卡的"调整"选项组中的"删除背景"按钮，弹出"背景消除"选项卡，调整图片上的选框到合适位置，如图 5-37 所示。单击"关闭"选项组中的"保留更改"按钮，返回"图片工具-格式"选项卡。单击"图片样式"选项组中的" ⌄（其他）"按钮，在弹出的下拉列表中选择"柔化边缘椭圆"选项。

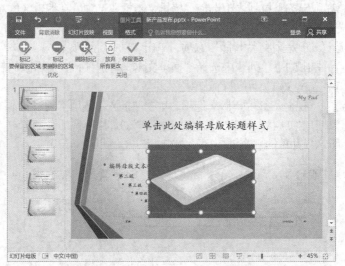

图 5-37 在幻灯片母版中删除图片背景

 提示：在母版中插入的图片会以背景图片的形式显示在幻灯片中。

【**步骤 11**】 设置完毕后，返回"幻灯片母版"选项卡，单击"关闭母版视图"按钮，可查看到幻灯片都已按照母版进行了修改。

项目要求4：为演示文稿"新产品发布"添加切换效果和自定义动画。

知识储备

（9）设置幻灯片切换效果。

使用幻灯片切换这一特殊效果，可以使演示文稿中的幻灯片通过特殊效果从一张切换到另一张，即控制幻灯片进入或移出屏幕的效果，它可以使演示文稿的放映变得更有趣、更生动、更具吸引力。

PowerPoint 2016 有几十种切换效果可供使用，可为独立的幻灯片或多张幻灯片设置切换效果。通过设定幻灯片切换效果可控制幻灯片切换速度、换页方式和换页声音等。

（10）设置自定义动画效果。

自定义动画是除幻灯片切换以外的另一种特殊效果，它能对幻灯片中的文本、形状、声音、图像或其他对象添加动画效果，达到突出重点、控制信息流程和增加演示文稿趣味性的目的。例如，文本可以逐字或逐行出现，也可以通过变暗、逐渐展开和逐渐收缩等方式出现。

自定义动画可以使对象依次出现，并设置它们依次的出现方式。同时，可以设置或更改幻灯片播放动画的顺序。

提示：添加了动画效果的对象会出现"0""1""2""3"…的编号，表示各对象动画播放的顺序。在设置了多个对象动画效果的幻灯片中，若想改变某个对象的动画在整个幻灯片中的播放顺序，可以选定该对象或对象前的编号，单击"动画窗格"中的"重新排序"列表框中的两个按钮"⬆"和"⬇"，同时，对象前的编号会随着位置的变化而变化。在"重新排序"列表框中，所有对象始终按照"0""1""2"…或"1""2""3"…的编号排序。

操作步骤

【步骤1】 选中要添加切换效果的幻灯片。在选择单张、一组或不相邻的几张幻灯片时，可以分别通过单击或单击并配合使用<Shift>键或<Ctrl>键的方法进行选中，选中的幻灯片周围会出现边框。

【步骤2】 单击"切换"选项卡的"切换到此幻灯片"选项组中的"⤓（其他）"按钮，在弹出的下拉列表中选择切换效果，如"闪光""百叶窗""旋转"等，如图5-38所示。

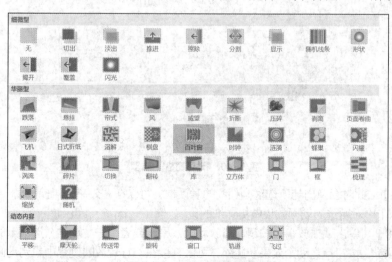

图5-38 设置幻灯片切换方案

【步骤3】 在"计时选项"组的"声音"下拉列表中选择声音类型或无声音来增加幻灯片切

换的听觉效果；在"持续时间"微调框中设置每张幻灯片的切换时间，来控制每张幻灯片切换速度。

【步骤4】 在"计时"选项组的"换片方式"下，可设定从一张幻灯片过渡到下一张幻灯片的方式是通过单击还是每隔一段时间后自动切换的，选择后者时需要输入幻灯片在屏幕上持续的时间长度。

【步骤5】 将以上设置的幻灯片切换效果应用到所选幻灯片中，或单击"计时"选项组中的"全部应用"按钮，将切换效果应用到所有幻灯片中。

【步骤6】 选中幻灯片中要设置动画的对象，单击"动画"选项卡的"动画"选项组中的"动画样式"下拉按钮，在弹出的下拉列表中选择进入时的效果，如"飞入""擦除"等，如图5-39所示。若需要更多效果，可选择"更多进入效果"选项，在弹出的"更多进入效果"对话框中选择需要的效果，如"百叶窗""盒状"等。此外，可以按照实际需要有选择地设置"强调""退出""动作路径"等效果。

【步骤7】 随着不同动画样式的选定，单击"动画"选项卡的"动画"选项组中的"效果选项"下拉按钮，弹出的下拉列表中的内容将产生相应变化。根据实际情况在下拉列表中选择相应的属性状态，如动画样式选择"百叶窗"时，"效果选项"下拉列表中变为"方向""序列"，可以通过"水平"或"垂直"选项来控制动画播放的方向。

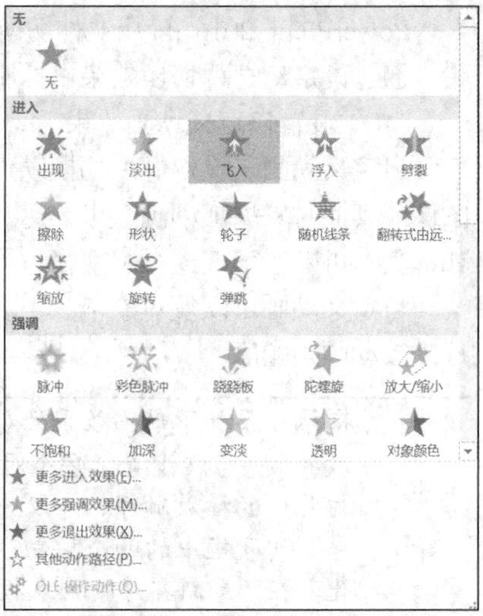

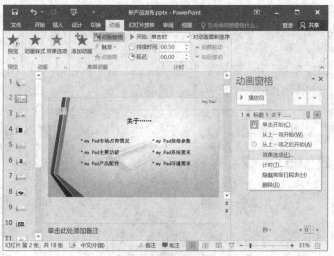

图5-39 "动画样式"下拉列表

【步骤8】 单击"动画"选项卡的"高级动画"选项组中的"动画窗格"按钮，窗口右侧弹出"动画窗格"窗格。选中动画1并单击鼠标右键，在弹出的快捷菜单中选择"效果选项"选项，如图5-40所示。

图5-40 "动画窗格"窗格

【步骤9】 此时会弹出与所选动画相应的对话框，可以在"效果""计时"和"正文文本动画"3个选项卡中对所选的动画效果做更详细的设置。

【步骤10】 单击"播放自"按钮，播放动画效果，或者单击"动画"选项卡的"预览"选项组中的"预览"按钮预览动画效果。此外，可以直接在幻灯片放映过程中看到动画效果。

项目要求5：为演示文稿"新产品发布"的目录（第2张幻灯片）与相应的幻灯片之间建立超链接，使其能成功放映。

计算机应用情境教学基础教程（Windows 7+Office 2016）（微课版）

知识储备

（11）设置幻灯片动作。

PowerPoint 2016 提供了一些常用的动作按钮，例如，换页到下一张幻灯片或跳转到起始幻灯片进行放映等。采用动作设置可以链接到文本、对象、表格、图表或图像，并且可以决定是当鼠标移动到对象上时还是单击时开始执行动作。对象被链接后，只有更改源文件，数据才会被更新。

先选中幻灯片上要设置动作的对象，再单击"插入"选项卡的"链接"选项组中的"动作"按钮，弹出"操作设置"对话框，如图 5-41 所示。

在"单击鼠标"或"鼠标悬停"选项卡中进行相关设置即可决定是单击按钮开始动作还是鼠标移入开始动作。根据具体情况选择"动作"，较为常用的有以下几种。

① 超链接到：这种情况可以在当前幻灯片放映时转到某一特定的幻灯片。例如，可以切换到第一张或最后一张幻灯片，可以转换到另外一个幻灯片放映等。

② 运行程序：单击"浏览"按钮，查找程序位置。

如果选中"播放声音"复选框，那么单击"动作"按钮时，就会有声音播放。在其下拉列表中可以选择想要播放的声音。如果选中"单击时突出显示"复选

图 5-41 "操作设置"对话框

框，那么只要单击幻灯片放映中的对象，该对象就会呈现片刻的突出显示，表明已经单击过它了，但这仅仅对于某些对象可用。为了检测"动作"对象，在对话框中单击"确定"按钮，并单击"幻灯片放映"按钮，单击"动作"对象，确保这些按钮能够正确地运行。

如果不选择内置"动作"，也可以采用超链接的设置方式，使操作更为简单便捷。选中要设置超链接的文字或图片并单击鼠标右键，在弹出的快捷菜单中选择"超链接"选项，在弹出的"插入超链接"对话框中设置要链接到的文件或幻灯片，单击"确定"按钮。

（12）创建幻灯片放映。

创建幻灯片放映不需要做任何特殊的操作，只需创建幻灯片并保存演示文稿即可。使用幻灯片浏览视图可以按顺序看到所有的幻灯片。

① 重新安排幻灯片放映。单击位于窗口左下端的"▦（幻灯片浏览）"按钮，或单击"视图"选项卡的"演示文稿视图"选项组中的"幻灯片浏览"按钮，此时会显示出若干张幻灯片。

在这个视图中，要改变幻灯片的显示顺序可以直接把幻灯片从原来的位置拖动到另一个位置，并保存该演示文稿。单击"显示比例"选项组中的"显示比例"或"适应窗口大小"按钮，可以在屏幕上看到更多或更少的幻灯片。要删除幻灯片时，单击幻灯片并按<Delete>键即可；也可以选中幻灯片并单击鼠标右键，在弹出的快捷菜单中选择"删除幻灯片"选项。

如果用户想以不同的顺序在该幻灯片的前后切换放映，可以通过设置动作，从一个部分转移到另一个部分，甚至可以转移到其他程序。

② 添加批注。在普通视图中可以给幻灯片添加批注。

在演示文稿最终定稿之前，审阅演示文稿时都可以用到批注功能；如果把演示文稿发送给相关人员，每个人都可以添加自己的批注，同时可以看到其他人的批注，每个批注都将以作者名字开头。另外，每个人都可选择具有批注的或者不加批注的幻灯片进行放映。

下面说明批注的使用。

在普通视图中，单击"审阅"选项卡的"批注"选项组中的"新建批注"按钮，随后在窗口

右侧会弹出"批注"窗格，如图 5-42 所示。输入批注，在批注编辑框外单击，会在批注框下方出现"答复框"，用于接收者答复。单击"批注"选项组中的"上一条"或"下一条"按钮，可以从一个批注转到另一个批注。插入到幻灯片中的每个批注都可以随意移动位置，甚至可以移动到幻灯片以外。如要编辑批注，则在批注的编辑区内单击即可。批注中文本的属性（颜色、大小、字体）可以自行调整。单击"批注"选项组中的"新建批注"按钮，可以添加新的批注。单击"显示批注"下拉按钮，在弹出的下拉列表中选择"批注窗格"或"显示标记"选项，可以显示或隐藏批注窗格和幻灯片上的批注标记。

图 5-42 "批注"窗格

③ 添加演讲者备注。演讲者备注是演讲者在演讲过程中用来引导演讲思路的备注，以下是添加方法。

只有在"普通视图"的"备注"窗格中，才能输入演讲者备注。通过向上拖动灰色边框，可以扩大此部分在屏幕上的显示面积。

此外，可以单击"视图"选项卡的"演示文稿视图"选项组中的"备注页"按钮，这种方法会将演讲者备注作为一个整页显示。幻灯片图像在备注的顶部，包含备注的文本框在底部，如图 5-43 所示，备注中的文本如同其他文本一样可以进行格式化设置。

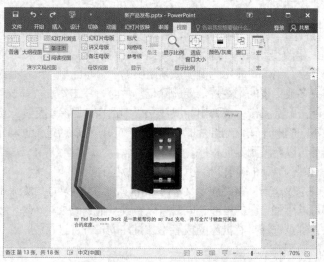

图 5-43 "备注页"视图中的演讲者备注

④ 讲义。讲义是包含若干张幻灯片的一种版面，可以将它打印出来分发给观众，作为演示文稿内容的提示。在用户演讲之前，特别是在计算机不在身边时，对审阅演示文稿，使用讲义也是很有用的。一页讲义包含幻灯片的数量可以按以下方式设置，单击"文件"选项卡中的"打印"按钮，在页面右侧即可进行设置，如图 5-44 所示。

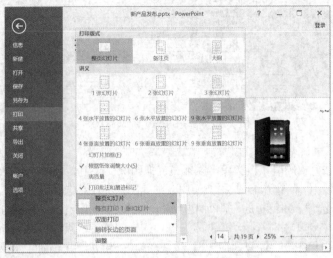

图 5-44　设置讲义中包含的幻灯片数量

（13）幻灯片放映。

按快捷键<F5>是放映幻灯片的最快方法，以下是幻灯片放映的其他方法。

① 单击"视图"选项卡的"演示文稿视图"选项组中的"阅读视图"按钮。

② 单击"幻灯片放映"选项卡的"开始放映幻灯片"选项组中的"从头开始"或"从当前幻灯片开始"按钮。

③ 单击屏幕右下端的"□（幻灯片放映）"按钮（从当前的幻灯片开始放映）。

当播放幻灯片且需要在幻灯片之间进行移动时，按<Home>键，可移动到第一张幻灯片；按<End>键，可移动到最后一张幻灯片。当要在幻灯片放映结束前，结束幻灯片放映时，按<Esc>键。在放映过程中按快捷键<F1>，可以查看到演示文稿中操控方法的列表。更多的鼠标或键盘快捷操作如表 5-1 所示。

表 5-1　鼠标或键盘快捷操作

移到下一张幻灯片	移到上一张幻灯片
<Enter>	<Backspace>
<→>	<←>
<↓>	<↑>
<N>	<P>
<Page Down>	<Page Up>
<Space>	单击鼠标右键（先关闭"鼠标右击的快捷菜单"）
单击	

在幻灯片放映过程中，演讲者可能需要在幻灯片上做标记。在幻灯片上做标记的方法如下。在幻灯片放映时，单击幻灯片左下方的 6 个导航快捷按钮中第 3 个快捷按钮，在弹出的快捷菜单中选择"笔（画出细线条）""荧光笔（画一个透明的浅色线条在选定项目上）"选项。按住鼠标左键并拖动鼠标即可绘图，如图 5-45 所示。

图 5-45　用绘图笔做了标注的幻灯片

下面介绍其他特性。

① 选择不同颜色的画笔，再次单击鼠标右键弹出快捷菜单，选择"指针选项"→"墨迹颜色"选项。如果单击鼠标右键的方式不能使用，则单击"文件"选项卡中的"选项"按钮，在弹出的"PowerPoint 选项"对话框的左侧列表中选择"高级"选项卡，在右侧的"幻灯片放映"选项组中选中"鼠标右键单击时显示菜单"复选框，这样就预置了鼠标右键单击。

② 按<Esc>键，绘图笔会恢复为指针，再按一次<Esc>键，会弹出询问"是否保留墨迹注释？"对话框，可以选择保留或放弃，在确定选择后会退出演示文稿。

③ 在绘图笔状态下，还可以按快捷键<Ctrl+A>，把指针重新改为箭头。

④ 在"指针选项"菜单中选择"擦除幻灯片上的所有墨迹"选项，可以清除所有的注释；当选择"橡皮擦"选项时，可以有选择地擦除注释。

操作步骤

【步骤 1】　在普通视图中，选定第 2 张幻灯片，即目标幻灯片"关于……"。

【步骤 2】　选中"my Pad 市场占有情况"文字，单击"插入"选项卡的"链接"选项组中的"动作"按钮，弹出"操作设置"对话框，如图 5-46 所示，选择"单击鼠标"选项卡。

【步骤 3】　选择"超链接到"下拉列表中的"幻灯片…"选项。弹出"超链接到幻灯片"对话框，在"幻灯片标题"列表框中选择"3. my Pad 市场占有情况"，单击"确定"按钮，如图 5-47 所示。

图 5-46　"操作设置"对话框

图 5-47　"超链接到幻灯片"对话框

【步骤4】 重复步骤2和步骤3，设置其他文字的超链接。

【步骤5】 选定第4张幻灯片，单击"插入"选项卡的"插图"选项组中的"形状"下拉按钮，在弹出的下拉列表中选择"棱台"选项，在幻灯片右下角绘制一个棱台，并调整图形大小。

【步骤6】 双击棱台，系统自动弹出"绘图工具-格式"选项卡，在"形状样式"选项组中选择"彩色轮廓-黑色，深色1"选项。

【步骤7】 选中棱台并单击鼠标右键，在弹出的快捷菜单中选择"编辑文字"选项，输入"返回目录"。

【步骤8】 选中"返回目录"文本，在"开始"选项卡中设置文本格式为"黑体、14磅、黑色"，其效果如图5-48所示。

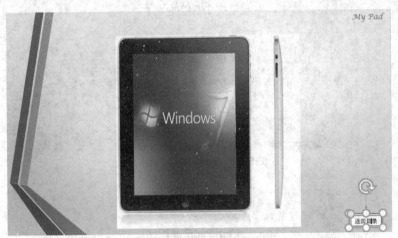

图5-48 绘制自选图形的效果

【步骤9】 选中棱台，单击"插入"选项卡的"链接"选项组中的"超链接"按钮，弹出"编辑超链接"对话框。在对话框左侧的"链接到"列表框中选择"本文档中的位置"选项，在右侧的"请选择文档中的位置"列表框中选择"关于……"选项，如图5-49所示，单击"确定"按钮。

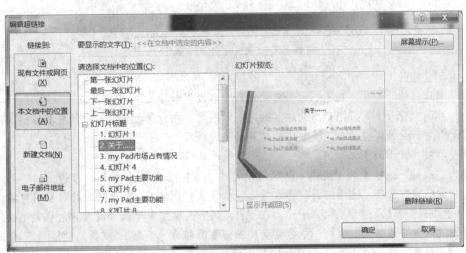

图5-49 设置自绘图形的超链接

【步骤10】 重复步骤5～步骤9，分别为第10、15、16、17、18张幻灯片设置相同的超链接。

（1）更换版式。

如果已有版式不能满足要求，可以更换版式。更换幻灯片版式操作步骤如下。

选中目标幻灯片，单击"开始"选项卡的"幻灯片"选项组中的"幻灯片版式"下拉按钮，在弹出的下拉列表中选择合适的版式。

更换前的幻灯片版式如图 5-50 所示，更换后的幻灯片版式如图 5-51 所示。

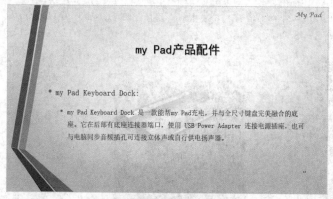

图 5-50　更换前的幻灯片版式

图 5-51　更换后的幻灯片版式

（2）调整背景。

对于创建好的幻灯片，在色彩方面可以进行一些设置和修改。

幻灯片的"背景"是每张幻灯片底层的色彩和图案，在背景之上，可以放置其他的图片或对象。对幻灯片背景的调整，会改变整张幻灯片的视觉效果。

调整幻灯片背景的步骤如下。

单击"设计"选项卡的"变体"选项组中的"▽（其他）"下拉按钮，在弹出的下拉列表中选择"背景样式"选项，选择需要的样式或选择"设置背景格式…"选项，此时在窗口右侧弹出"设置背景格式"窗格，如图 5-52 所示。在"自定义"选项组中单击"设置背景格式"按钮，也可以弹出"设置背景格式"窗格。根据需要，在窗格顶部的"填充""效果""图片" 3 个选项卡中进行相应设置，单击"关闭"或"全部应用"按钮。

（3）应用主题颜色。

每一种主题都有相对应的一组颜色，称为"主题颜色"。主题颜色主要用于背景、文本和线条、阴影、标题文本、填充、强调、强调和超链接、强调和尾随超级链接等设置。制作演示文稿时选定了主题也就确定了主题颜色，主题的改变将引起主题颜色的变化。一般情况下，演示文稿中各幻灯片应采用统一的主题颜色，但用户也可根据需要将指定的幻灯片采用其他标准主题颜色或自己定义主题颜色。

① 选择主体颜色。为当前幻灯片选择标准主体颜色的操作步骤如下。

单击"设计"选项卡的"变体"选项组中的"颜色"下拉按钮，在弹出的下拉列表中选择一种主题，选定的主题即应用于当前打开的演示文稿上。

② 新建主题颜色。如果不想使用 PowerPoint 2016 提供的标准主题颜色，也可以新建主题颜色，其操作步骤如下。

单击"设计"选项卡的"变体"选项组中的"颜色"下拉按钮，在弹出的下拉列表中选择"自定义颜色…"选项，弹出"新建主题颜色"对话框，如图 5-53 所示。在"主题颜色"选项组中有构成主题颜色的各种颜色的设置，选择要修改的选项，单击其右侧的下拉按钮，在弹出的下拉列表中选择一种颜色或自定义一种颜色，在对话框下方的"名称"文本框中输入主题名，单击"保存"按钮，即可将该主题颜色应用到幻灯片中。

图 5-52 "设置背景格式"窗格

图 5-53 "新建主题颜色"对话框

（4）演示文稿的打印。

① 页面设置。由于幻灯片可以使用不同的设备播放，所以打印时的页面设置也会有所不同，具体操作方法如下。

单击"设计"选项卡的"自定义"选项组中的"幻灯片大小"下拉按钮，在弹出的下拉列表中选择"标准""宽屏"或"自定义幻灯片大小…"选项，当选择"自定义幻灯片大小…"选项后，弹出"幻灯片大小"对话框，如图 5-54 所示，选择纸张的大小、要打印的幻灯片的编号范围和幻灯片内容的打印方向，单击"确定"按钮。

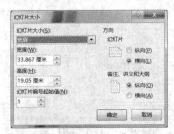

图 5-54 "幻灯片大小"对话框

② 打印。选中要打印幻灯片，单击"文件"选项卡中的"打印"按钮，页面右侧显示"打印"的相关设置项，如图 5-55 所示。

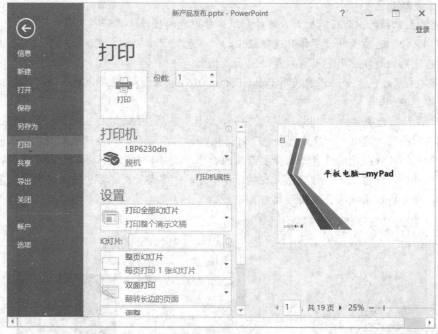

图 5-55　打印设置

可以选择幻灯片的打印范围，选择"打印版式"为"整页幻灯片"，选择是否需要按比例缩小幻灯片以符合纸张大小，以及选择是否需要打印出幻灯片的边框等。在页面最右侧预览区中可以看到将要打印出来的幻灯片的外观。此外，可以查看打印机是否支持彩色打印，如果可以，则能选择彩色打印。

③ 打印演讲者备注。在打印演讲者备注时，单击"文件"选项卡中的"打印"按钮，在"打印版式"中选择"备注页"选项，其他选项与打印幻灯片的选项是相同的。在打印之前，单击"插入"选项卡的"文本"选项组中的"页眉和页脚"按钮，在弹出的"页眉和页脚"对话框中选择"备注和讲义"选项卡，通过设置可以插入页眉和页脚，如图 5-56 所示。

图 5-56　"页眉和页脚"对话框

④ 打印讲义。打印讲义时，单击"文件"选项卡中的"打印"按钮，在"讲义"中选择需要的样式，其他选项与打印幻灯片的选项是相同的。另外，可以选择在一页中打印幻灯片的数量以及在该页中如何呈现它们的阅读顺序。在打印之前，单击"插入"选项卡的"文本"选项组中的"页眉和页脚"按钮，在弹出的"页眉和页脚"对话框中选择"备注和讲义"选项卡，通过设置可以插入页眉和页脚，如图 5-56 所示。

⑤ 打印大纲视图。打印大纲视图与"普通视图"中"大纲"任务窗格所显示的一样，无论显示大纲的哪一级，都可以打印出来。打印大纲视图中可以打印大纲中的所有文本，或者只打印幻灯片标题，也可以选择显示或隐藏格式。

⑥ 打印 Word 文件。单击"文件"选项卡中的"导出"按钮，在"导出"列表框中选择"创建讲义"选项，单击右侧的"创建讲义"按钮，如图 5-57 所示，弹出"发送到 Microsoft Word"对话框，如图 5-58 所示。可以把备注页和大纲发送到 Word 2016 中，并在 Word 2016 中完成格式化设置。Word 2016 为文本提供了更丰富的格式化工具，如果希望 Word 2016 中的副本与 PowerPoint 2016 演示文稿中的信息保持一致，可以选中"粘贴链接"单选按钮。

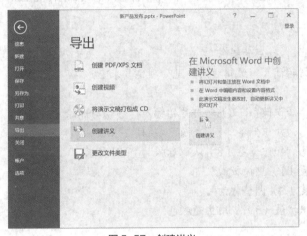

图 5-57　创建讲义

图 5-58　"发送到 Microsoft Word"对话框

单击"确定"按钮后，Word 2016 开始装载，并将幻灯片和备注页插入到一个表格中，应用"大纲样式"创建大纲。

 拓展练习

根据"舍友"期刊的内容素材，制作一个 PowerPoint 演示文稿，分宿舍进行交流演示，具体要求如下。

（1）一个 PowerPoint 演示文稿至少要有 20 张幻灯片。

（2）第 1 张是片头引导页（写明主题、作者及日期等）。

（3）第 2 张是目录页。

（4）其他几张要有能够返回目录页的超链接。

（5）使用"主题"中的内置主题或网上下载的主题，并利用"母版"设计修改演示文稿风格（在适当位置放置符合主题的 Logo 或插入背景图片，在时间日期区中插入当前日期，在页脚区中插入幻灯片编号），以更贴切的方式体现主题。

（6）选择适当的幻灯片版式，使用图文表混排内容（包括艺术字、文本框、图片、文字、自选图形、表格、图表等），要求内容新颖、充实、健康，版面协调美观。

（7）为幻灯片添加切换效果和动画效果，以播放方便、适用为主，使得演示文稿的放映更具吸引力。

（8）合理组织信息内容，要有一个明确的主题和清晰的流程。

 重点内容档案

（1）PowerPoint 2016 的基本概念。

PowerPoint 2016 的工作界面：见"知识储备（1）认识 PowerPoint 2016 的基本界面"。

演示文稿和幻灯片的概念：见"知识储备（2）演示文稿和幻灯片的概念"。

PowerPoint 2016 的视图方式及概念：见"知识储备（3）PowerPoint 2016 中视图的概念及用途"。

（2）PowerPoint 2016 演示文稿的创建方法。

PowerPoint 2016 演示文稿的创建方法：见"项目要求 1""知识储备（4）PowerPoint 2016 演示文稿的创建方法"。

（3）幻灯片中文本和对象的插入、编辑方法。

占位符的概念：见"知识储备（5）占位符的概念"。

文本、图片、艺术字、表格等对象的插入、编辑方法：见"项目要求 2"。

（4）幻灯片的编辑方法。

幻灯片的插入、移动与删除：见"知识储备（6）幻灯片的插入、移动与删除方法"。

幻灯片主题的概念及应用方法：见"知识储备（7）主题""项目要求 3"。

幻灯片母版的概念及修改方法：见"知识储备（8）认识母版""项目要求 3"。

幻灯片版式的修改：见"知识扩展（1）更换版式"。

幻灯片背景的修改：见"知识扩展（2）调整背景"。

幻灯片配色方案的修改：见"知识扩展（3）应用主题颜色"。

（5）幻灯片动画效果的设置。

幻灯片的切换效果：见"知识储备（9）设置幻灯片切换效果""项目要求 4"。

幻灯片中文本和对象的动画效果：见"知识储备（10）设置自定义动画效果""项目要求 4"。

幻灯片动作的设置：见"知识储备（11）设置幻灯片动作""项目要求 5"。

（6）幻灯片放映的相关概念及基本操作。

幻灯片放映的创建方法：见"知识储备（12）创建幻灯片放映"。

幻灯片放映的播放方法：见"知识储备（13）幻灯片放映"。

（7）演示文稿的打印。

演示文稿的页面设置与打印：见"知识扩展（4）演示文稿的打印"。

 你学会了吗？

参考配套的电子资源。

计算机应用情境教学基础教程（Windows 7+Office 2016）（微课版）